U0190629

高等职业教育机电类专业系列教材

数控编程与加工

主编　殷小清　王　阳
参编　李海林　李世勇

机械工业出版社

本书以培养学生的数控加工工艺设计、数控编程、数控机床操作能力为核心,以典型零件为任务载体,以工作过程为导向。书中选取FANUC、华中数控、广州数控等主流数控系统作为编程系统,以数控仿真软件模拟加工过程,详细介绍了数控加工工艺设计、数控编程(包括变量编程)、数控机床操作等内容。本书是一本典型的"做、学、教"一体化教材。

本书可作为高等职业院校、高等专科院校及应用型本科院校数控技术、模具设计与制造、机电一体化技术、机械制造与自动化等专业的教材,也可供相关技术人员学习参考。

本书配有电子课件,凡以本书作为教材的教师均可登录机械工业出版社教育服务网(http://www.cmpedu.com)注册下载。咨询电话:010-88379375。

图书在版编目(CIP)数据

数控编程与加工/殷小清,王阳主编. —北京:机械工业出版社,2019.7(2025.1重印)

高等职业教育机电类专业系列教材

ISBN 978-7-111-62839-2

Ⅰ.①数… Ⅱ.①殷… ②王… Ⅲ.①数控机床-程序设计-高等职业教育-教材②数控机床-加工-高等职业教育-教材 Ⅳ.①TG659

中国版本图书馆CIP数据核字(2019)第101195号

机械工业出版社(北京市百万庄大街22号 邮政编码100037)
策划编辑:薛 礼 责任编辑:薛 礼
责任校对:蔺庆翠 封面设计:鞠 杨
责任印制:单爱军
北京虎彩文化传播有限公司印刷
2025年1月第1版第6次印刷
184mm×260mm·16印张·392千字
标准书号:ISBN 978-7-111-62839-2
定价:45.00元

电话服务   网络服务
客服电话:010-88361066   机 工 官 网:www.cmpbook.com
        010-88379833   机 工 官 博:weibo.com/cmp1952
        010-68326294   金 书 网:www.golden-book.com
封底无防伪标均为盗版   机工教育服务网:www.cmpedu.com

前言 PREFACE

数控加工工艺设计、数控编程、数控机床操作是数控工艺人员、数控编程人员和数控机床操作人员的典型工作任务，是数控技术高技能人才必须掌握的技能。

本书的编写以培养学生的数控加工工艺设计、数控编程、数控机床操作能力为核心，以典型零件为任务载体，以工作过程为导向。书中选取 FANUC、华中数控、广州数控等主流数控系统作为编程系统，以数控仿真软件模拟加工过程，详细介绍了数控加工工艺设计、数控编程（包括变量编程）、数控机床操作等内容。本书是一本典型的"做、学、教"一体化教材，包含的内容及其特点如下：

（1）教学项目　为了保证所选的编程加工载体能够覆盖数控编程的主要知识点，特设计了一枚印章（由印章手柄、印章杆、印章体三个部分组成）作为主要教学项目。

（2）工作过程导向　教学任务的完成过程与数控加工的工作过程一致，即按照工艺分析→数学处理→数控编程→数控加工的工作过程安排教学环节。

（3）任务驱动　根据完成任务的需要安排内容，加工任务（零件）按照由简单到复杂的原则安排，相应的内容则由少到多，逐步扩展，最后覆盖全部主要的知识点，让学生能够做中学、学中做，体现了"做、学、教"一体化的教学理念。

（4）教学目标　每一个教学单元都提出了明确的教学目标，包括能力目标和知识目标。

（5）数控编程　详细介绍了编程思路，方便学生学习。

（6）数控程序　本书给出的数控程序都是可供加工的完整程序，并通过了相应数控机床的校验。

（7）机床操作　每个教学项目（零件）的加工都给出了详细的仿真操作步骤，方便学生学习。

（8）工艺分析　对各个教学项目（零件）进行了比较详细、完整的数控加工工艺分析。

（9）训练任务　根据完成每一个教学任务所能达到的能力目标和知识目标，设计了相应的训练任务供学生训练。

（10）工艺资料　在附录部分提供了"切削用量推荐值"和"常用的机械加工余量参考值"等工艺资料，方便学生进行工艺设计。

本书由广东理工职业学院的殷小清和王阳任主编，并与广州城建职业学院的李海林、广东创新科技职业学院的李世勇共同编写。编写过程中得到了中山玖美塑胶制品有限公司吴义洪和中山立辉金属制品有限公司贺大鹏两位来自企业的工程师的大力支持和帮助，在此深表谢意。

本书可作为高等职业院校、高等专科院校及应用型本科院校数控技术、模具设计与制造、机电一体化技术、机械制造与自动化等专业的教材，也可供相关技术人员学习参考。

由于编者水平和经验有限，书中难免存在错误和疏漏之处，恳请读者批评指正。

编　者

目录 CONTENTS

第一章 概论
CHAPTER 1

数控即数字控制（Numerical Control，NC），数控技术即 NC 技术，是用数字化信号发出指令并控制机械执行预定动作的技术。计算机数控（Computer Numerical Control，CNC）是指用计算机按照存储在计算机内读写存储器中的控制程序去执行并实现数控装置的部分或全部数控功能。采用数控技术实现数字控制的一整套装置和设备，称为数控系统。

数控机床就是装备有数控系统、采用数字信息对机床运动及其加工过程进行自动控制的机床。它用输入专用或通用计算机中的数字信息来控制机床的运动，自动完成零件的加工。

数控加工是指在数控机床上根据设定的程序对零件进行切削加工的整个过程，这种控制零件加工过程的程序称为数控程序。数控程序由一系列的标准指令代码组成，每一个指令对应于工艺系统的一种动作状态。数控程序的编制称为数控编程。

第一节　数控技术的产生与发展趋势

一、数控机床的产生和发展

自 1952 年美国麻省理工学院成功研制出第一台数控铣床以来，数控系统先后经历了五个发展阶段，即第一代电子管 NC、第二代晶体管 NC、第三代小规模集成电路 NC、第四代小型计算机 CNC 和第五代微型机 MNC 数控系统。前三代数控系统是 20 世纪 70 年代以前的早期数控系统，它们都是采用专用电子电路实现的硬接线数控系统，因此称为硬件式数控系统，也称为普通数控系统或 NC 数控系统。第四代和第五代数控系统是 20 世纪 70 年代中期开始发展起来的软件式数控系统，称为现代数控系统，也称为计算机数控系统或 CNC 系统。软件式数控系统是采用微处理器及大规模或超大规模集成电路组成的数控系统，它具有很强的程序存储能力和控制功能，这些控制功能是由一系列控制程序（存储在系统内）来实现的。软件或数控系统通用性很强，几乎只需要改变软件，就可以适应不同类型机床的控制要求，具有很大的柔性。目前微型机数控系统几乎完全取代了以往的普通数控系统。

我国早在 1958 年就开始研制数控机床，但没有取得实质性的进展。20 世纪 70 年代初期，我国曾掀起研制数控机床的热潮，但当时的数控系统主要采用分立电子元器件，性能不稳定，可靠性差，不能在生产中稳定可靠地使用。从 1980 年开始，北京机床研究所引进了日本的 FANUC5、7、3、6 数控系统，上海机床研究所引进了美国 GE 公司的 MTC-1 数控系统，辽宁精密仪器厂引进了美国 Bendix 公司的 Dynapth LTD10 数控系统。在引进、消化、吸收国外先进技术的基础上，北京机床研究所又开发出 BS03 经济型数控系统和 BS04 全功能数控系统，航天部 706 所研制出 MNC864 数控系统。目前我国已能批量生产和供应各类数控系统，并掌握了 3～5 轴联动、螺距误差补偿、图形显示和高精度伺服系统等多项关键技术，基本满足了全国各机床厂的生产需要。

二、数控技术的发展趋势

1. 数控系统的发展趋势

（1）开放式数控系统　开放式体系结构可以大量采用通用微机的先进技术，实现声控自动编程、图形扫描自动编程等。数控系统继续向高集成度的方向发展，芯片上可以集成更多的晶体管，使系统更加小型化、微型化，可靠性大大提高。利用多 CPU 的优势，实现故障自动排除；增强通信功能，提高进线、联网能力。开放式体系结构的新一代数控系统，其硬件、软件和总线规范都是对外开放的，由于有充足的软、硬件资源可供利用，不但使数控系统制造商和用户进行的系统集成得到有力的支持，而且也为用户的二次开发带来极大便利，促进了数控系统多档次、多品种的开发和应用，既可通过升级或组合构成各种档次的数控系统，又可通过扩展构成不同类型数控机床的数控系统。

（2）数控系统的控制性能　数控系统在控制性能上向智能化方向发展。随着人工智能在计算机领域的应用，数控系统引入了自适应控制、模糊系统和神经网络的控制机理，使新一代数控系统具有自动编程、前馈控制、模糊控制、学习控制、自适应控制、工艺参数自动生成、三维刀具补偿和运动参数动态补偿等功能，而且人机界面极为友好，并具有故障诊断专家系统，使自诊断和故障监控功能更趋完善。伺服系统智能化的主轴交流驱动和智能化进给伺服装置能自动识别负载并自动优化、调整参数，直线电动机驱动系统已进入应用阶段。

2. 数控机床的发展趋势

（1）高速、高效化　数控机床向高速化方向发展，可充分发挥现代刀具材料的性能，大幅度提高加工效率，降低加工成本，提高零件的表面加工质量和精度。超高速加工技术对制造业实现高效、优质、低成本生产有广泛的适用性。

（2）高精度化　随着高新技术的发展和对机电产品性能与质量要求的提高，机床用户对机床加工精度的要求也越来越高。随着现代科学技术的发展，对超精密加工技术不断提出新的要求。新材料及新零件的出现、实现更高精度的加工要求等都需要超精密加工工艺。发展新型超精密加工机床、完善现代超精密加工技术，是适应现代科技发展的必由之路。

（3）高可靠性　数控机床要发挥其高性能、高精度、高效率，并获得良好的效益，必然要具有高可靠性。

（4）模块化、专门化与个性化　为了适应数控机床多品种、小批量加工零件的特点，数控机床结构模块化，数控功能专门化，可使机床的性价比显著提高。个性化也是近年来数控机床的主要发展趋势。

（5）高柔性化　数控机床在提高单机柔性化的同时，正朝着单元柔性化和系统柔性化方向发展。

（6）复合化　复合化包含工序复合化和功能复合化。数控机床的发展已模糊了粗、精加工工序的概念。加工中心的出现，又把车、铣、镗等工序集中到一台机床来完成，打破了传统的工序界限和分开加工的工艺规程。近年来，又相继出现了许多跨度更大的功能集中的超复合化数控机床。

（7）出现新一代数控加工工艺与装备　为适应制造自动化的发展，向 FMC（柔性制造单元）、FMS（柔性制造系统）和 CIMS（计算机集成制造系统）提供基础设备，要求数字控制制造系统不仅能完成通常的加工功能，还要具备自动测量、自动上下料、自动换刀、自动更换主轴头（有时带坐标变换）、自动误差补偿、自动诊断、网络通信等功能，广泛地应用机器人、物流系统。围绕数控技术，制造过程技术在快速成型、并联机构机床、机器人化机床、多功能机床等整机方面的技术已有所突破。近年来出现了所谓"6 条腿"结构的并联加工中心。这种新型的加工中心是采用可伸缩的"6 条腿"（伺服轴）支承并连接上平台（装有主轴头）与下平台（装有工作台）的构架结构，取代了传统的床身、立柱等支承结构，而没有任何导轨与滑板的"虚轴机床"。其最显著的优点是机床的基本性能好，精度、刚度和加工效率均可比传统加工中心高很多。随着这种结构技术的成熟和发展，数控机床技术将进入一个有重大变革和创新的新时代。并联杆系结构的新型数控机床的出现，开拓了数控机床发展的新领域。

第二节　数控机床的组成及加工原理

一、数控机床的组成

数控机床主要由以下几部分组成，如图 1-1 所示。

（1）控制介质与程序输入输出设备　数控加工程序记录在控制介质上，而程序输入输出设备是数控装置与外部设备进行信息交换的装置。程序输入输出设备将记录在控制介质上的数控加工程序传递并存入数控系统内，或将调试好的数控加工程序通过输出设备存放或记录在相适应的介质上。常用的输入装置有磁盘驱动器、RS-232 串行通信接口、MDI 键盘等。

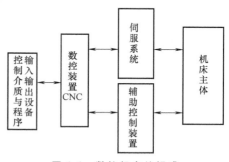

图 1-1　数控机床的组成

（2）数控装置 CNC　数控装置是数控机床的核心，包括微型计算机、各种接口电路、显示器等硬件及相应的软件。其作用是接收由输入设备输入的各种加工信息，经过编译、运算和逻辑处理后，输出各种控制信息和指令控制机床各部分，使其按程序要求实现规定的有序运动和动作。

（3）伺服系统　伺服系统是数控装置和机床的联系环节。包括进给伺服驱动装置和主轴伺服驱动装置。进给伺服驱动装置由进给控制单元、进给电动机和位置检测装置组成，并与机床上的执行部件和机械传动部件组成数控机床的进给系统。它的作用是接收数控装置输出的指令脉冲信号，驱动机床的移动部件（刀架或工作台）按规定的轨迹和速度移动或精确定位，加工出符合图样要求的工件。每一个指令脉冲信号使机床移动部件产生的位移量称为脉冲当量，常用的脉冲当量有 0.01mm、0.005mm、0.001mm 等。

（4）辅助控制装置　辅助控制装置的主要作用是接收数控装置输出的开关量指令信号，经过编译、逻辑判别和运动，再经功率放大后驱动相应的电器，带动机床的机械、液压、气动等辅助装置完成指令规定的开关量动作。这些动作包括主轴运动部件的变速、换向和起动停止，刀具的选择和交换，冷却、润滑装置的起动停止，工件和机床部件的松开、夹紧，分度工作台转位分度等开关辅助动作。此外，行程开关和监控检测等开关信号也要经过辅助控制装置输送到数控装置进行处理。

由于可编程逻辑控制器（PLC）具有响应快、性能可靠、易于使用、可编程和修改程序，并可直接起动机床开关等特点，现已广泛用作数控机床的辅助控制装置。

（5）机床本体　机床本体是数控系统的控制对象，是实现零件加工的执行部件。机床本体主要由主运动部件、进给运动部件、支承部件，以及冷却、润滑、转位部件（刀具自动交换系统、工件自动交换系统）和排屑装置等辅助装置组成。

二、数控机床的加工原理

（1）数控机床的加工过程　数控机床的加工过程如图 1-2 所示。

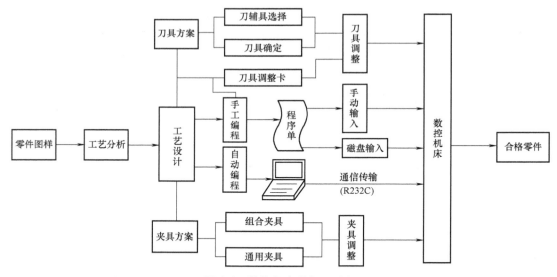

图 1-2　数控机床的加工过程

1）根据被加工零件的图样进行工艺分析，确定加工方案、工艺参数和位移参数，用机床数控系统规定的代码和格式编写数控加工程序，或用自动编程软件直接生成数控加工程序。

2）程序输入或传输：可以通过数控机床的操作面板输入程序，或将加工程序存储在控制介质（磁带、磁盘等）上，通过信息载体将全部加工信息传输给数控系统。若数控加工机床与计算机联网，则可直接将信息载入数控系统。

3）数控装置将加工程序语句译码、运算，转换成驱动各运动部件的动作指令，在系统的统一协调下驱动各运动部件的实时运动，进行刀具路径模拟及试运行；正确安装工件，完成对刀操作，实施首件试切。

4）机床运行加工程序，自动完成对工件的加工。

（2）数据转换与译码过程　CNC 系统的数据转换过程如图 1-3 所示。

1）译码：译码程序的主要功能是将用文本格式编写的零件加工程序，以程序段为单位转换成机器运算所要求的数据结构，该数据结构用来描述一个程序段解释后的数据信息。它主要包括 X、Y、Z 等坐标值，进给速

图 1-3　CNC 系统的数据转换过程

度、主轴转速、G 指令、M 指令、刀具号、子程序处理和循环调用处理等数据或标志的存放顺序和格式等。

2）刀补运算：零件的加工程序一般是按零件工艺要求的进给路线编制的，而数控机床在加工过程中所控制的是刀具中心的运动轨迹。不同的刀具，其几何参数也不同。因此，在加工前必须将编程轨迹转换成刀具中心的轨迹，这样才能加工出符合要求的零件。刀补运算就是完成这种转换的处理程序。

3）插补计算：数控程序提供了刀具运动的起点、终点和运动轨迹，而刀具如何从起点沿运动轨迹走向终点，则由数控系统的插补计算装置或插补计算程序来控制。插补计算的任务就是要根据进给的要求，在轮廓的起点和终点之间计算出中间点的坐标值，把这种实时计算出的各个进给轴的位移指令输入伺服系统，实现成形运动。

4）PLC 控制：CNC 系统对机床的控制分为"轨迹控制"和"逻辑控制"。前者是对各坐标轴的位置和速度的控制，后者是对主轴的起停、换向，刀具的更换，工件的夹紧与松开，冷却、润滑系统的运行等的控制。这种逻辑控制通常以 CNC 系统内部和机床各行程开关、传感器、继电器、按钮等开关信号为条件，由可编程逻辑控制器（PLC）来实现。

由此可见，数控加工的原理就是将数控加工程序以数据的形式输入数控系统，通过译码、刀补运算、插补计算来控制各坐标轴的运动，通过 PLC 的协调控制，实现零件的自动加工。

第三节　数控机床的加工特点及应用

一、数控机床的加工特点

（1）适应性强，用于单件小批量和具有复杂形面的工件的加工　在数控机床上加工零件，其形状主要取决于加工程序，加工不同的零件只要重新编制或修改加工程序就可以迅速达到加工要求，这为复杂零件的单件小批量生产以及试制新产品提供了极大的便利。数控机床对生产对象的变化具有很强的适应性。

（2）加工精度高，加工零件质量稳定　数控机床的机械传动系统和结构都有较高的精度、刚度和较好的热稳定性；数控机床是按数字形式给出的指令来控制机床进行加工的，在

加工过程中消除了操作人员的人为误差；数控机床工作台的移动当量普遍达到了 0.0001～ 0.01mm，而且进给传动链的反向间隙与丝杠螺距误差等均可由数控装置进行补偿；目前，普通数控机床加工零件的尺寸精度通常可达±0.005mm，最高的尺寸精度可达±0.01μm；又因为数控机床在切削加工时采用工序集中方式，减少了多次装夹对加工精度的影响，所以，提高了同一批次零件尺寸的一致性，使产品质量的稳定性得到了提高。

（3）生产效率高　用数控机床加工可以有效地减少零件的加工时间和辅助时间。由于数控机床的主轴转速和进给速度的变化范围大，每一道工序在加工时可以选用最佳的切削速度和进给速度，使切削参数得到优化，减少切削加工时间。此外，数控机床的加工一般采用通用或组合夹具，数控车床和加工中心在加工过程中能自动进行换刀，实现了多工序加工；数控系统的刀具补偿功能节省了刀具补偿的调整时间，减少了辅助加工时间。综合上述各方面可知，数控机床可提高加工生产效率，降低加工成本。

（4）能实现复杂的运动　普通机床难以实现或无法实现曲线和曲面的运动轨迹，如螺旋桨、汽轮机叶片等空间曲面，而数控机床则可以实现几乎任意轨迹的运动和加工任意形状的空间曲线，因此，适用于复杂异形零件的加工。

（5）减轻劳动强度，改善劳动条件　数控机床在加工时，除了装卸零件、操作键盘、观察机床运行外，其他的机床动作都是按照加工程序要求自动进行的，操作人员不需要频繁地进行重复手工操作。所以，用数控机床加工能减轻劳动强度，改善劳动条件。

（6）有利于生产管理　用数控机床加工，可预先准确估计零件的加工工时，所使用的刀具、夹具、量具可进行规范化管理。加工程序是用数字信息的标准代码输入的，易于实现加工信息的标准化。目前，加工程序已与计算及辅助设计（CAD）及计算机辅助制造（CAM）有机结合，是现代集成制造技术的基础。

二、数控机床的适用范围

从数控机床加工的特点可以看出，适合数控机床加工的零件特点如下。

1）批量小而又需多次生产的零件。

2）几何形状复杂的零件。

3）在加工过程中必须由多个工步加工的零件。

4）必须严格控制公差的零件。

5）加工过程中如果发生错误将会造成严重浪费的贵重零件。

6）需要全部检验的零件。

7）工艺设计可能经常变化的零件。

第四节　教学项目介绍

本书以工作过程为导向进行编排。为此，特设计了一枚印章（由印章手柄、印章杆、印章体组成）作为主项目（图 1-4）。另外，为了满足教学的需要，选取了简单阶梯轴、导套、推板等零件作为辅助教学项目。

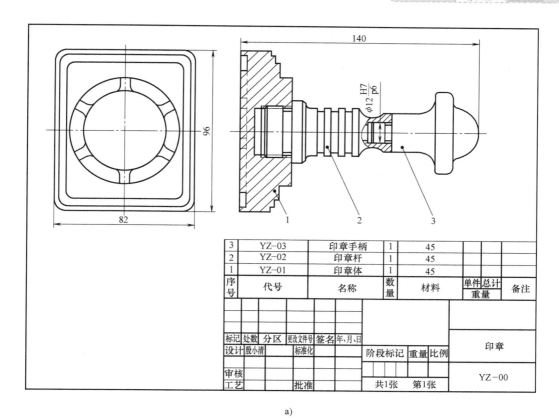

3	YZ-03	印章手柄	1	45		
2	YZ-02	印章杆	1	45		
1	YZ-01	印章体	1	45		
序号	代号	名称	数量	材料	单件 总计 重量	备注

标记	处数	分区	更改文件号	签名	年、月、日			
设计	殷小清			标准化				印章
审核						阶段标记	重量 比例	
工艺				批准		共1张	第1张	YZ-00

a)

b)

图 1-4 印章

a）图样 b）三维图

第五节 仿真软件介绍

数控仿真系统是基于虚拟现实的仿真软件系统，20世纪90年代初源于美国的虚拟现实技术，可用于产品设计与制造，以降低成本，避免新产品开发产生的风险；也可用于产品演示，借助多媒体效果提高市场竞争力；若用于数控操作演示和培训，可避免数控设备的损耗和运行试验的风险，便于程序的验证和操作技能的提高，同时有助于产品加工质量的预测。

一、上海宇龙数控加工仿真系统的功能

上海宇龙数控加工仿真系统是一个将虚拟现实技术应用于数控加工操作技能培训和考核的仿真软件。采用数据库统一管理刀具材料和性能参数，提供车床、立式铣床、卧式加工中心和立式加工中心，以及机床厂家的多种常用面板。配备 FANUC 0、FANUC 0i、FANUC Powermate 0、FANUC 0i Mate、Siemens 810D、Siemens 802D、Siemens 802S/C、PA8000、三菱、大森、华中数控、广州数控、华兴、凯恩帝等数控系统。具备对数控机床操作全过程和加工运行全环境仿真的功能。在操作过程中，具有完全自动、智能化的高精度测量功能和全面的碰撞检测功能，可以对数控程序进行处理。该系统还具有考试、互动教学、自动评分和记录回放功能。

本书使用的仿真软件是由上海宇龙软件工程有限公司研制开发的数控加工仿真系统，该软件具有以下功能。

（1）机床操作过程仿真功能

1）毛坯定义。

2）夹具选择。

3）工件安装。

4）基准对刀。

5）刀具安装。

6）机床手动操作。

（2）加工运行环境仿真功能

1）数控程序的自动运行和 MDI 运行模式。

2）三维工件的实时切削，刀具轨迹的三维显示。

3）刀具补偿、坐标设置等参数设定。

（3）互动式教学功能　教师可以通过广播的方式将自己屏幕上的信息发送到学生的屏幕上，也可以将任意指定学生屏幕上的信息传到自己的屏幕上，屏幕信息的传输都是实时的。

（4）数控操作过程的考试功能　可以记录考生考试的全过程，考试结束后可以用多种方式回放考生考试操作的全过程，操作过程的记录数据可归档保存。

二、上海宇龙数控加工仿真系统基本功能的应用

图 1-5 所示为 FANUC 0i 系统标准数控铣床的操作界面，其主要由菜单栏、标准工具栏、CRT 面板、MDI 键盘、操作显示区、机床操作面板、控制箱等几部分组成。

1. 项目文件

在菜单栏单击"文件"，弹出图 1-6 所示的"文件"下拉菜单。

（1）项目文件的作用　保存所有操作过程的结果，但不包括操作过程的内容。

（2）项目文件的内容　包括机床、毛坯、经过加工的零件、选用的刀具和夹具、在机床上安装位置的方式；输入的参数，包括工件坐标系、刀具长度和半径补偿数据；输入的数控程序。

（3）应用操作方法

1）新建项目文件：在菜单栏单击"文件"→"新建项目"。

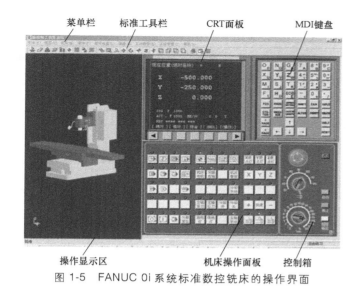

菜单栏　标准工具栏　　　CRT面板　　　　MDI键盘

操作显示区　　　　机床操作面板　控制箱

图 1-5　FANUC 0i 系统标准数控铣床的操作界面

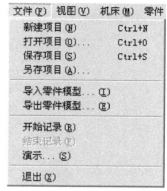

图 1-6　"文件"下拉菜单

2）打开项目文件：在菜单栏单击"文件"→"打开项目"，选中并打开文件夹中后缀名为".MAC"的项目文件。

3）保存项目文件：在菜单栏单击"文件"→"保存项目"或"另存项目"，选择需要保存的内容后单击"确认"按钮。

2. 视图设置

（1）视图变换的选择　在加工仿真过程中，为了便于操作或观察，常常需要对操作显示区内的机床等进行缩放、旋转、平移。软件不仅提供了缩放、旋转、平移功能，还提供了视图变换功能。图 1-7 所示为标准工具栏中用于视图变换的图标。除了标准工具栏中提供了视图变换图标外，在菜单栏单击"视图"，系统将弹出功能相同的下拉菜单，另外，将光标置于操作显示区内，单击鼠标右键，系统也将弹出功能相同的快捷菜单。

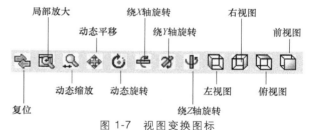

局部放大　　　绕X轴旋转　　　　右视图

动态平移　　　绕Y轴旋转　　　　　前视图

复位　　动态缩放　动态旋转　　　左视图　俯视图

绕Z轴旋转

图 1-7　视图变换图标

（2）控制面板切换　在菜单栏单击"视图"→"控制面板切换"，或在标准工具栏单击 按钮，即完成控制面板切换。

（3）"选项"设置　在菜单栏单击"视图"→"选项"，或在标准工具栏单击 按钮，弹出图 1-8 所示的对话框。可在对话框中进行相应的设置，其中"透明显示方式"可方便观察内部加工状态；"仿真加速倍率"设置中的速率值用以调节仿真速率，有效数值范围为 1~100。如果选中"对话框显示出错信息"，出错信息提示将出现在对话框中，否则，出错信息将出现在屏幕的右下角。

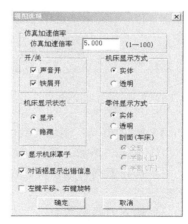

图 1-8　"视图选项"对话框

3. 系统管理

系统管理功能主要由具有用户管理权限的用户使用。

（1）用户管理 在菜单栏单击"系统管理"→"用户管理"，弹出图 1-9 所示的对话框，拥有管理权限的用户可以更改自身及其他用户的基本信息及用户权限，普通用户只能更改用户自己的口令。

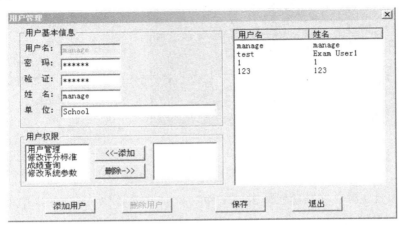

图 1-9 "用户管理"对话框

（2）刀具库管理 以铣刀刀具库管理为例，在菜单栏单击"系统管理"→"铣刀库管理"，弹出图 1-10 所示的对话框，拥有管理权限的用户可以对相应的刀具进行更改、添加和删除。

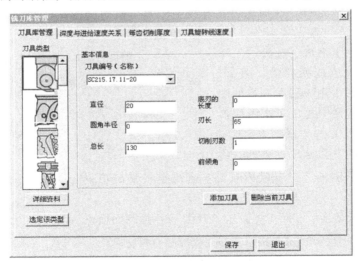

图 1-10 "铣刀库管理"对话框

1）添加刀具：添加刀具的步骤如下。

① 选择"添加刀具"，输入新的刀具编号（名称）。

② 选择刀具类型，首先在刀具类型中根据图片选择刀具类型，然后单击"选定该类型"按钮。

③ 输入刀具参数。

④ 单击"保存"按钮，添加刀具完成。

2）删除刀具：在"刀具编号（名称）"列表框内选择要删除的刀具。单击"删除当前刀具"按钮。完成删除刀具的操作。

3）详细资料：选中刀具后单击"详细资料"按钮，可查看刀具的基本信息，如图1-11所示。

（3）系统设置　在菜单栏单击"系统管理"→"系统设置"，弹出图1-12所示的对话框。拥有管理权限的用户可查看或更改系统默认参数、工艺参数和公共属性等的设置。

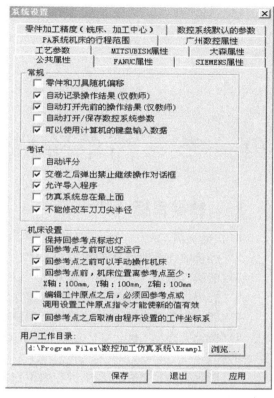

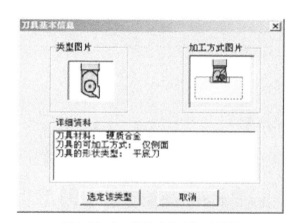

图 1-11　"刀具基本信息"对话框

图 1-12　"系统设置"对话框

为了方便叙述及阅读，对书中用到的术语、符号和操作等作如下约定。

1）单击：单击鼠标左键一次。

2）双击：快速、连续单击鼠标左键两次。

3）右击：单击鼠标右键一次。

4）"×"：表示菜单命令、对话框的名称以及对话框中的选项等。如"系统设置"对话框等。

5）→：表示命令在执行过程中的优先等级或操作的先后顺序，如在菜单栏单击"系统管理"→"系统设置"，表示先单击菜单栏中的"系统管理"选项，在弹出的下拉菜单中单击"系统设置"选项；表示刀具（刀位点）移动，如：A→B，表示刀具（刀位点）从 A 点移动到 B 点。

6）↙：代表 Enter 键。

7）（　）：程序段后面（　）中的内容是对该程序段的解释和说明。

第二章 数控车床编程与加工
CHAPTER 2

第一节 简单阶梯轴的数控编程与加工

一、教学目标

（1）能力目标

1）能读懂简单阶梯轴的数控加工工艺文件。

2）能确定数控车床的加工对象。

3）能根据数控车削类零件的特点建立工件坐标系。

4）能读懂简单阶梯轴的数控加工程序。

5）能综合运用 G00、G01、M03、M30 等指令及 T、S、F 功能编制简单的数控车削加工程序。

6）能根据给定的数控程序操作虚拟数控车床完成简单阶梯轴的加工。

（2）知识目标

1）理解数控加工工艺分析的内容。

2）掌握数控车床的功能特点及加工对象。

3）掌握机床坐标系、工件坐标系（编程坐标系）、刀位点、尺寸字、直径编程、绝对坐标编程与增量坐标编程等的概念。理解机床坐标系、工件坐标系之间的关系，掌握建立工件坐标系的方法。

4）掌握数控程序的格式；掌握 G00、G01、G04、M03、M30 等指令及 T、S、F 功能的编程格式及用法；掌握指令的续效性及其用法。

5）初步掌握编制数控车削加工程序的特点和步骤。

6）初步掌握数控车床加工的对刀及参数设置的方法，初步掌握数控车削加工的步骤及要领。

二、加工任务及其工艺分析

（1）加工任务　在数控车床上完成简单阶梯轴车削部分的加工，简单阶梯轴零件图如

图 2-1 所示。

（2）工艺分析　根据简单阶梯轴的零件图、生产类型及本单位的设备情况，制订简单阶梯轴机械加工工艺过程卡（表 2-1）及数控加工工序卡（表 2-2）。

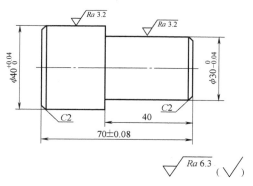

图 2-1　简单阶梯轴零件图

表 2-1　简单阶梯轴机械加工工艺过程卡

机械加工工艺过程卡		零件图号	零件名称	材 料	毛坯类型	第 1 页
			简单阶梯轴	40	棒 料	共 1 页
工序号	工序名	工 序 内 容			设 备	工 装
1	备料	毛坯尺寸：ϕ45mm（长度多件合一）				
2	车	车右端面；粗、精车ϕ30mm、ϕ40mm 圆柱面、台阶面、C2 倒角；切断工件			数控车床	自定心卡盘
3	检验					
4	车	车ϕ40mm 端面、C2 倒角；保证尺寸（70±0.08）mm			数控车床	自定心卡盘
5	检验					
					编　制	审　批
更改标记	处 数	更改依据	签 名	日 期		

表 2-2　简单阶梯轴数控加工工序卡

数控加工工序卡		零件图号	零件名称	工序号	数控系统及设备		
			简单阶梯轴	2	GSK 980T，前置刀架数控车床		
工步号	工步内容		刀具规格			S 功能 /(r/min) [/(m/min)]	F 功能 /(mm/r)	程序名
			刀号	刀具名称	材料			
1	车右端面		T01	端面车刀	硬质合金	900	手动	
2	粗车右端倒角；车ϕ30mm 圆柱面至 ϕ30.5mm× 39.75mm；车 ϕ40mm 圆柱面至 ϕ40.5mm×37mm		T02	外圆车刀	硬质合金	900 [100]	0.3	
3	精车右端倒角；车ϕ30mm 圆柱面至 ϕ29.98mm× 40mm；车 ϕ40mm 圆柱面至 ϕ40.02mm×37mm		T03	外圆车刀	硬质合金	1250 [140]	0.15	O2101
4	切断工件，留工件总长 71.5mm		T04	切断刀 (5mm)	硬质合金	300	0.08	
编制			审批			第 1 页　共 1 页		

三、简单阶梯轴的仿真加工全过程

（1）程序准备　将图 2-2 所示的程序 O2101 通过记事本软件录入并保存为 O2101.txt 文件，以备调用。

（2）打开上海宇龙数控加工仿真软件

1）运行加密锁管理程序。

2）运行数控加工仿真系统。

（3）选择机床　如图 2-3 所示，在菜单栏单击"机床"→"选择机床"，弹出"选择机床"对话框，在"控制系统"中选择"广州数控"，选择"GSK-980T"，在"机床类型"中选择"车床"，选择"标准（平床身前置刀架）"，单击"确定"按钮，弹出图 2-4 所示的操作界面。

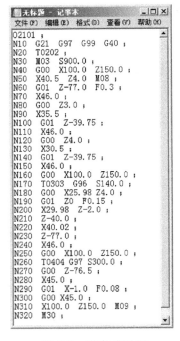

图 2-2　程序 O2101

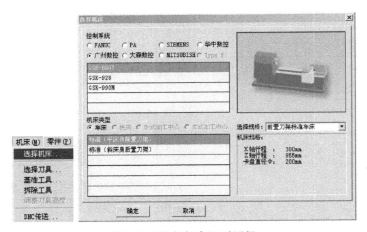

图 2-3　"选择机床"对话框

（4）机床回零

1）单击"急停"按钮 ⊙，将其松开。

2）单击 ↦⊕ 按钮，转入回参考点模式。

3）单击操作面板上的"X 方向"按钮 ⬇，X 轴方向移动指示灯 ◘ 变亮，表明 X 轴完成回零，CRT 上的 U 坐标变为"600.000"。

4）单击"Z 方向"按钮 ⬆，Z 轴方向指示灯 ◘ 变亮，表明 Z 轴完成回零，此时 CRT 上的 W 坐标变为"1010.000"。

（5）导入程序 O2101

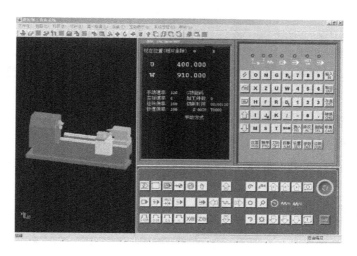

图 2-4　GSK-980T 数控车床操作界面

1）导入程序 O2101：在菜单栏单击"机床"→"DNC 传送"，弹出"打开"对话框，找到文件 O2101.txt，并将其打开。

2）将程序显示在 CRT 面板上：单击操作面板上的"编辑方式"按钮，进入编辑模式。单击 MDI 键盘上的程序键，CRT 界面转入编辑页面。通过 MDI 键盘上的数字/字母键输入 O2101，单击输入键，则数控程序 O2101 显示在 CRT 面板上。

（6）检查运行轨迹

1）单击操作面板上的"自动方式"按钮，进入自动加工方式。

2）单击设置键，进入检查运行轨迹模式，单击操作面板上的"循环启动"按钮，即可观察刀位点的运动轨迹（绿色图线为加工路径，红色图线为非加工路径），此时可通过"视图"菜单中的"动态旋转""动态放缩"和"动态平移"等方式对三维运行轨迹进行全方位的动态观察，如图 2-5 所示。

3）单击设置键，退出检查运行轨迹模式。

说明：数控机床的图形绘制功能不仅能检查加工程序的正确性，还能检查刀具轨迹的正确性。因此，这种功能在程序调试过程中经常用到。在实际操作数控机床时，通常先按下机床操作面板上的"机床锁住"按钮使机床锁住，再采用空运行模式运行加工程序，同时绘制出刀位点运动轨迹。采用这种方式绘制刀具轨迹后，在加工前需重新执行回参考点操作。

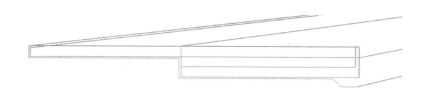

图 2-5　程序 O2101 的运行轨迹

（7）安装工件

1）定义毛坯：在菜单栏单击"零件"→"定义毛坯"，弹出图2-6所示的"定义毛坯"对话框，修改该对话框中的毛坯长度尺寸为150mm，直径尺寸为45mm，单击"确定"按钮。

2）安装工件：在菜单栏单击"零件"→"放置零件"，在弹出的"选择零件"对话框（图2-7）中选中名称为"毛坯1"的零件，单击"安装零件"按钮，毛坯安装在机床上，同时弹出图2-8所示的工件移动操作面板，单击其上的 按钮使工件向右移动（单击其上的 按钮可使工件向左移动，单击其上的 按钮可使工件调头），保证工件的伸出长度大于加工长度10mm左右。单击面板上的"退出"按钮，关闭该面板，此时，零件已安装在机床卡盘上，如图2-9所示。

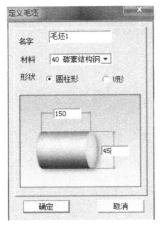

图 2-6 "定义毛坯"对话框

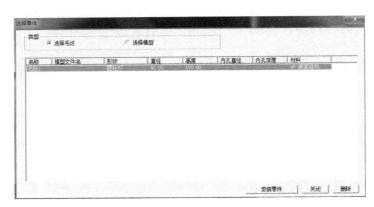

图 2-7 "选择零件"对话框

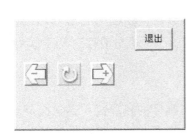

图 2-8 工件移动操作面板

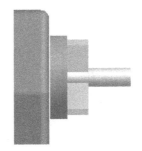

图 2-9 安装工件

（8）安装刀具

1）在1号刀位上安装端面车刀：在菜单栏单击"机床"→"选择刀具"，弹出"刀具选择"对话框，在"选择刀位"选项组中选择1号刀位，在"选择刀片"选项组中选择S型刀片形状，其他选项如图2-10所示。

2）在2号刀位上安装粗车外圆车刀：在"选择刀位"选项组中选择2号刀位，在"选择刀片"选项组中选择C型刀片形状，其他选项如图2-11所示。

3）在3号刀位上安装精车外圆车刀：在"选择刀位"选项组中选择3号刀位，在"选择刀片"选项组中选择D型刀片形状，其他选项如图2-12所示。

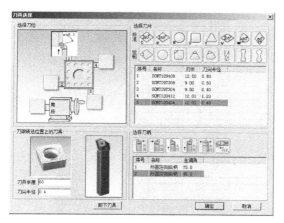

图 2-10　安装端面车刀

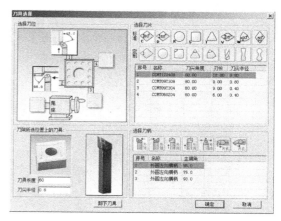

图 2-11　安装粗车外圆车刀

4）在 4 号刀位上安装切断刀：在 "选择刀位" 选项组中选择 4 号刀位，在 "选择刀片" 选项组中选择方头切槽刀片，其他选项如图 2-13 所示。单击 "确定" 按钮后退出。

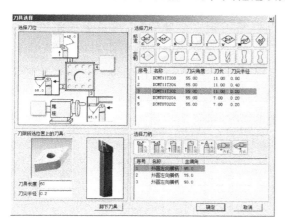

图 2-12　安装精车外圆车刀

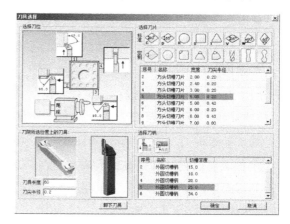

图 2-13　安装切断刀

（9）手动车右端面

1）单击 "俯视图" 按钮，显示机床俯视图：为了便于观察，可操作 "局部缩放" 按钮或 "动态缩放" 按钮，对显示区进行缩放。

2）移动 1 号刀至加工位置：单击操作面板上的 "手动方式" 按钮，进入手动操作模式。通过操作（单击或按住左键）"刀架移动" 按钮或（X 轴方向的移动按钮）、或（Z 轴方向的移动按钮），将 1 号刀靠近工件（保证 X 方向的切削量），若要加快移动速度，可按下 "快速切换" 按钮，如图 2-14 所示。

3）启动程序使主轴正转：单击操作面板上的 "录入方式" 按钮，单击 "程序" 按钮，单击 "翻页" 按钮，显示图 2-15 所示的录入界面。通过键盘输入 M03 ✓、G97 ✓、S900 ✓，单击操作面板上的 "循环启动" 按钮。

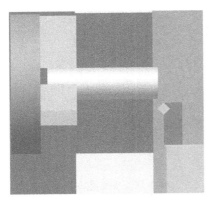

图 2-14 1号刀车端面前的位置

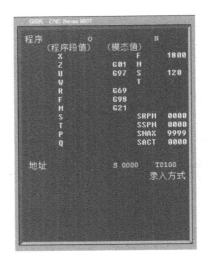

图 2-15 录入界面

4）车端面：单击操作面板上的"手轮方式"按钮 ⊚ ，系统转到手轮方式状态；单击操作面板上的 X⊚ 按钮（用于指定在手轮状态下刀具沿 X 轴方向移动），单击操作面板上的"手轮移动量"按钮 ▯ （在该状态下，手轮每转动一个小格，刀具移动的距离为 0.01mm），单击操作面板上的"显示手轮"按钮 HAND ，弹出图 2-16 所示的手轮操作面板。将光标移到手轮的左侧轮盘上，并连续单击鼠标左键（或按住鼠标左键不放），直到完成端面的加工。

5）将 1 号刀移至安全位置：单击操作面板上的 Z⊚ 按钮（用于指定在手轮状态下刀具沿 Z 轴方向移动），单击"手轮移动量"按钮 ▯ ，将光标移到手轮的左侧轮盘上，并连续单击鼠标右键（或按住鼠标右键不放），直到刀架移到安全位置（换刀时不能碰到工件等）。单击手轮操作面板上的"隐藏手轮"按钮 🔲，隐藏手轮操作面板。

（10）2 号刀 Z 方向对刀

1）换 2 号刀：单击操作面板上的"手动换刀"按钮 ✿ ，将 2 号刀位上的刀具转到加工位置。

2）将 2 号刀移到对刀位置：通过手动方式或手轮方式将 2 号刀移到工件附近，如图 2-17 所示。

图 2-16 手轮操作面板

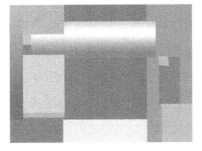

图 2-17 2号刀对刀前的位置

3）2号刀 Z 方向对刀：单击操作面板上的"手轮方式"按钮 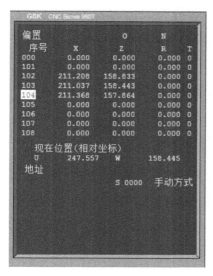，单击操作面板上的 Z⊙ 按钮，单击操作面板上的"显示手轮"按钮 HAND，打开手轮操作面板。通过操作手轮使刀具进一步靠近工件的右端面。根据靠近的程度，先后单击操作面板上的"移动步长"按钮 0.1、0.01、0.001，改变移动步长，直到看到有铁屑飞出后，停止刀具向左移动，并操作手轮使刀具反向移动一个步长。

说明：为了便于观察，可操作"局部缩放"按钮 🔍 将刀尖所在区域放大；刀尖碰到工件前的移动步长应为 0.001。

4）设置2号刀 Z 方向的刀补值：单击MDI键盘上的刀补键 刀补 OFT，单击MDI键盘上的向下翻页键 ☰2次，CRT界面转入偏置页面。通过MDI键盘上的"光标移动"按钮 ⬇将光标移至序号"102"上。通过MDI键盘上的数字/字母键输入Z0，单击输入键 输入 IN，完成2号刀 Z 方向的刀补值设置，如图2-18所示。

（11）2号刀 X 方向对刀

1）车外圆：单击操作面板上的"手轮方式"按钮 ⊙，系统转到手轮方式状态；单击操作面板上的 Z⊙ 按钮（用于指定在手轮状态下刀具沿 Z 轴方向移动），单击操作面板上的"手轮移动量"按钮 0.01（在该状态下，手轮每转动一个小格，刀具移动的距离为0.01mm），单击操作面板上的"显示手轮"按钮 HAND，弹出图2-16所示的手轮操作面板。将光标移到手轮的轮盘上，按住鼠标左键不放，在车削一段外圆后，按住鼠标右键不放，刀具退到离工件右端面一定距离后松开鼠标右键，如图2-19所示。

偏置		O	N	
序号	X	Z	R	T
000	0.000	0.000	0.000	0
101	0.000	0.000	0.000	0
102	211.208	158.833	0.000	0
103	211.037	158.443	0.000	0
104	211.368	157.864	0.000	0
105	0.000	0.000	0.000	0
106	0.000	0.000	0.000	0
107	0.000	0.000	0.000	0
108	0.000	0.000	0.000	0

现在位置（相对坐标）
U　247.557　W　158.445
地址

S 0000　手动方式

图2-18　设置刀补值

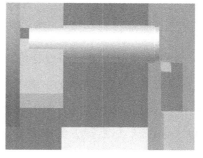

图2-19　2号刀车削外圆及后退位置

2）测量所车外圆直径：单击操作面板上的"主轴停止"按钮 ○，使主轴停转；在菜单栏单击"测量"→"剖面图测量"，弹出图2-20所示的对话框，单击对话框中的按钮"是"，弹出如图2-21所示的"车床工件测量"对话框，将光标移到该对话框中零件剖面图右端附近，单击鼠标左键并向右下方拖动鼠标，将车削部分的轮廓覆盖后即可松开鼠标左键，车削部分放大；将光标移到车削部分的轮廓线上，然后单击鼠标左键，即显示所车外圆直径，记下所车外圆直径 D_1（即图中显示的 X 值：41.505mm），然后单击"退出"按钮退出该对话框。

图 2-20 "请您作出选择"对话框

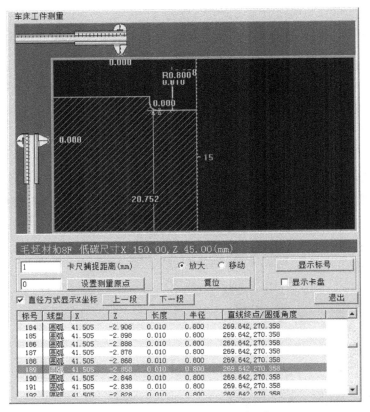

图 2-21 "车床工件测量"对话框

3）设置 2 号刀 X 方向的刀补值：单击 MDI 键盘上的刀补键 $\boxed{\text{刀补}}$，单击 MDI 键盘上的向下翻页键 $\boxed{\equiv}$ 2 次，CRT 界面转入偏置页面。通过 MDI 键盘上的"光标移动"按钮 $\boxed{\downarrow}$ 将光标移至序号"102"上。通过 MDI 键盘上的数字/字母键输入 X 的值，即 D_1（本次输入 41.505），单击输入键 $\boxed{\text{输入}}$，完成 2 号刀 X 方向刀补值的设置，如图 2-18 所示。

4）将 2 号刀移至安全位置。

（12）3 号刀 Z 方向对刀

1）换 3 号刀：单击操作面板上的"手动换刀"按钮 $\boxed{\text{※}}$，将 3 号刀位上的刀具转到加工位置。

2）将 3 号刀移到对刀位置：通过手动方式或手轮方式将 3 号刀移到工件附近，如

图 2-22 所示。

3）单击操作面板上的"主轴正转"按钮 ⟳ ，使主轴正转。

4）3 号刀 Z 方向对刀：参考前述（10）中的步骤 3）完成操作。

5）设置 3 号刀 Z 方向的刀补值：参考前述（10）中的步骤 4）完成操作，不同的是将光标移至序号"103"上，如图 2-18 所示。

（13）3 号刀 X 方向对刀

1）车外圆：参考前述（11）中的步骤 1）完成操作。

2）测量所车外圆直径：参考前述（11）中的步骤 2）完成操作。本例测得的直径值 $D_2 = 38.557\text{mm}$。

3）设置 3 号刀 X 方向的刀补值：参考前述（11）中的步骤 3）完成操作。不同的是将光标移至序号"103"上。本例输入的 X 值为 38.557，结果如图 2-18 所示。

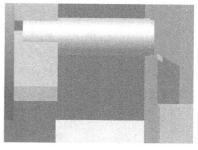

图 2-22　3 号刀对刀前的位置

4）将 3 号刀移至安全位置。

（14）4 号刀 Z 方向对刀

1）换 4 号刀：单击操作面板上的"手动换刀"按钮 ⚙ ，将 4 号刀位上的刀具转到加工位置。

2）将 4 号刀移到对刀位置：通过手动方式或手轮方式将 4 号刀移到工件附近，如图 2-23 所示。

3）单击操作面板上的"主轴正转"按钮 ⟳ ，使主轴正转。

4）4 号刀 Z 方向对刀：参考前述（10）中的步骤 3）完成操作。

5）设置 4 号刀 Z 方向的刀补值：参考（10）步骤 4）完成操作。不同的是将光标移至序号"104"上，如图 2-18 所示。

（15）4 号刀 X 方向对刀

1）车外圆：参考前述（11）中的步骤 1）完成。

2）测量所车外圆直径：参考前述（11）中的步骤 2）完成操作。本例测得的直径值 $D_3 = 36.189\text{mm}$。

图 2-23　4 号刀对刀前的位置

3）设置 4 号刀 X 方向的刀补值：参考前述（11）中的步骤 3）完成操作。不同的是将光标移至序号"104"上。本例输入的 X 值为 36.189，如图 2-18 所示。

4）将 4 号刀移至安全位置。

（16）校对设定值　对于初学者，在进行了程序原点的设定后，应进一步校对设定值，以保证参数的正确性。校对工作的过程如下。

1）将 2 号刀换到加工位置，移动刀架确保刀位点所在的位置到机床轴线的距离大于工件半径。

2）启动程序使主轴正转，单击操作面板上的"录入方式"按钮![icon]，单击"程序"按钮![icon]，单击"翻页"按钮![icon]，显示图 2-15 所示的界面。通过键盘输入 T0202 ✓、G98 ✓、G01 ✓、Z0 ✓、F500 ✓。

3）单击操作面板上的"循环启动"按钮![icon]，观察刀架的运动。刀架停止运动后，如果 2 号刀的刀尖与工件右端面对齐，表明 Z 轴的刀补值设定正确。

注意：在校对的过程中要注意观察刀具移动，如果发现刀具超过预定位置（表明对刀不正确），应及时按下"急停"按钮。

4）参考上述步骤，校对 2 号刀 X 轴的设定值。先将刀具移到安全位置（沿 X 轴移动时不会碰到工件）。通过键盘输入 T0202 ✓、G98 ✓、G01 ✓、X0 ✓、F500 ✓。

刀架停止运动后，如果刀尖位于机床主轴轴线，表明 X 轴的刀补值设定正确。

5）参考上述步骤，可对 3、4 号刀的设定值进行校对。完成校对后，将刀具移开工件。

（17）加工工件　单击 MDI 键盘上的程序键![icon]，将数控程序 O2101 显示在 CRT 面板上。单击操作面板上的"单段"按钮![icon]，对应的指示灯![icon]亮；每单击操作面板上的"循环启动"按钮![icon]一次，执行一个程序段；如果取消"单段"，单击"自动方式"按钮![icon]，再单击"循环启动"按钮![icon]，系统将自动执行剩余的程序。

在加工过程中，若要加快加工速度，可单击标准工具栏上的"选项"按钮![icon]，弹出图 1-8 所示的"视图选项"对话框，将该对话框中"仿真加速倍率"文本框中的数值改大后，单击"确定"按钮。加工结果如图 2-24 所示（说明：实际加工应将工件切断）。

（18）保存项目　在菜单栏单击"文件"→"另存项目"，弹出"另存为"对话框，通过该对话框确定存盘路径及文件名后，单击其中的"保存"按钮，完成项目的保存。

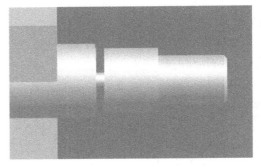

图 2-24　简单阶梯轴右端加工结果

四、认识数控车床和车刀

数控车床即装备了数控系统的车床或采用了数控技术的车床。一般是将事先编好的加工程序输入到数控系统中，由数控系统通过伺服系统去控制车床各运动部件的动作，加工出符合要求的各种形状的回转体零件。

1. 数控车床的分类

数控车床通常按如下几种方法进行分类。

（1）按车床主轴位置分类

1）立式数控车床：立式数控车床简称数控立车，其主轴垂直于水平面。这类车床主要用于加工径向尺寸大、轴向尺寸相对较小的大型回转类零件。

2）卧式数控车床：卧式数控车床的主轴轴线处于水平位置，其又分为数控水平导轨卧式车床和数控倾斜导轨卧式车床。倾斜导轨结构可以使车床具有更大的刚度，并易于排除切屑。

（2）按功能分类

1）简易数控车床：简易数控车床一般由单板机或单片机进行控制，车床的主体部分由普通车床略做改进而成。此类车床结构简单，价格低廉，但功能较少、无刀尖圆弧半径自动补偿功能。

2）经济型数控车床：经济型数控车床一般采用开环或半闭环控制系统。它的主电动机仍采用普通三相异步电动机，因此该类车床的显著缺点是无恒线速度切削功能。

3）全功能型数控车床：全功能型数控车床一般采用半闭环或闭环控制系统，图 2-25 所示为其中的一种。它具有高刚度、高精度和高加工速度等特点，此类车床具备恒线速度切削功能和刀尖圆弧半径补偿功能。

4）车削中心：车削中心以全功能型数控车床为主体，并配置刀库和换刀机械手。此类车床的功能更全面，但价格较高。

2. 数控车床的组成

（1）主轴箱　主轴箱固定在床身的最左边，主轴箱中的主轴通过卡盘等夹具装夹工件。主轴箱的功能是支承主轴并传动主轴，使主轴带动工件按照规定的转速旋转，以实现车床的主运动。

（2）转塔刀架　转塔刀架安装在车床的刀架滑板上，加工时可实现自动换刀。刀架的作用是装夹车刀、孔加工刀具及螺纹刀具，并在加工时能准确、迅速地选择刀具。

（3）刀架滑板　刀架滑板由纵向（Z 向）滑板和横向（X 向）滑板组成。纵向滑板安装在床身导轨上，沿床身实现纵向（Z 向）运动；横向滑板安装在纵向滑板上，沿纵向滑板上的导轨实现横向（X 向）运动。刀架滑板的作用是使安装在其上的刀具在加工中实现纵向进给和横向进给运动。

（4）尾座　尾座安装在床身导轨上，并可沿导轨进行纵向移动调整位置。尾座的作用是安装顶尖支承工件，在加工中起辅助支承作用。

（5）床身　床身固定在车床底座上，是车床的基本支承件，在床身上安装着车床的各主要部件。床身的作用是支承各主要部件并使它们在工作时保持准确的相对位置。

（6）底座　底座是车床的基础，用于支承车床的各部件，连接电气柜，支承防护罩并安装排屑装置。

（7）防护罩　防护罩安装在车床底座上，用于加工时保护操作人员的安全和环境的清洁。

（8）车床的液压传动系统　车床液压传动系统的作用是实现车床上的一些辅助运动，主要是实现车床主轴的变速、尾座套筒的移动及工件自动夹紧机构的动作。

（9）车床的润滑系统　车床的润滑系统为车床的运动部件提供润滑和冷却。

（10）车床的切削液系统　车床的切削液系统用于在加工中为车床提供充足的切削液，满足切削加工的要求。

（11）车床的电气控制系统　车床的电气控制系统主要由数控系统（包括数控装置、伺服系统及可编程控制器）和车床的强电控制系统组成。车床的电气控制系统完成对车床的自动控制。图 2-25 所示为 MJ-50 数控车床的主要结构。

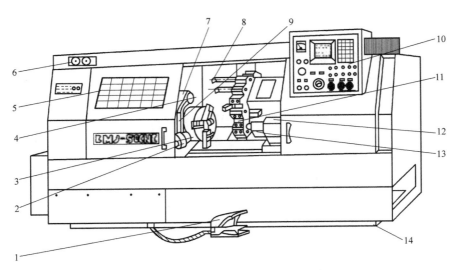

图 2-25　MJ-50 数控车床的主要结构

1—卡盘开关　2—对刀仪　3—卡盘　4—主轴箱　5—防护门　6—压力表　7—对刀仪防护罩

8—防护罩　9—对刀仪转臂　10—操作面板　11—回转刀架　12—尾座　13—滑板　14—床身

3. 数控车床的布局

数控车床的主轴、尾座等部件相对床身的布局形式与卧式车床的基本一致，而刀架和导轨的布局形式有了根本的变化。

（1）床身和导轨的布局　床身和导轨的布局形式有四种，图 2-26a 所示为平床身平滑板，因其具有床身工艺性好，易于提高刀架移动精度等特点，一般用于大型数控车床和精密数控车床；图 2-26b 所示为斜床身斜滑板，图 2-26c 所示为平床身斜滑板，这两种布局形式因具有排屑容易、操作方便、易于安装机械手实现单机自动化、容易实现封闭式防护等特点而为中小型数控车床普遍采用；图 2-26d 所示为立床身，立床身是斜床身和倾斜导轨的特殊形式，用于中小型的数控车床，其床身的倾角以 60° 为宜。

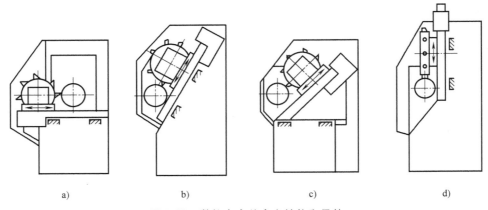

a)　　　　　　　　b)　　　　　　　　c)　　　　　　　　d)

图 2-26　数控车床的床身结构和导轨

（2）刀架的布局　刀架的常见布局形式有三种，即四方刀架（图 2-27a）、回转（转塔）刀架（图 2-27b）和梳状刀架。回转刀架的回转轴与主轴之间的关系有垂直和平行两种形式。两坐标联动的数控车床大多采用 12 工位的回转刀架。四坐标控制的数控车床，床身上安装有两个独立的滑板和刀架，这种车床适合加工曲轴、飞机零件等形状复杂的零件。

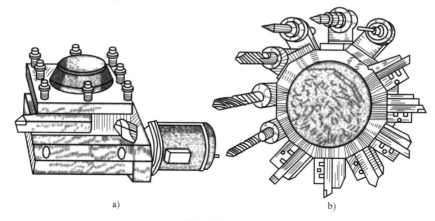

图 2-27　刀架

a）四方刀架　b）回转（转塔）刀架

4. 数控车削的主要加工对象

数控车削是数控加工中用得最多的加工方法之一。由于数控车床具有加工精度高、能进行直线和圆弧插补（高档车床的数控系统还有非圆曲线插补功能）以及在加工过程中能自动变速等特点，因此其工艺范围较普通车床宽得多。针对数控车床的特点，下列几种零件最适合用数控车床车削加工。

（1）轮廓形状特别复杂或难以控制尺寸的回转体零件　由于数控车床具有直线和圆弧插补功能，部分车床的数控装置还有某些非圆曲线插补功能，所以可以车削由任意直线和平面曲线组成的形状复杂的回转体零件和难以控制尺寸的零件。

组成零件轮廓的曲线可以是数学方程式描述的曲线，也可以是列表曲线。对于由直线或圆弧组成的轮廓，直接利用车床的直线或圆弧插补功能。对于由非圆曲线组成的轮廓，可以用非圆曲线插补功能，若所选车床没有非圆曲线插补功能，则应先用直线或圆弧去逼近，然后再用直线或圆弧插补功能进行插补切削。

（2）精度要求高的回转体零件　零件的精度要求主要指尺寸、形状、位置和表面等精度要求，其中表面精度主要指表面粗糙度。如尺寸精度高达 0.001mm 或更高的零件，圆柱度要求高的圆柱体零件，素线直线度、圆度和倾斜度均要求高的圆锥体零件，线轮廓度要求高的零件。在特种精密数控车床上，还可加工出几何轮廓精度高达 0.0001mm、表面粗糙度值极小（Ra 的值为 0.02μm）的超精零件（如复印机中的回转鼓及激光打印机上的多面反射体等），以及通过恒线速度切削功能，加工表面精度要求高的各种变径表面类零件等。

（3）带特殊螺纹的回转体零件　普通车床所能车削的螺纹相当有限，它只能车等导程的直、锥面米制或寸制螺纹，而且一台车床只能限定加工若干种导程的螺纹。数控车床不但能车削任何等导程的直、锥和端面螺纹，而且能车削增导程、减导程及要求等导程与变导程之间平滑过渡的螺纹，还可以车削高精度的模数螺旋零件（如圆柱、圆弧蜗杆）和端面（盘形）螺旋零件等。数控车床可以配备精密螺纹切削刀具、硬质合金成形刀具并可以较高的转速进行车削，所以车削出来的螺纹精度高、表面粗糙度的值小。

5. 数控车床常用刀具的选用

（1）车刀分类

1）车刀按切削刃形状的不同可分为尖形车刀、圆弧形车刀和成形车刀，如图 2-28 所示。

① 尖形车刀：以直线形切削刃为特征的车刀一般称为尖形车刀，它的刀尖同时也为其刀位点。

② 圆弧形车刀：主切削刃的形状为圆弧形，刀位点在圆弧的圆心上。

③ 成形车刀：俗称样板车刀，其加工零件的轮廓形状完全由车刀切削刃的形状和尺寸决定。

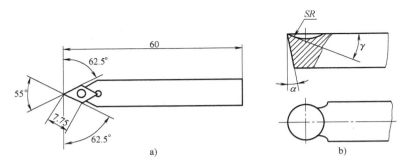

图 2-28　车刀按切削刃形状分类

a）尖形车刀　b）圆弧形车刀

2）车刀按结构的不同可分为整体式、焊接式、机夹式和可转位式四种类型，如图 2-29 所示。

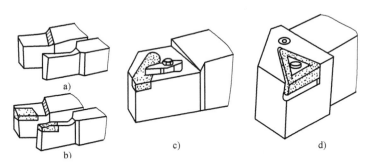

图 2-29　车刀按结构分类

a）整体式　b）焊接式　c）机夹式　d）可转位式

3）车刀按被加工表面特征的不同可分为外圆车刀、切槽刀、镗孔刀、螺纹车刀等，如图 2-30 所示。

（2）轴类零件加工用车刀的选用　传统的普通车床通常使用焊接式硬质合金车刀，但在数控车床上应尽可能多地使用可转位机夹车刀。可转位机夹车刀磨损以后，只需松开螺钉将硬质合金刀片转位，使新的切削刃进入相应的切削位置即可。由于刀片的尺寸精度较高，刀片转位后，一般不需要进行较大的刀具尺寸补偿与调整，仅需少量的位置补偿。加工轴类零件常用的可转位机夹车刀如图 2-31 所示。下面介绍可转位机夹车刀的选用。

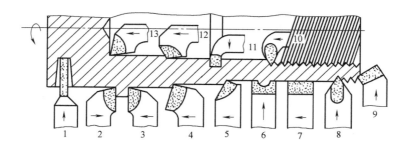

图 2-30　车刀按被加工表面特征分类

1—切槽刀　2—90°左偏刀　3—90°右偏刀　4—弯头外圆车刀　5—直头外圆车刀　6—成形车刀　7—宽刃精车刀

8—外螺纹车刀　9—端面车刀　10—内螺纹车刀　11—内槽车刀　12—通孔镗孔刀　13—不通孔镗孔刀

常用可转位机夹车刀刀片如图 2-32 所示。刀片外形与加工的对象、刀具的主偏角、刀尖角和有效刃数等有关。一般外圆车削常用 80°凸三边形（W 型）、四方形（S 型）和 80°菱形（C 型）刀片。仿形加工常用 55°菱形（D 型）、35°菱形（V型）和圆形（R 型）刀片，90°主偏角常用三角形（T 型）刀片。不同的刀片形状有不同的刀尖强度，一般刀尖角越大，刀尖强度越大，反之亦然。圆形（R 型）刀片刀尖角最大，35°菱形（V 型）刀片刀尖角最小。在选用时，应根据加工条件的好坏，按重、中、轻切削有针对性地选择。在机床刚性好和功率较大，大余量、粗加工时应选用刀尖角较大的刀片，反之，机床刚性差和功率较小、小余量、精加工时应选用刀尖角较小的刀片。

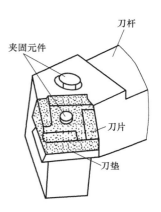

图 2-31　可转位机夹车刀

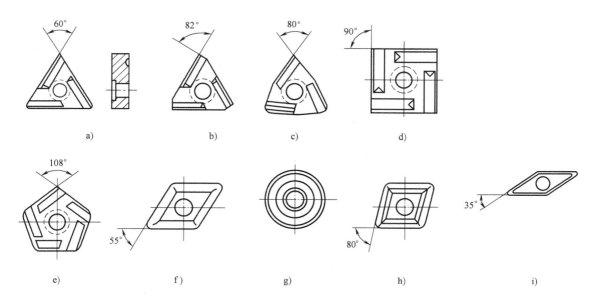

图 2-32　常用可转位机夹车刀刀片

a）T 型　b）F 型　c）W 型　d）S 型　e）P 型　f）D 型　g）R 型　h）C 型　i）V 型

刀杆头部的形式按主偏角和直头、弯头的不同可分为 15~18 种，各形式规定了相应的代码，在国家标准和刀具样本中都已列出，可以根据实际情况选择。加工有直角台阶的工件，可选主偏角大于或等于 90° 的刀杆；一般粗车可选主偏角为 45°~90° 的刀杆；精车可选主偏角为 45°~75° 的刀杆；中间切入、仿形车则可选主偏角为 45°~107.5° 的刀杆。工艺系统刚性好时主偏角可选较小值，工艺系统刚性差时主偏角可选较大值。当刀杆为弯头结构时，则既可加工外圆，又可加工端面。

刀尖圆弧半径不仅影响切削效率，还影响被加工表面的表面粗糙度及加工精度。从刀尖圆弧半径与最大进给量的关系来看，最大进给量不应超过刀尖圆弧半径尺寸的 80%，否则将使切削条件恶化，甚至出现螺纹状表面和打刀等问题。刀尖圆弧半径还与断屑的可靠性有关，为保证断屑，切削余量和进给量有一个最小值。当刀尖圆弧半径减小，所得到的这两个最小值也相应减小，因此，从断屑可靠性的角度出发，通常对于小余量、小进给量车削加工应采用较小的刀尖圆弧半径，反之宜采用较大的刀尖圆弧半径。

粗加工时，应注意以下几点。

1）为提高切削刃的强度，应尽可能选取刀尖圆弧半径较大的刀片，刀尖圆弧半径大可允许大进给量车削。

2）在有振动倾向时，应选择较小的刀尖圆弧半径。

3）常用的刀尖圆弧半径为 1.2~1.6mm。

4）粗车时的进给量不能超过表 2-3 给出的最大进给量，作为经验法则，一般进给量可取为刀尖圆弧半径的 1/2。

精加工时，应注意以下几点。

1）精加工的表面质量不仅受刀尖圆弧半径和进给量的影响，还受工件的装夹稳定性、夹具和机床的整体条件等因素的影响。

2）在有振动倾向时，应选择较小的刀尖圆弧半径。

3）非涂层刀片比涂层刀片加工的表面质量高。

表 2-3　不同刀尖圆弧半径的最大进给量（粗车）

刀尖圆弧半径/mm	0.4	0.8	1.2	1.6	2.4
最大进给量/（mm/r）	0.25~0.35	0.4~0.7	0.5~1.0	0.7~1.3	1.0~1.8

（3）套类零件加工用车刀的选用　套类零件上孔的加工一般有钻孔、扩孔、铰孔和镗孔等加工方法。常用的孔加工刀具有麻花钻、扩孔钻、铰刀、内孔镗刀和内孔切槽刀等，如图 2-33 和图 2-34 所示。

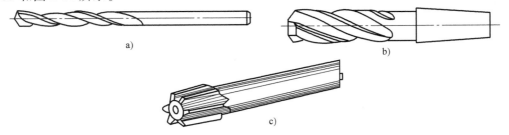

图 2-33　麻花钻、扩孔钻、铰刀

a）麻花钻　b）扩孔钻　c）铰刀

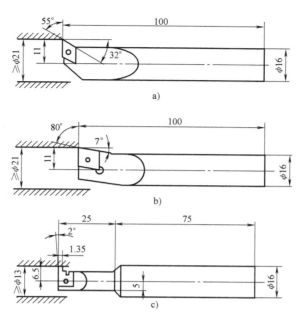

图 2-34　加工套类零件常用的车刀及尺寸

a）内孔镗刀（一）　b）内孔镗刀（二）　c）内孔切槽刀

（4）刀具的装夹　在数控车床上安装可转位机夹车刀时，由于刀体的制造精度较高，故一般不需加垫片调整刀尖中心的高度。如图 2-35 所示，转盘刀架共设有 8 个刀位，分别刻有数字 1~8。车刀可以正向装夹，也可以反向装夹，靠垫刀块上的螺钉拧紧。车刀轴向靠刀柄的侧面定位，径向则靠刀柄的端面定位。

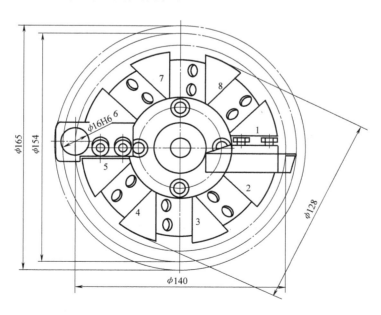

图 2-35　转盘刀架

五、数控机床坐标系

机床坐标系是为了确定工件在机床中的位置、机床运动部件的特殊点（如换刀点、参考点等）以及运动范围（如行程范围）等而建立的几何坐标系。机床坐标系是数控机床上用来确定运动轴方向和距离的坐标系，是数控机床设计、制造、装配、使用的基准，是机床出厂时已设定好的固有的坐标系。机床坐标系是确定工件坐标系的基准，是确定刀具（刀架）或工件（工作台）位置的参考系，其建立在机床原点上，与机床的位置检测系统相对应，机床正常运行时，屏幕显示的"机械坐标"就是刀具在机床坐标系中的坐标值。数控机床坐标系包括坐标原点、坐标轴和运动方向。

统一规定数控机床坐标系各轴的名称及其正负方向，可以简化数控程序的编制，并使编制的程序对同类型机床具有互换性。国际标准和我国标准中，规定了数控机床的坐标系采用右手笛卡儿直角坐标系，如图 2-36 所示。基本坐标轴为 X、Y、Z 轴，它们与机床的主要导轨相平行，相对于每个坐标轴的旋转运动坐标分别为 A、B、C。

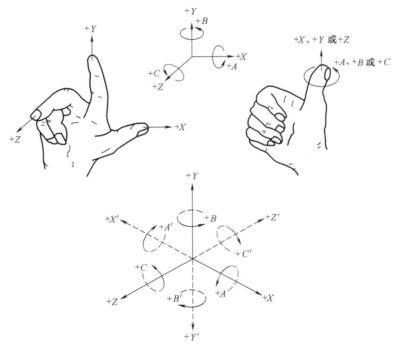

图 2-36　右手笛卡儿直角坐标系与右手定则

基本坐标轴 X、Y、Z 的关系及其正方向用右手定则判定。伸出右手的大拇指、食指和中指，并互为 $90°$，则大拇指代表 X 轴，食指代表 Y 轴，中指代表 Z 轴。大拇指的指向为 X 轴的正向，食指的指向为 Y 轴的正向，中指的指向为 Z 轴的正向，并分别用 $+X$、$+Y$、$+Z$ 表示。围绕 X、Y、Z 各轴的旋转运动及其正方向用右手定则判定，将右手的拇指指向 X、Y、Z 轴的正向，四指弯曲的方向为对应各轴的旋转正向，并分别用 $+A$、$+B$、$+C$ 表示。

1. 坐标轴及其运动方向

（1）ISO 标准的有关规定　不论数控机床的具体结构是工件静止、刀具运动，还是刀具静止、工件运动，都假定工件不动，刀具相对于静止的工件运动。

机床坐标系 X、Y、Z 轴的判定顺序为：先 Z 轴，再 X 轴，最后按右手定则判定 Y 轴。增大刀具与工件之间距离的方向为坐标轴运动的正向。

（2）坐标轴的判定方法

1）Z 轴：平行于主轴轴线的坐标轴为 Z 轴，刀具远离工件的方向为 Z 轴的正向，如图 2-37、图 2-38 和图 2-39 所示。坐标轴名中（$+X$、$+Y$、$+Z$，$+A$、$+B$、$+C$）不带 "'" 的表示刀具相对工件运动的正方向，带 "'" 的表示工件相对刀具运动的正方向。

对于有多个主轴或没有主轴的机床（如刨床），垂直于工件装夹平面的轴为 Z 轴，如图 2-40、图 2-41 所示。

2）X 轴：平行于工件装夹平面的坐标轴为 X 轴，它一般是水平的，以刀具远离工件的运动方向为 X 轴的正方向。对于工件是旋转的机床，X 轴与工件的直径重合，如图 2-37 所示。对于刀具是旋转的立式机床，从主轴向立柱看，右侧方向为 X 轴的正向，如图 2-38 所示。对于刀具是旋转的卧式机床，从主轴向工件看，右侧方向为 X 轴的正向，如图 2-39 所示。

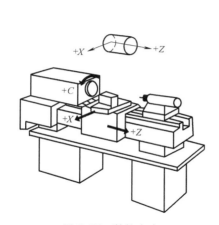

图 2-37　数控车床

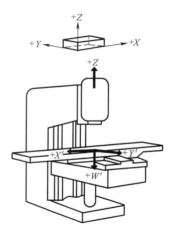

图 2-38　数控立式升降台铣床

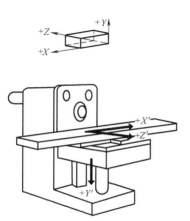

图 2-39　数控卧式升降台铣床

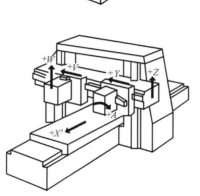

图 2-40　数控龙门铣床

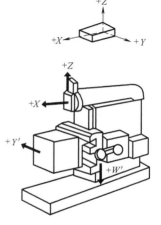

图 2-41　数控牛头刨床

3）Y 轴：Y 轴垂直于 X 轴和 Z 轴，当 X 轴和 Z 轴确定之后，按笛卡儿直角坐标系右手定则判定 Y 轴及其正向。

4）旋转运动轴 A、B、C 轴：旋转运动轴 A、B、C 的轴线分别平行于 X 轴、Y 轴和 Z 轴，其旋转运动的正方向按右手定则判定（图 2-36），判定实例如图 2-42、图 2-43 所示。

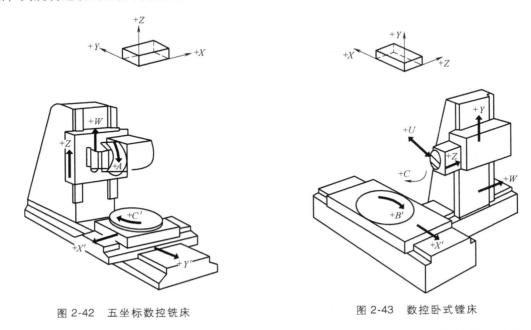

图 2-42　五坐标数控铣床　　　　　　　　　　　图 2-43　数控卧式镗床

5）附加坐标：若除基本坐标轴 X 轴、Y 轴和 Z 轴外，还有平行于它们的第二或第三坐标轴，则分别用 U、V、W 和 P、Q、R 表示。

6）主轴旋转方向：从主轴后端向前端（装刀具或工件端）看，顺时针方向旋转为主轴正旋转方向，它与 C 轴的正方向不一定相同。如卧式车床的主轴正旋转方向与 C 轴正向相同，对于钻、铣、镗床，主轴正旋转方向与 C 轴正向相反。

2. 机床原点

机床原点又称为机械原点或机床原点（用"M"表示），是机床坐标系的原点，它是数控系统进行位置计算的基准点，是数控机床进行加工运动的基准参考点，是其他坐标系和参考点的基准点。机床原点的作用是使机床与控制系统同步，建立测量机床运动坐标的起始位置。该点是生产厂家在机床装配、调试时设置在机床上的一个固定点。一般情况下，不允许用户随意变动。

数控车床的机床原点一般设置在卡盘前端面或后端面的中心，卧式数控车床的刀架配置形式有前置刀架与后置刀架两种。当刀架置于操作人员与工件之间时，称为前置刀架，其机床坐标系如图 2-44a 所示。当工件处于操作人员与刀架之间时，称为后置刀架，其机床坐标系如图 2-44b 所示。对于数控铣床，各生产厂设定的机床原点并不一致，有的设在机床工作台的中心，有的设在进给行程的终点，如图 2-45 所示。立式加工中心的机床原点一般设在机床最大加工范围平面的左前角，如图 2-46 所示。

3. 机床参考点与机床坐标系的建立

（1）机床参考点　由图 2-44、图 2-45 可知，数控机床的运动部件（刀架）不可能返回

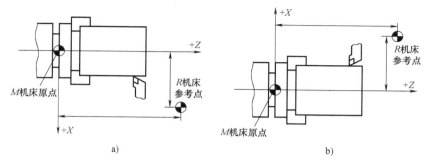

图 2-44 数控车床的机床原点与参考点
a）前置刀架 b）后置刀架

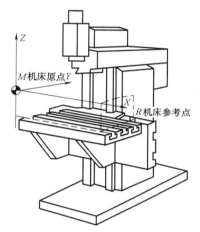

图 2-45 数控铣床的机床原点与参考点

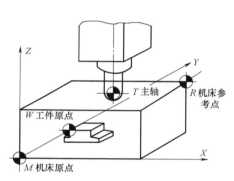

图 2-46 立式加工中心机床原点与参考点

机床原点，从而无法知道其位置是否正确。因此，数控机床上需要另外设置起机床原点基准作用的参考点。机床参考点是数控机床上的又一个重要的固定点（用"R"表示）。它与机床原点之间的位置用机械行程挡块或限位开关精确设定，即机床参考点与机床原点之间有确定的尺寸关系。

机床参考点是用于对机床运动进行检测和控制的固定位置点，它通常设置在机床各轴靠近正向极限的位置（图 2-44、图 2-46），是各坐标轴的测量起点。机床参考点在机床出厂时已经调整好，一般不再变动，必要时可通过设定参数或改变机床上各挡铁的位置来调整机床参考点的位置。

（2）"回参考点"与机床坐标系的建立 机床原点是一个定义点，机床开机后，大多数数控机床的位置反馈系统无法确定当前机床坐标系原点的真实位置，而机床参考点是通过挡块和限位开关定位的，数控机床开机后，首先要执行"回参考点"（由于有些数控系统的机床原点与机床参考点重合，故"回参考点"也称为"回零"）操作。"回参考点"是指机床的运动部件（工作台、刀架）回到机床参考点。只要运动部件接触到挡块和限位开关，系统就能识别该点（机床参考点）的位置。由于机床参考点与机床原点的位置关系是固定的，检测机床参考点的位置也就意味着检测到了机床原点的位置。机床各轴返回机床参考点后，显示器即显示出机床参考点在机床坐标系中的坐标值，表明机床坐标系已自动建立。可以说"回参考点"操作是对基准的重新核定，可消除由于多种原因产生的基准偏差，建立机床坐标系。回参考点后，测量系统置零，之后测量系统就可以机床参考点作为基准，随时测量刀具（工件）等移动部件的位置，并显示在屏幕上。

机床在回参考点时所显示的数值表示机床参考点与机床原点间的工作范围，该数值被记忆在数控系统中，并以机床原点为系统内运算的基准点。

机床断电后，数控系统就失去了对机床参考点的记忆。通常在以下几种情况下必须进行回参考点操作。

1）机床首次开机，或关机后重新接通电源时。

2）解除机床超程报警信号后。

3）解除机床急停状态后。

六、编程坐标系

由于数控机床上建有机床坐标系，可以确定工件上点的坐标，使数控编程成为可能，但如果用机床坐标系来确定工件上点的位置，计算很不方便。为了方便编程计算，ISO 标准规定不论数控机床的具体结构是工件静止、刀具运动，还是刀具静止、工件运动，都假定工件静止，刀具相对于静止的工件运动。根据这一规定，人们可以先在零件图样上建立一个坐标系，在零件图样上规划刀具相对工件的运动轨迹，这种建立在零件图样上的坐标系称为编程坐标系。编程坐标系也必须是右手笛卡儿直角坐标系，坐标轴与所使用的机床坐标轴平行，且正向一致。

编程坐标系的原点称为编程原点。编程原点在零件图样上的位置可以任意选择，但为了便于编程，编程原点的选择应遵循以下原则。

1）尽可能选择在工件的设计基准和工艺基准上。

2）能使工件方便地安装、测量和检验。

3）尽量选择在尺寸精度高、表面粗糙度值低的工件表面上。

4）对称零件应选择在工件的对称中心处，非对称零件应选择在轮廓的基准角上。

5）Z 轴方向的零点一般设在工件表面上。

常见编程原点的选择如图 2-47 所示。

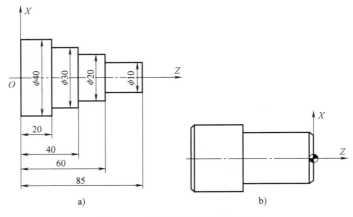

图 2-47　常见编程原点的选择

a）编程原点选择在设计基准上　b）编程原点选择在右端面的中心处

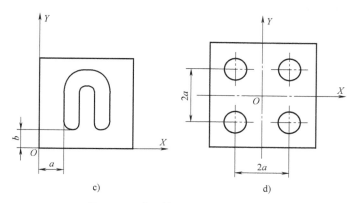

图 2-47　常见编程原点的选择（续）

c）编程原点选择在轮廓的基准角　　d）编程原点选择在对称中心

　　数控车床编程时，编程原点一般设在工件右端面的中心处；数控铣床和加工中心编程时，编程原点一般设在工件的上表面中心或工件上表面的角点等设计基准位置。

　　在零件图样上建立编程坐标系，可使编程人员能够依据零件图样进行数控加工程序的编制，不必考虑工件毛坯在机床上的实际装夹位置和数控机床各运动部件的具体运动方向，也不必考虑是刀具移近工件还是工件移近刀具的问题。

七、编程坐标系与机床坐标系的关系

　　编程所用到的各节点的坐标值都是相对于编程坐标系的坐标，因此不必考虑工件在机床上的安装位置和安装精度，这使编程变得简单。但机床上只有机床坐标系，因此必须将编程坐标系下的坐标换算成机床坐标系下的坐标，只有这样，数控程序才能被数控系统正确执行。

　　为了将编程坐标系下的坐标换算成机床坐标系下的坐标，需要将编程坐标系转移到已装夹在数控机床上的工件（或工装夹具）之上，这种建立在工件（或工装夹具）上的坐标系称为工件坐标系。

　　通过"对刀"操作可以实现将工件坐标系建立在工件（或工装夹具）上。

　　"对刀"是指零件被装夹到机床上之后，操作人员用某种操作方法获得工件原点在机床坐标系中的坐标值的操作过程。

　　将工件坐标系下的坐标换算成机床坐标系下的坐标的过程如下。

　　1）将建立工件坐标系的指令编写在数控程序中。

　　2）"对刀"测量出工件坐标系的原点相对于机床参考点之间的三个坐标方向的偏置值。

　　3）将测量得到的偏置值存入与数控系统相对应的寄存器中（图 2-18）。

　　4）运行程序：当程序执行到该指令时，系统就会读取这些偏置值，使之与程序中的坐标值进行运算，从而将工件坐标系下的坐标换算成机床坐标系下的坐标。

八、对刀与数控车床工件坐标系的建立

　　（1）用刀偏对刀法建立工件坐标系　刀偏对刀法是在数控车床上建立工件坐标系最常用的方法，这种方法操作简单，可靠性好，只要不断电、不改变刀偏值，工件坐标系就会存

在且不会变化。即使断电，重启后回参考点，工件坐标系还在原来的位置。简单阶梯轴的加工就采用了刀偏对刀法。下面介绍用刀偏对刀法建立图 2-48 所示的工件坐标系 $X'O'Z'$ 的操作步骤。

1）返回机床原点。

2）车削毛坯端面：车削零件端面，沿 X 轴正向退刀。

3）切换到刀具偏移值输入界面（图 2-18），光标移到相应位置，输入 ZL（如 $L = 50$mm，则输入 $Z50.0$）。

4）车削毛坯外圆：车削一段零件外圆，沿 Z 轴正向退刀。

5）测量尺寸：主轴停转，测量车削后的外圆直径 D。

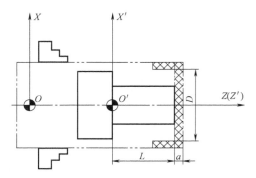

图 2-48 用刀偏对刀法建立工件坐标系

6）切换到刀具偏置值输入界面（图 2-18），光标移到相应位置，输入 XD（如 $D = 40$mm，则输入 $X40.0$）。

必须说明的是，由于每把刀具的形状不同，刀尖位置也不同，因此每把刀具的偏置值（又称刀具补偿值，简称刀补值）是不同的，必须分别求出每把刀具的偏置值，并预置存储到相应编号的寄存器中。

假设对刀时将 1 号刀（1 号刀位上的刀具）的偏置值存储到了编号为 01 的寄存器中，用 1 号刀加工时必须调出 01 寄存器中的偏置值，其编程格式为：

T0101；

当程序执行到 T0101 所在的程序段时，1 号刀位上的刀具被调到加工位置，同时将 01 寄存器中的偏置值调入数控系统并与程序中的坐标值进行计算，1 号刀对应的工件坐标系即被建立。因此，T0101 所在的程序段应位于 1 号刀移动程序段的前面。

（2）用 G50 指令建立工件坐标系　G50 指令是用于规定工件坐标系原点的指令，该指令按照程序规定的尺寸数值，通过当前刀位点所在位置来设定工件坐标系的原点。执行 G50 指令时不产生机床运动。

若刀位点的初始点距工件原点的 X 向、Z 向尺寸分别为 α 和 β（α 和 β 的值由编程人员确定），则用 G50 建立工件坐标系的编程格式为：

G50 Xα Zβ；

执行该程序段后，系统内部即对 α、β 进行记忆，并显示在显示器上，这就相当于系统内部建立了一个以工件原点为坐标原点的工件坐标系。注意：G50 指令一般位于第一个程序段。

用 G50 指令建立图 2-49 所示的工件坐标系 $X'O'Z'$ 的步骤如下。

1）回参考点：选择回参考点操作方式，进行回参考点操作，建立机床坐标系 XOZ，此时显示器上显示的坐标值是刀架中心在机床坐标系中

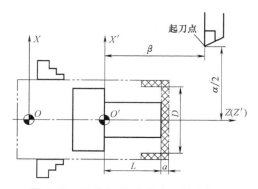

图 2-49 用 G50 指令建立工件坐标系

的坐标值。

2）试切并测量：以手动方式移动刀架，车一刀工件端面，沿 X 轴方向退刀，记录 CRT 屏幕上显示的 Z 轴方向坐标尺寸 Z_t。再以手动方式移动刀架车一刀工件外圆，沿 Z 轴方向退刀，并使主轴停止转动，记录 CRT 屏幕上显示的 X 轴方向坐标尺寸 X_t，并测量工件外径 D。

3）计算坐标增量：假设工件原点到端面的距离为 L、工件外径为 D、程序要求的起刀点位置为（α，β），算出将刀尖移动到起刀点位置所需 X 轴和 Z 轴的坐标增量分别为（$\alpha-D$）和（$\beta-L$）。

4）对刀：根据算出的坐标增量，以手轮方式移动刀架，将刀架移至使显示器上所显示的坐标值为 [（$X_t+\alpha-D$），（$Z_t+\beta-L$）] 为止，这样就将刀尖放在了程序所要求的起刀点位置上，加工程序中即可使用 G50 建立工件坐标系。

也可以采用下面的操作步骤建立工件坐标系。

1）手动车削一段外圆后，刀具沿 Z 轴方向退出，测量外径 D；进入 MDI 编程方式，输入 $G50XD$，按"循环启动"按钮，刀具当前位置被设定为工件坐标系的 XD。

2）手动车端面，沿 X 轴方向退刀，进入 MDI 编程方式，输入"G50ZL"，按"循环启动"按钮，刀具当前位置被设定为工件坐标系的 ZL。

3）进入 MDI 编程方式，输入 G50 $X\alpha Z\beta$，按"循环启动"按钮，使刀具移动到工件坐标系 $X\alpha Z\beta$。

（3）用 G54 等指令建立工件坐标系　使用 G54～G59 指令，可以在机床行程范围内设置 6 个不同的工件坐标系。这些指令与 G50 相比，在使用上有很大的区别。用 G50 指令设置工件坐标系，是在程序中用程序段中的坐标直接进行设置，而用 G54～G59 指令设置工件坐标系时，必须首先将 G54～G59 指令的坐标值设置在原点偏置寄存器中，编程时再分别用 G54～G59 指令调用。编程格式为：

G54；

当程序执行到 G54 所在的程序段时，存储在对应寄存器中的坐标值被调入数控系统参与计算，工件坐标系即被建立。因此，G54 等指令一般位于第一个程序段。

应用 G50 设定工件坐标系时，每加工一个零件前都要重复基准刀具的对刀操作，这影响了批量生产的生产效率。若采用 G54 等指令设置工件坐标系，当完成首次对刀操作后，每次开机后只需操作车床返回机床原点一次，则在所有零件加工前不必重复基准刀具的对刀操作，便可进行自动加工。

下面以 FANUC 0i 系统为例，介绍用 G54 等指令建立如图 2-49 所示的工件坐标系 $X'O'Z'$ 的操作步骤。

1）返回机床原点。

2）车削工件端面：车削工件端面，沿 X 轴方向退刀，并记录 CRT 屏幕上显示的 Z 坐标数据 Z_m。

3）车削工件外圆：车削一段工件外圆，沿 Z 轴方向退刀，并记录 CRT 屏幕上显示的 X 坐标数据 X_m。

4）测量尺寸：测量车削后的外圆直径 D。

5）计算 X 轴方向的坐标尺寸：X 轴方向的坐标尺寸为 $X_p=X_m-D$。

6）计算 Z 轴方向的坐标尺寸：Z 轴方向的坐标尺寸为 $Z_p=Z_m-L$（L 为工件坐标系原点

到工件端面的距离）。

7）将计算值输入偏置寄存器：将 X_p、Z_p 输入到 G54 所在的偏置寄存器对应的位置。

九、刀位点与换刀点

数控编程是建立在"工件不动、刀具运动"这一假设的基础之上的，因此，数控编程的实质就是描述刀具上某个点的运动轨迹。这个点被称为刀位点，它是编制数控加工程序时用来确定刀具位置的基准点。因此，编程前要确定刀具上的某一点为刀位点。每把刀的刀位点在整个加工过程中只能是同一个点。对于平头立铣刀、面铣刀类刀具，刀位点一般取为刀具轴线与刀具底端面的交点；对于球头铣刀，刀位点为球心；对于车刀、镗刀类刀具，刀位点为刀尖，如图 2-50 所示；对于钻头，刀位点为钻尖。

如果一个程序用到多把刀，则需要确定一个换刀点，当第一把刀完成加工后，将刀架移动至换刀点，刀架旋转将第二把刀转到加工位置。换刀点由编程人员确定，原则是换刀点的位置必须保证在刀架回转时，刀具不会与工件、夹具或尾座相撞，使其处在安全位置。图 2-2 中的程序段 "N160 G00 X100.0 Z150.0" 的作用就是使刀架运动到换刀点，换刀点在工件坐标系中的坐标为（X100.0，Z150.0）。

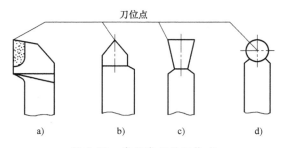

图 2-50　常用车刀的刀位点

a) 90°偏刀　b) 螺纹车刀　c) 切断刀　d) 圆弧车刀

十、数控编程格式

数控机床是一种按照输入的数字程序信息进行自动加工的机床，因此，零件加工程序的编制是实现数控加工的重要环节。所谓编程，就是把零件的图形尺寸、工艺过程、工艺参数、机床运动以及刀具位移等按照数控系统的程序段格式和规定语言记录在程序中的全过程。

为了满足设计、制造、维修和普及的需要，在输入代码、坐标系统、加工指令、辅助功能及程序格式等方面，国际上已形成了由国际标准化组织（ISO）和美国电子工业协会（EIA）分别制定的两种标准。但是由于各个数控机床生产厂家所用的标准尚未完全统一，其所用的代码、指令及其含义不完全相同，因此，在进行数控编程时必须按所用数控机床编程手册中的规定进行。目前，数控系统中常用的代码有 ISO 代码和 EIA 代码。

进行数控编程时，必须首先了解数控程序的结构和编程规则，这样才能正确地编写数控加工程序。

（1）数控加工程序的组成　数控加工程序由一系列机床数控装置能辨别的指令有序结合而成。一个完整的数控加工程序都是由程序号、程序主体和程序结束部分 3 部分组成的。程序主体由若干程序段组成，程序段由若干程序字组成，程序字是一系列按规定排列的字符，作为一个信息单元存储、传递和操作。每个程序字又由字母（即地址）、符号和数字组成。

1）程序号：程序号又称为程序名，是程序的开始部分。为了方便程序的存储、识别和调用，每个程序都要有程序号。输入同一台数控机床数控系统的程序号不能重复。程序号由程序地址（字母）和数字编号两部分组成。不同数控系统的程序地址有所不同，如在 FANUC 系统中，采用英文字母"O"作为程序号地址，而有的系统采用"P""%"作为程序号地址。数字编号的范围为自然数 1~9999。

如程序号 O2101，O——程序号地址，2101——程序的编号。

程序号一般单独作为一个程序段。

2）程序主体：程序主体是整个程序的核心，由若干程序段组成，每个程序段由一个或多个指令组成。程序主体表示数控机床要完成的全部动作。程序 O2101 的程序主体由 N10~N310 共 31 个程序段组成（图 2-2）。

3）程序结束部分：每个程序的最后一个程序段必须包含程序结束指令 M02 或 M30，用来结束整个程序。程序 O2101 的程序结束部分为最后一行：N320 M30；。

（2）程序段的格式 程序段的格式可分为地址格式、分隔顺序格式、固定程序段格式和可变程序段格式等，最常用的是可变程序段格式。

所谓可变程序段格式，就是程序段的长短随字数和字长（位数）的不同可以变化。

程序段由程序段顺序号、地址、数字、符号等组成。下面以程序 O2101 的 N60 程序段为例介绍程序段的格式。

N60　　G01　　Z-77.0　　F0.3；

其中：

N——程序段顺序号地址，用于指令程序段顺序号；

G——指令动作方式的准备功能地址（G01 为直线插补指令）；

Z——坐标轴（Z 轴）地址，其后面的数字表示目标点的坐标；

F——进给速度指令地址，其后面的数字表示进给速度，如 F0.3 表示进给速度为
　　0.3mm/r；

程序段末尾的"；"——程序段结束符号。

程序段也可以认为由程序字组成。程序字的组成如下。

Z-77.0

其中：

　　　　Z——地址；

-（负号）——符号；

　　77.0——数字。

在程序段中表示地址的英文字母可分为尺寸字地址和非尺寸字地址两种。表示尺寸字地址的英文字母有 X、Y、Z、U、V、W、P、Q、I、J、K、A、B、C、D、E、R、H 共 18 个字母；表示非尺寸字地址的英文字母有 N、G、F、S、T、M、L、O 共 8 个字母。

程序中除了出现以上字母和数字外，还会用到一些符号。除前面提到的"；""."和"-"外，还有"+"（正号）和"/"（选择性程序段删除）等。常用地址字母和符号的含义见表 2-4。

表 2-4　常用地址字母和符号的含义

程序字	地址字母和符号	含　义
程序号	O、P、%	主程序编号、子程序编号
程序段号	N	顺序号，是程序段的名称

（续）

程序字	地址字母和符号	含　义
准备功能字	G	用于控制系统动作方式的指令
尺寸字	X、Y、Z	坐标轴移动地址
	U、V、W、R、A、B、C	附加轴运动地址
	I、J、K	圆心坐标地址
补偿功能	D、H	补偿号的指定
进给功能字	F	指定切削的进给速度
主轴功能字	S	指定主轴转速
刀具功能字	T	指定加工时所用刀具的编号
辅助功能字	M	控制机床或系统辅助装置的开关动作
	B	工作台回转（分度）指令
暂停功能	P、X	暂停时间指令
重复次数	L、K	子程序及固定循环的重复次数指令
圆弧半径	R	圆弧半径地址

十一、顺序号字

程序中可以在程序段前任意设置顺序号字，顺序号字可以不写，也可以不按顺序编号，或只在重要程序段前按顺序编号，以便检索。顺序号字又称顺序号、程序段号或程序段序号。顺序号字位于程序段之首，它的地址是 N，后续数字一般为 2~4 位。

（1）顺序号字的作用　首先，顺序号字可用于对程序的校对和检索修改。其次，在加工轨迹图的几何节点处标上相应程序段的顺序号字，就可直观地检查程序。顺序号字还可作为条件转向的目标。更重要的是，标注了顺序号字的程序可以进行程序段的复归操作，这是指操作可以回到程序的（运行）中断处重新开始，或使加工从程序的中途开始操作。

（2）顺序号字的使用规则　数字部分应为正整数，一般最小的顺序号字是 N1。顺序号字的数字可以不连续，也不一定从小到大顺序排列。如第一段用 N10、第二段用 N20、第三段用 N15。对于整个程序，除程序号外，可以每个程序段都设置顺序号字，也可以只在部分程序段中设置顺序号字，还可以在整个程序中全不设置顺序号字。一般都将第一程序段前加 N10，以后以间隔 10 递增的方法设置顺序号字，这样，在调试程序时如需要在 N10 与 N20 之间加入两个程序段，就可以用 N11、N12 作为顺序号字。

十二、准备功能字

准备功能字（也称 G 指令、G 代码、G 功能）是使数控机床准备好某种运动方式的指令。如快速定位、直线插补、圆弧插补、刀具补偿、固定循环等。G 指令由地址 G 和其后面的两位数字组成，从 G00~G99 共 100 种。不同的数控系统，G 指令的功能不同，编程时需要参考机床制造厂的编程说明书。表 2-5 是 GSK980TA 系统的 G 指令表（用于数控车床），本书用到的其他数控系统的准备功能指令见附录 A。

表 2-5　GSK980TA 系统的 G 指令表（用于数控车床）

指令	组别	功　能	指令	组别	功　能
★G00	01	快速定位	G04	00	暂停、准停
G01		直线插补（切削进给）	G28		自动返回参考点
G02		圆弧插补（顺时针方向 CW）	G50		坐标系设定
G03		圆弧插补（逆时针方向 CCW）	G65		宏指令
G32		切螺纹	G70		精加工循环
G90		轴向切削循环	G71		外圆粗车循环
G92		螺纹切削循环	G72		端面粗车循环
G94		端面切削循环	G73		封闭切削循环
★G40	04	取消刀尖圆弧半径补偿	G74		端面深孔加工循环
G41		刀尖圆弧半径左补偿	G75		外圆、内圆切槽循环
G42		刀尖圆弧半径右补偿	G76		复合型螺纹切削循环
G96	02	恒线速度控制	★G98	03	每分钟进给量（mm/min）
★G97		恒转速控制	G99		每转进给量（mm/r）

关于 G 指令的几点说明。

1）G 指令以组别可分为两大类：属于"00"组的指令（非模态 G 指令），为非续效指令，即该指令的功能只在该程序段执行时发生效用，其功能不会延续到下面的程序段。属于"非00"组的指令（模态 G 指令），为续效指令，即该指令的功能除在该程序段执行时发生效用外，若下一程序段仍要使用相同功能，则该指令可以省略不写，其功能会延续到下一程序段，直到被同一组别的指令取代为止。

2）不同组别的 G 指令可以在同一程序段中使用，但若是同一组别的 G 指令在同一程序段中出现两个或两个以上时，则以最后面的 G 指令有效。如 G01G00X30.0，此程序段将以快速定位（G00）方式移动至 X30.0 位置，G01 指令将被忽略。如果在程序中指定了 G 指令表中没有列出的 G 指令，系统会发出报警。

3）上列 G 指令表中有"★"记号的 G 指令为初始状态 G 指令，又称默认 G 指令，即数控机床一经开机后或按 RESET（复位）键后，将处于此功能状态。一般情况下，每一组 G 指令中只有一个。这些预设的功能状态是由数控系统内部的参数设定的，不同的数控系统默认的 G 指令不尽相同。

十三、英/米制转换指令 G20/G21

1）指令功能：规定编程时的数据单位。G20 表示以英寸为单位编程，G21 表示以毫米为单位编程。一般机床出厂时，将米制输入（G21）设定成参数默认状态。

2）编程格式

G20（G21）；

在程序开始设定坐标系之前应用 G20（G21）指令，即程序的第一个程序段。两者都是模态代码，可互相取代，但在程序执行期间绝对不能切换 G20 和 G21。

十四、刀具功能字（T指令）

调用刀具是由数控程序控制完成的，因此，应给加工中用到的每一把刀具分配一个号码。通过在程序中指定所需刀具的号码，机床就选择相应的刀具。

1）指令功能：该指令用于指定刀具及刀具补偿。

2）编程格式：

T××××；

其中T指令后的前两位数字为刀具序号，后两位数字为刀具补偿号。如T0101；表示选择1号刀，调用1号刀具补偿。

刀具的序号应与机床刀盘上的刀位号相对应，刀具补偿包括形状补偿和磨损补偿。刀具序号和刀具补偿号不必相同，但为了方便通常使它们一致。

取消刀具补偿的T指令编程格式为T0000或T××00。T0000表示取消所有的刀具补偿。T××00表示取消序号为××的刀具补偿。

十五、辅助功能字（M指令）

辅助功能字由地址M及两位数字表示，它主要用来表示机床操作时各种辅助动作及状态。其特点是靠继电器的通、断电来实现控制过程。M指令表见表2-6。

表2-6 M指令表

指令	功　能		说　明
M00	程序暂停	A	执行完M00指令后,机床所有动作均被切断。重新按下"自动循环"启动按钮后,程序继续运行
M01	计划暂停	A	M01指令必须配合执行操作面板上的"选择性停止"功能键一起使用,若此键"灯亮",则执行至M01时,功能与M00相同;若此键"灯灭",则执行至M01时,程序不会停止,而是继续往下执行
M02	主程序结束	A	此指令应置于程序最后,表示程序执行到此结束。机床处于复位状态,此指令会自动使主轴旋转停止(M05)并关闭切削液(M09),但程序不会自动返回到程序开头
★M03	主轴正转	W	主轴正方向旋转(由主轴向尾座看,顺时针方向旋转)。用前置刀架的数控车床加工零件,主轴应正转
★M04	主轴反转	W	主轴反方向旋转(由主轴向尾座看,逆时针方向旋转)。用后置刀架的数控车床加工零件,主轴应反转
★M05	主轴停止	A	主轴旋转停止,由于M02和M30包含M05,因此可以省略此指令,若主轴有高、低速档时,换档之前应使用M05;主轴正反转之间转换之前,应使用M05
★M08	切削液开	W	切削液开
★M09	切削液关	A	切削液关,由于M02和M30包含M09,所以可以省略此指令
M30	程序结束	A	此指令应置于程序最后,表示程序执行到此结束。此指令会自动使主轴旋转停止(M05)并关闭切削液(M09),且程序会自动返回到程序开头,方便此程序再一次执行
M98	子程序调用	A	子程序调用
M99	子程序结束	A	子程序结束并返回主程序

注：1. 带★者表示模态M指令的代码。

2. M指令分为前指令码（表中标W）和后指令码（表中标A），前指令码和同一程序段中的移动指令同时执行，后指令码在同段的移动指令执行后才执行。

十六、主轴功能字（S 指令）

S 指令用于指定主轴转速，它有恒转速控制和恒线速度控制两种指令方式，用地址 S 和其后的数字组成。

（1）恒转速控制指令 G97　编程格式：

G97 S ___ ；

G97 用于设定主轴转速并取消恒线速度控制，S 后面的数字表示恒线速度控制取消后的主轴每分钟的转数，如 G97 S1200 表示主轴转速为 1200r/min。在切削过程中，如果工件直径变化，切削线速度随之变化，如果变化太大，将难以获得好的切削效果和一致的表面粗糙度值，因此，该指令用于车削螺纹或工件直径变化较小的零件。

（2）恒线速度控制指令 G96　编程格式：

G96 S ___ ；

S 后面的数字表示的是恒定的线速度，单位为 m/min 或 in/min（1in＝25.4mm）。

G96 是恒线速度控制的指令，采用此指令可保证当工件直径变化时，主轴的线速度不变，从而确保切削速度不变，提高加工质量。控制系统执行 G96 指令后，S 后面的数字表示以刀尖所在的 X 坐标值为直径计算的切削速度，如 G96 S130；表示切削点线速度控制在 130m/min。

该指令常在车削轴肩或工件直径变化较大时使用，特别适用于精加工。这是因为切削速度对零件的表面粗糙度影响较大，车削轴径尺寸较大的零件时，若用同一转速，小轴径由于切削速度低难以获得较好的表面质量，大轴径由于切削速度高易造成刀具急剧磨损（温度过高产生相变磨损）。

主轴转速与线速度的转换关系为

$$n = \frac{1000v_c}{\pi d} \qquad (2\text{-}1)$$

式中　v_c——线速度，单位为 m/min；

　　　d——切削点工件的直径，单位为 mm；

　　　n——主轴转速，单位为 r/min。

如车削图 2-51 所示的工件时，为保持车刀在 A、B、C 各点的线速度恒定（180m/min），切削到各点时的主轴转速分别为

$$n_A = \frac{1000 \times 180}{\pi \times 10} r/min = 5730 r/min$$

$$n_B = \frac{1000 \times 180}{\pi \times 60} r/min = 955 r/min$$

$$n_C = \frac{1000 \times 180}{\pi \times 70} r/min = 819 r/min$$

在使用 G96 指令之前，要计算出车削最小直径时主轴的转速，如果主轴转速太高，则应使用主轴最高速度限定指令 G50 限制主轴最高转速。

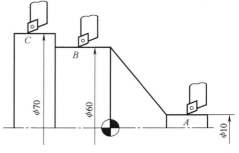

图 2-51　车削示例

（3）主轴最高速度限定指令 G50　编程格式：

G50 S__；

G50 指令除有坐标系设定功能外，还有主轴最高转速设定功能，即用 S 后面的数字设定主轴的最高转速。用恒线速度控制加工锥度、圆弧、端面时，由于 X 坐标值不断变化，当刀具逐渐接近工件的旋转中心时，主轴转速会越来越高，工件有从卡盘飞出的危险。G50 指令可防止因主轴转速过高、离心力太大产生危险及影响机床寿命。为防止事故的发生，有时必须限定主轴最高转速，如 G50 S3000；表示最高转速限制为 3000r/min。G50 指令应在 G96 指令指定之前指定。

主轴最高速度限定指令 G50 对于切断、切端面等具有直径较小部位加工的保护特别有效。为保险起见，在使用恒线速度控制时，一般均在 G96 S__；程序段之前使用 G50 S__；程序段。

S 功能具有续效性。G96、G97、G50 指令均为模态指令。

一般的数控系统都指定了本数控系统主轴转速的默认方式（G96 或 G97），如果编程方式与系统的默认方式一致，编程时可以不指定；如果不一致，则必须指定。

（4）主轴倍率功能　在数控机床的操作面板上有一个主轴倍率修调旋钮，可对给定的主轴转速在一定范围内进行调节（如 FANUC 系统数控机床的调节范围为 0%~150%）。

机床主轴的实际转速为

$$N = K_Z N_S \tag{2-2}$$

式中　K_Z——主轴倍率；

　　　N_S——程序给定的主轴转速；

　　　N——主轴的实际转速。

在加工过程中，通过主轴倍率调整可及时调整切削速度，从而获得较好的切削效果。如在精加工过程中，当加工表面质量达不到图样要求时，可适当提高主轴倍率，降低进给倍率，及时降低表面粗糙度值。在螺纹加工过程中，主轴倍率功能无效。

十七、快速定位指令 G00 与直线插补指令 G01

（1）快速定位指令 G00　G00 指令控制刀具以系统参数预先设定的速度移动定位至所指定的位置，运动过程中有加速和减速，对运动轨迹没有要求。该指令用于当刀具需要快速趋近工件或在加工完后快速退刀的情况，即用于走空行程。

编程格式：

G00 X(U)__Z(W)__；

其中 X、Z 为刀位点要到达的目标点的绝对值坐标（相对于编程坐标系的坐标）；U、W 为目标点相对于前一点的增量坐标。

使用 G00 指令的注意事项如下。

1）执行该指令时，由于各轴同时以系统最快速度移动，刀具的合成运动轨迹就不一定是直线，可能是一折线。因此，在使用 G00 指令时，一定要注意避免刀具和工件、夹具发生碰撞。对于不适合联动的场合，可每个轴单动。

假设 B 点坐标为（40,100），刀具从 A 点快速运动到 B 点的两种编程方式如下。

联动编程：G00　X40.0　Z100.0；

单动编程：G00　X40.0；

　　　　　　　G00　Z100.0；

2）G00 不能对工件进行切削加工，因此，快速定位目标点不能直接选在工件上，一般要距工件 1～4mm。

3）使用 G00 指令时，在地址符 F 下编程的进给速度无效。

4）G00 指令是模态（续效）指令。

（2）直线插补指令 G01　G01 指令是直线运动指令，它控制刀具在两坐标间以插补联动方式按指定的进给速度做任意斜率的直线运动。G01 指令是模态（续效）指令，用于完成端面、外圆、内孔、圆锥面、倒角及沟槽等表面的加工。

编程格式：

G01 X(U)＿Z(W)＿F＿；

其中 X、Z 为刀位点要到达的目标点的绝对值坐标（相对于编程坐标系的坐标）；U、W 为目标点相对于前一点的增量坐标。

F 表示进给量，若前面已经指定，可以省略。

通常，在车削与 X 轴平行的端面、沟槽等时，只需单独指定 X（或 U）坐标；在车削与 Z 轴平行的外圆、内孔等时，只需单独指定 Z（或 W）坐标。

十八、尺寸字（坐标字）

尺寸字也称为尺寸指令，其在程序段中主要用来指定机床上刀具（刀位点）运动目标点的坐标，表示暂停时间等的指令也列入其中。一般使用 X、Y、Z、U、V、W、P、Q、R、A、B、C、D、E、I、J、K 为地址，后面跟"＋"或"－"及数字，其中表示点线性坐标值的数字以系统脉冲当量为单位（1 脉冲当量＝0.001mm）或以 mm 为单位，数字前的正负号代表移动方向，"＋"可省略。尺寸字的地址可分为三组，第一组是 X、Y、Z、U、V、W、P、Q、R，主要是用于指定刀位点到达点的直线坐标尺寸，有些地址（如 X）还可用于在 G04 之后指定暂停时间；第二组是 A、B、C、D、E，主要用来指定刀位点到达点的角度坐标；第三组是 I、J、K，主要用来指定零件圆弧轮廓圆心点的坐标尺寸。表示点坐标的尺寸字具有续效性。

（1）尺寸字的表示方式　尺寸字中的数字有两种表示方式：用小数点表示法和不用小数点表示法。

1）用小数点表示法：用此法表示数值时，数值的单位为 mm［英制为 in，角度为（°）］。如表示 25mm，应写成 25. 或 25.0。

2）不用小数点表示法：用此法表示数值时，数值的单位为脉冲当量（1 脉冲当量＝0.001mm）。这时数控装置会将此数值乘以最小移动量（米制为 0.001mm；英制为 0.0001in）作为输入数值。如表示 25mm，应写成 25000。

一般 X、Y、Z、I、J、K、F、R 等地址可选择用小数点表示法或不用小数点表示法。但也有一些地址不允许选择用小数点表示法，如 P、Q、D 等。

程序中用小数点表示法与不用小数点表示法表示的数值可以混合使用，如 G00 X80.0 Y6000 Z25.0；。

数控机床的数字表示法可以通过机床参数进行设定和选择。为了保证程序的正确性，不论采用何种数字表示法，在实际编程和输入时，最好将全部输入值都加上小数点进行表示（不允许使用小数点表示的地址除外）。

（2）直径编程与半径编程　CNC 车床上，工件的横截面一般为圆形，故沿 X 轴的尺寸可以按直径或半径两种方法指定。

1）直径编程：地址 X（或 U）后的尺寸数字用直径值表示时，称为直径编程。

2）半径编程：地址 X（或 U）后的尺寸数字用半径值表示时，称为半径编程。

采用哪种方法要由系统的参数决定。车床出厂时均设定为直径编程，这是因为被加工零件的径向尺寸在测量和在图样上标注时，一般用直径值表示，采用直径尺寸编程与零件图样中的尺寸标注一致，这样可以避免在尺寸换算过程中可能造成的错误，给编程人员带来很大的方便。所以，在编程时与 X 轴有关的各项尺寸一定要用直径值编程。如果需用半径编程，则要改变系统中相关的参数，使系统处于半径编程状态。简单阶梯轴的数控加工程序 O2101采用了直径编程。

（3）绝对坐标编程与增量坐标编程　数控加工程序中表示几何点的坐标值有绝对坐标和增量坐标。始终以编程坐标系原点为参照点来计算其他各点的坐标值的编程方式称为绝对坐标编程；以前一个位置点为参照点来计算目标点的坐标值的编程方式称为增量坐标编程。数控铣床或加工中心大都以 G90 指令设定程序中 X、Y、Z 坐标为绝对坐标，用 G91 指令设定 X、Y、Z 坐标为增量坐标。一般地，数控车床上的绝对坐标用地址 X、Z 表示，增量坐标用地址 U、W 分别表示 X、Z 轴的轴向增量值。在数控程序中，绝对坐标与增量坐标可单独使用，也可在不同程序段上交叉设置使用，数控车床上还可以在同一个程序段中混合使用，使用原则主要是看用何种方式编程更方便。

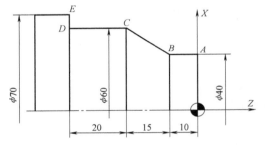

图 2-52　绝对坐标与增量坐标编程示例

编写图 2-52 所示工件从 A 点到 E 点的精加工程序，假定刀位点当前位于 A 点。

1）绝对坐标编程：

⋮

G01　X40.0　Z-10.0　S800.0　F200.0；　　　（A→B）

X60.0　Z-25.0；　　　（B→C）

Z-45.0；　　　（C→D）

X70.0；　　　（D→E）

2）增量坐标编程：

⋮

G01　U0　W-10.0　S800.0　F200.0；　　　（A→B）

U20.0　W-15.0；　　　（B→C）

W-20.0；　　　（C→D）

U10.0；　　　（D→E）

3）混合坐标编程：

⋮

G01　W-10.0　S800.0　F200.0；	（A→B）
X60.0　W-15.0；	（B→C）
W-20.0；	（C→D）
X70.0；	（D→E）

（4）程序数据输入格式　输入数字时应特别注意：一般数控机床都可选择用米制单位（mm）或英制单位（in）为数值的单位，米制可精确到0.001mm，英制可精确到0.0001in，这也是一般数控机床的最小移动量。若输入X3.23456时，实际输入值是X3.234mm或X3.2345in，多余的数值即被忽略不计，且字数也不能太多，一般以7个字为限，如输入X4.2345678，因为超过7个字会出现报警提示。

十九、进给功能字（F指令）

F指令用于指定进给速度，它有每转进给和每分钟进给两种指令方式。刀具的进给速度由F和其后面的数字指定。数字的单位取决于数控系统所采用的进给速度的指定方法。

（1）每转进给量指令G99　编程格式：

G99 F__；

F后面的数字表示主轴每转一转刀具的进给量，单位为mm/r或in/r。

如G99 G01 X30.0 Z40.0 F0.2；表示刀位点从当前点以0.2mm/r的直线插补速度移动到坐标为（30，40）的点（在此指令之前，主轴必须以一定的转速转动）。

（2）每分钟进给量指令G98　编程格式：

G98 F__；

F后面的数字表示刀具每分钟的进给量，单位为mm/min或in/min。

如G98 G01 X30.0 Z40.0 F200.0；表示刀位点从当前点以200mm/min的直线插补速度移动到坐标为（30，40）的点。

使用F指令时的注意事项如下。

1）在G99指令之前，主轴必须以一定的转速转动，而在G98指令之前，无主轴转动的要求。

2）一般的数控系统都指定了本数控系统进给速度的默认方式（G98或G99），如果编程方式与系统的默认方式一致，编程时可以不指定；如果不一致，则必须指定。

3）编写程序时，第一次遇到直线（G01）或圆弧（G02/G03）插补指令时，必须编写F指令。如果没有编写F指令，CNC系统将采用F0。

4）G98、G99均为模态指令。

5）进给功能字F具有续效性。

（3）进给倍率功能　在数控机床的操作面板上有一个进给倍率修调旋钮，可对给定的进给速度在一定范围内进行调节。

机床的实际进给速度为

$$F_m = Kf \tag{2-3}$$

式中　F_m——机床的实际进给速度；

　　　K——进给倍率；

　　　f——程序给定的进给速率。

使用进给倍率功能时的注意事项如下。

1）进给倍率功能对 G00、G01、G02、G03 等指令有效，但对螺纹加工指令 G32、G92、G76 无效。

2）进给倍率功能用在加工调试时机床快速定位快接近工件前，减慢移动速度以防止刀具与工件或夹具碰撞。

3）进给倍率功能用在切削加工的初始阶段，可以检验程序设定的进给速度是否恰当。

4）进给倍率功能用在加工过程中，可适当调整进给速度，使切削过程处于最佳状态。如在数控车削加工时，发现切屑缠绕刀具，排屑不畅，冷却不良，可以适当提高进给倍率以提高进给速度，增大卷屑的塑性变形使之较易断屑。

二十、数控编程步骤

数控机床加工零件与普通机床加工零件不同，数控机床是将零件加工的工艺顺序、运动轨迹与方向、位移量、工艺参数以及辅助动作，按规定代码和格式编制成数控加工程序并输入数控系统，从而控制数控机床自动进行各工序的加工，完成整个零件的加工任务。

在编制数控加工程序时，首先应了解数控机床的规格、性能、CNC 系统功能及编程指令的格式。其次要对零件图样的技术要求、几何形状、尺寸及工艺要求进行分析，确定加工方法和加工路线，再进行数值计算，获得刀位数据。最后按数控系统规定的代码和程序格式，将工件的尺寸、刀位数据、加工路线、切削参数和辅助功能等编制成加工程序。数控编程的内容和步骤可用图 2-53 所示的框图表示。

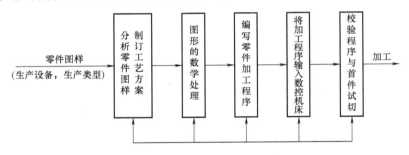

图 2-53 数控编程的内容和步骤

（1）分析零件图样，制订工艺方案 编程人员首先要根据零件图样，分析零件的材料、形状、尺寸、精度及毛坯形状和热处理要求等，明确加工的内容和要求，选择合适的数控机床。拟定零件加工方案，充分利用数控机床的功能，提高数控机床使用的合理性与经济性。确定工件的装夹方式，减少工件的定位和夹紧时间，缩短生产准备周期。选择合理的加工顺序和进给路线（进给路径是指刀具从开始运动起至程序加工结束所经过的路径，包括切削加工的路径和刀具切入、切出等非切削的空行程路径），保证零件的加工精度和加工过程的安全性，避免发生刀具与非加工表面的干涉。合理选择刀具及其切削参数，充分发挥机床及刀具的加工能力，减少换刀次数，缩短进给路线，提高生产效率。将工艺分析的结果填写在有关的工艺文件（如机械加工工艺过程卡、数控加工工序卡、工件安装和零点设定卡等）中。

数控加工工艺分析是一项十分重要的任务，一个合格的编程人员首先应该是一个合格的工艺员，否则就无法做到全面周到地考虑零件加工的全过程，以及正确、合理地编制零件的加工程序。

编程人员在进行工艺分析时，应该具备机床说明书、编程手册、切削用量表、标准工具夹具手册等资料。

（2）图形的数学处理　在数控编程过程中，首先要计算出刀具运动轨迹点的坐标。这种根据工件图样，按照已确定的加工路线和允许的编程误差计算数控系统所需输入的数据，称为数控加工的数值计算。

对于形状比较简单的零件（如直线和圆弧构成的零件），要计算出各几何元素的起点、终点、圆心点、交点和切点等基点的坐标值。对于形状比较复杂的零件（如非圆曲线、曲面构成的零件），需要用直线段或圆弧段逼近（即拟合处理），根据要求的精度计算出节点（拟合线段的交点或切点）的坐标值。还应进行尺寸链计算，即计算出零件图样中未直接标出的工序尺寸及其偏差。同时应进行公差转换，即把零件图样中标有公差的尺寸换算成中间尺寸，以获得编程尺寸。一般采用的方法是在保证零件极限尺寸不变的前提下，改变公称尺寸并移动公差带。如将尺寸 $60^{+0.36}_{0}$ mm 转换为 60.18 ± 0.18mm，计算出的数值精度一般为 0.001mm。

（3）编写零件加工程序　在完成上述工艺处理及数值计算工作后，编程人员根据机械加工工艺过程卡、数控加工工序卡、工件安装和零点设定卡等工艺信息，按照数控系统规定的功能指令代码及程序段格式，逐段编写零件加工程序。

（4）将加工程序输入数控机床　目前常用的方法是将加工程序通过数控机床操作面板或键盘手工输入，以及利用计算机或网络通信传输的方式输入到数控系统。

（5）校验程序与首件试切　程序必须经校验和首件试切才能正式使用。一般通过数控机床上的 CRT 图形模拟功能，模拟进给轨迹或模拟刀具对工件的切削过程，对程序进行校验。

上述校验方法只能检验出运动轨迹是否正确，不能检验被加工零件的加工精度和表面质量。因此，要进行首件试切，根据试切情况，分析产生误差的原因，采取尺寸补偿措施，修改加工程序。

二十一、简单阶梯轴的数控编程过程

（1）分析零件图样，制订工艺方案　分析图 2-1 所示的零件，该零件为简单的阶梯轴零件，可用车床完成加工，该零件的表面粗糙度及尺寸精度要求不高，可分粗车和精车两步完成。将分析结果填入机械加工工艺过程卡（表 2-1）。

确定数控加工工序，划分工步，确定各工步所用刀具、确定切削参数（可参见本章第二节相关内容）。将分析结果填入数控加工工序卡（表 2-2）。

制订工件装夹方案，确定编程原点位置（图 2-55）。并将结果填入工件安装和零点设定卡（略）。

（2）图形的数学处理　根据数控加工工序卡中制订的工步，规划刀具的进给路线，如图 2-54 所示。图 2-54 中细实线为刀具切削路线、虚线为刀具非切削路线。粗车路线为 $B \rightarrow C \rightarrow D \rightarrow A \rightarrow E \rightarrow F \rightarrow G \rightarrow A \rightarrow H \rightarrow K \rightarrow G \rightarrow A$；精车路线为 $A \rightarrow L \rightarrow M \rightarrow N \rightarrow P \rightarrow Q \rightarrow R \rightarrow D$。

根据零件图样并结合数控加工工序卡中确定的工序尺寸，确定图中各节点在工件坐标系中的坐标（X 坐标用直径值表示）为 $A(46, 4)$、$B(40.5, 4)$、$C(40.5, -77)$、$D(46, -77)$、$E(35.5, 4)$、$F(35.5, -39.75)$、$G(46, -39.75)$、$H(30.5, 4)$、$K(30.5, -39.75)$、$L(25.98, 4)$、$M(25.98, 0)$、$N(29.98, -2)$、$P(29.98, -40)$、$Q(40.02, -40)$、$R(40.02, -77)$。

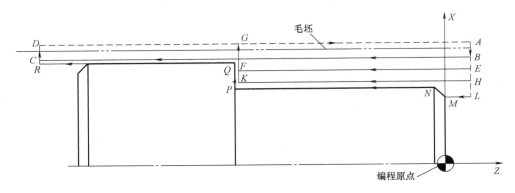

图 2-54　简单阶梯轴回转面加工时刀具的进给路线

（3）编写零件加工程序　根据工艺分析及数学处理的结果、所用数控系统（GSK980T，前置刀架数控车床）及其编程格式，编写车削工件的数控加工程序，见表 2-7。

表 2-7　车削工件的数控加工程序

编程过程	程序内容
编写程序名	O2101;
设置程序初始状态（为安全起见）	N10　G21　G97　G99　G40;
粗车外圆程序	
调用粗加工刀具及其刀补值	N20　T0202;
指定粗加工主轴旋转方向及转速（加工之前主轴要旋转）	N30　M03　S900.0;
定义刀位点运动轨迹，快速定位至换刀点，用 G00 指令走空刀节省时间	N40　G00　X100.0　Z150.0;
快速定位至 B 点（图 2-54），打开切削液	N50　X40.5　Z4.0　M08;
B→C，工进用 G01 指令，G01 指令第一次出现时需指定 F	N60　G01　Z-77.0　F0.3;
C→D	N70　X46.0;
D→A	N80　G00　Z3.0;
A→E	N90　X35.5;
E→F	N100　G01　Z-39.75;
F→G	N110　X46.0;
G→A	N120　G00　Z4.0;
A→H	N130　X30.5;
H→K	N140　G01　Z-39.75;
K→G	N150　X46.0;
从 G 点快速定位至换刀点（为换刀做准备）	N160　G00　X100.0　Z150.0;

（续）

编程过程	程序内容
精车外圆程序	
调用精加工刀具及其刀补值，将转速指定为恒线速度（精加工时用恒线速度加工质量高），指定精加工 S 功能	N170　T0303　G96　S140.0;
刀位点快速定位至 *L* 点（用 G00 指令节省时间）	N180　G00　X25.98　Z4.0;
刀位点运动到精加工起点 *M*，指定精加工进给速度	N190　G01　Z0　F0.15;
M→N	N200　X29.98　Z-2.0;
N→P	N210　Z-40.0;
P→Q	N220　X40.02;
Q→R	N230　Z-77.0;
R→D	N240　X46.0;
快速定位至换刀点	N250　G00　X100.0　Z150.0;
切断工件程序	
调用切断刀及其刀补值，将转速指定为恒转速，指定切断工件转速	N260　T0404　G97　S300.0;
刀位点沿 *Z* 方向定位至切断位置	N270　G00　Z-76.5;
刀具沿 *X* 方向靠近工件	N280　X45.0;
切断工件	N290　G01　X-1.0　F0.08;
沿 *X* 方向退刀	N300　G00　X45.0;
切断刀快速定位至换刀点，关闭切削液	N310　X100.0　Z150.0　M09;
结束程序	N320　M30;

简单阶梯轴后续加工步骤见本节的"三、简单阶梯轴的仿真加工全过程"。

二十二、数控编程方法

数控编程方法一般有手工编程和自动编程两种。

（1）**手工编程**　从零件图样分析、确定工艺过程、图形的数学处理、编写程序单及程序的输入到程序的校验等各步骤主要由人工完成的编程过程称为手工编程。手工编程过程如图 2-55 所示。

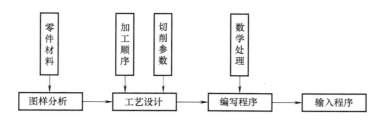

图 2-55　手工编程过程

对于加工形状简单、分析和编程计算量不大、程序段不多的零件，采用手工编程即可实现程序的编制，而且手工编程经济、速度快。因此，对于点位加工或由直线与圆弧组成的轮廓的加工，手工编程应用广泛。但对于形状复杂的零件，特别是具有由非圆曲线、列表曲线及曲面组成的轮廓的零件，手工编程比较困难，且计算相当烦琐，容易出错，有时甚至无法编程，必须采用自动编程的方法。

手工编程的意义在于：①加工形状简单的轮廓（如直线与直线或直线与圆弧组成的轮廓）时，快捷、简便；②不需要具备特殊的条件（价格较高的自动编程机及相应的硬件和软件等）；③对机床操作或编程人员没有过多的制约；④具有灵活性较大和编程费用少等优点。手工编程目前仍被广泛采用。数控车削加工主要采用手工编程，即使在自动编程高速发展的将来，手工编程的重要地位也不可取代，仍是自动编程的基础。在先进的自动编程方法中，许多重要的经验都来源于手工编程，不断丰富和推动自动编程的发展。

本书主要讲授手工编程的基本知识、方法和技能。

（2）自动编程　自动编程是利用计算机软件编制数控加工程序的过程，典型的自动编程方法有两种，即 APT 软件编程和 CAD/CAM 软件编程。APT 是自动编程工具（Automaticlly Programmed Tool）的简称，是一种对工件、刀具的几何形状及刀具运动等进行定义的一种接近英语的符号语言。编程人员根据零件图样的要求，按照 APT 语言格式编写出零件加工的源程序并输入计算机，由计算机自动进行数值计算、后置处理，生成数控系统能识别的数控加工程序，APT 语言自动编程过程可用图 2-56 所示的图框表示。

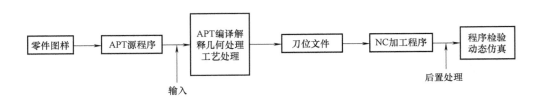

图 2-56　APT 语言自动编程过程

APT 语言自动编程可由计算机代替人工完成烦琐的数值计算工作，省去了编写程序单的工作量，使编程效率得到很大提高，同时也解决了用手工编程无法解决的许多复杂零件的编程难题。

CAD/CAM 是计算机辅助设计与制造（Computer Aided Design/Manufacturing）的缩写，是一种将零件的几何图形信息自动转换为数控加工程序的自动编程技术。它通常是以待加工零件的 CAD 模型为基础，调用数控编程模块，采用人机交互方式在屏幕上指定被加工的部位，输入加工参数，计算机将自动进行数学处理，编制出数控加工程序，同时在计算机屏幕上动态地显示出刀具的加工轨迹。CAD/CAM 自动编程过程如图 2-57 所示，典型的 CAD/CAM 软件有 Master CAM、UG、Cimatron、CAXA 等。编程时也可以先用 CAD 软件建模，再将模型

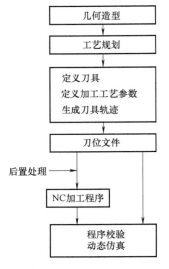

图 2-57　CAD/CAM 自动编程过程

保存为 CAM 软件可以接受的文件格式并将其传到 CAM 软件中。

二十三、训练任务

1）完成简单阶梯轴零件的仿真加工。

2）分别用绝对坐标编程法和增量坐标编程法编写图 2-58 所示零件从 *A* 点到 *F* 点（*X* 坐标为 *ϕ*42）的精加工程序（将程序 O1231 补充完整）。

O1231；

G21 G97 G99 G40；

T0202；

M03 S900.0；

G00 X80.0 Z30.0；

...

3）编制图 2-59 所示零件的数控加工程序（合理选择工艺条件及工艺参数）。

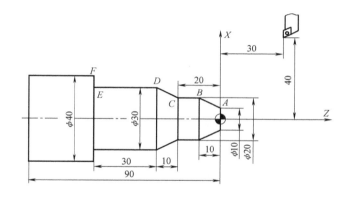

图 2-58 训练任务（一）

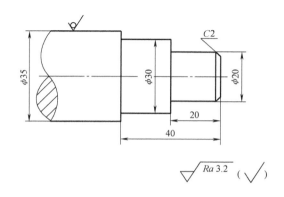

图 2-59 训练任务（二）

第二节 导套的数控编程与加工

一、教学目标

（1）能力目标

1）能读懂导套的加工工艺。

2）能制订简单轴套类零件的数控加工工艺。

3）能读懂导套的数控加工程序。

4）能用 G90、G94、G02、G03、G41、G42、G40 等指令编制数控车削加工程序。

5）能操作虚拟数控车床完成导套的加工。

（2）知识目标

1）掌握轴套类零件工艺分析的内容和步骤。

2）掌握 G90、G94、G02、G03、G41、G42、G40 等指令的编程格式及用法。

3）掌握编制数控车削加工程序的特点和步骤。

4）掌握数控车床（广州数控系统）的对刀及参数设置方法，掌握数控车削加工的步骤及要领。

二、加工任务及其工艺分析

1. 加工任务

在数控车床上完成图 2-60 所示的导套车削部分的加工。

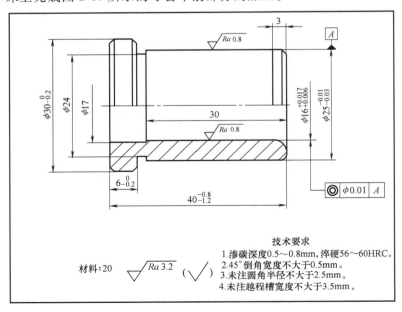

图 2-60 导套

2. 工艺分析

（1）分析零件图样，确定零件加工工艺　该零件为轴套类零件，对外圆及内孔都有较高的尺寸公差要求和表面粗糙度要求，零件材料为 20 钢，有热处理要求。该零件为导套，从使用要求来分析，内、外圆柱面有较高的同轴度要求。

通过上述分析，初步做出如下的工艺方案。

1）毛坯选用 $\phi35mm$ 棒料。

2）根据零件形状特征，拟选用车削方式完成大部分的加工。为了保证内、外圆柱面的同轴度要求，应用统一的基准加工内、外圆柱面。

3）由于有热处理要求，工艺方案应分粗加工、半精加工和精加工阶段，半精加工之后、精加工之前安排渗碳及淬火热处理工艺。

4）由于经热处理后，工件材质变硬，因此可有两种精加工的工艺方案：一种是在车床上精加工，用立方氮化硼（PCBN）或陶瓷刀具、涂层刀具等进行加工，加工效率高；另一种是在磨床上磨削，这是较传统的工艺，但加工效率较低。

（2）确定装夹方案　粗加工时，以毛坯的轴线为基准，左端用自定心卡盘定心夹紧。由于内、外圆柱面绕同一轴线旋转，因此，可保证内、外圆柱面的同轴度。工件热处理后在万能外圆磨床上用自定心卡盘夹持 $\phi30mm$ 圆柱面，一次装夹后磨出 $\phi25mm$ 外圆和 $\phi16mm$ 内孔，这样可以避免由多次装夹造成的误差，能保证内、外圆柱面配合表面的同轴度要求。

（3）确定加工顺序　导套的加工顺序见表 2-11 和表 2-12。

（4）选择刀具　工件将在配有 GSK980T 数控系统的前置刀架数控车床上完成车削加工，该车床可以安装 4 把车刀，刀具选择如下。

1）选择硬质合金外圆车刀粗、精车端面、圆柱面并倒角。

2）钻 $\phi16mm$ 底孔：选择 $\phi3mm$ 的中心钻钻中心孔，选择 $\phi10mm$ 的麻花钻钻孔，选择 $\phi15mm$ 的麻花钻扩孔。

3）选择硬质合金内孔镗刀粗、精镗 $\phi16mm$ 孔的各表面。

4）选择切断刀及切槽刀，切断时，切削刃宽 B 可按下列经验公式计算。

$$B = (0.5 \sim 0.6)\sqrt{D}$$

式中　B——切削刃宽，单位为 mm；

　　　D——切断工件的外径尺寸，单位为 mm。

经计算，选择刃宽为 3mm 的硬质合金切断刀。由于槽的宽度为 3mm，故切槽、切断可均用此切断刀。

（5）确定切削用量

1）确定背吃刀量：背吃刀量根据机床、夹具、刀具和零件的刚度以及机床功率来确定。在工艺系统刚性允许的条件下，应尽可能取较大的背吃刀量，以减少进给次数，提高生产效率，若能一次切除加工余量最好。一般粗加工的背吃刀量为 1～3mm（单边），当零件精度要求较高时，应根据要求选取最后一道工序的加工余量，数控车削的精加工余量小于普通车削的精加工余量，一般取 0.1～0.6mm。当使用硬质合金车刀时，考虑到刀尖圆弧半径与刃口圆弧半径的挤压和摩擦作用，精车的背吃刀量不宜过小，一般大于 0.5mm。

参考附录表 E-8、E-11，确定背吃刀量，见表 2-8。

表 2-8　背吃刀量

工　序	镗　孔	车　外　圆
第一次进给	0.6mm	4.5mm
第二次进给	0.2mm	4.5mm
第三次进给	—	0.6mm

2）确定主轴转速：主轴转速与切削速度的关系为

$$n = \frac{1000 v_c}{\pi D} \tag{2-4}$$

式中　n——主轴转速，单位为 r/min；

　　　v_c——切削速度，单位为 m/min；

　　　D——工件直径，单位为 mm。粗车时取 $D=$ 毛坯件直径，精车时 D 取被精车的几个外圆直径的平均值。

查附录表 D-3，选取外圆车刀粗车外圆（端面），切削速度为 $v_c=100$m/min，精车切削速度为 $v_c=150$m/min。查附录表 D-10，选取镗刀粗镗切削速度为 $v_c=60$m/min，精镗切削速度为 $v_c=110$m/min。查附录表 D-6，选取钻头的切削速度为 $v_c=15$m/min。查附录表 D-11、D-12，选取切断刀车槽及切断工件的切削速度为 $v_c=85$m/min。经式（2-4）计算后，确定主轴转速，见表 2-9。

表 2-9　主轴转速

工序	车外圆（端面）	镗孔	切断（切槽）	钻孔（φ15mm）
粗加工	900r/min	1200r/min	1100r/min	320r/min
精加工	1700r/min	2200r/min	—	—

3）确定进给速度：进给速度与进给量的关系为

$$v_f = nf \tag{2-5}$$

式中　v_f——进给速度，单位为 mm/min；

　　　n——主轴转速，r/min；

　　　f——进给量，单位为 mm/r。

查附录表 D-1、D-2 及表 2-3，选择粗车、精车进给量分别为 0.3mm/r 和 0.15mm/r。查附录表 D-10，选取粗镗及精镗进给量分别为 0.35mm/r 和 0.15mm/r。查附录表 D-6，选取钻头进给量为 0.2mm/r。查附录表 D-11、D-12，选取切断刀车槽及切断工件的进给量为 0.1mm/r。经式（2-5）计算后，确定进给速度，见表 2-10。

表 2-10　进给速度

工序	车外圆（端面）	镗孔	切断（切槽）	钻孔
粗加工	270mm/min	420mm/min	110mm/min	64mm/min
精加工	250mm/min	330mm/min	—	—

需要特别说明的是，通过数控机床上的进给倍率修调旋钮和主轴倍率修调旋钮，可以在加工过程中适时调整进给量和主轴转速的大小，所以一般编程人员在程序中给出较大的进给量和主轴转速，加工时可通过适时调整进给倍率修调旋钮和主轴倍率修调旋钮获得合适的切削用量。

（6）填写工艺文件　将前面分析和计算的结果综合成表 2-11、表 2-12 和表 2-13。

表 2-11　导套机械加工工艺过程卡

机械加工工艺过程卡		零件图号	零件名称	材 料	毛坯类型	第 1 页
			导套	20	棒 料	共 1 页
工序号	工序名	工 序 内 容			设 备	工 装
1	备料	ϕ35mm（多件合一）			锯床	
2	车削	车右端面；钻 ϕ16mm 底孔；粗、精镗 ϕ16mm 孔，留磨削余量 0.2mm；粗车 ϕ25mm、ϕ30mm 圆柱面；切槽至要求尺寸；精车 ϕ25mm 圆柱面，留磨削余量 0.4mm；精车 ϕ30mm 圆柱面至尺寸；调头车左端面并倒角，保证长度尺寸；粗、精镗 ϕ17mm 孔至要求尺寸			数控车床	自定心卡盘
3	检验					
4	热处理	按热处理工艺进行，保证渗碳层深度为 0.8~1.2mm；硬度为 56~60HRC				
5	磨削	磨 ϕ25mm 圆柱面及 ϕ16mm 孔至要求尺寸			磨床	自定心卡盘
6	检验					
					编 制	审 批
更改标记	处 数	更改依据	签 名	日 期		

表 2-12　导套数控加工工序卡

数控加工工序卡		零件图号	零件名称	工序号	数控系统及设备		
			导套	2	GSK980T，前置刀架数控车床		
工步号	工步内容		刀具规格		S 功能 /(m/min) [/(r/min)]	F 功能 [/(mm/r)] /(mm/min)	程序名
		刀具名	刀片形状	刀尖圆弧半径/mm			
1	车右端面	机夹可转位外圆车刀			[1000]	150	
		T0101	D 型	0.4			
2	钻中心孔	ϕ3mm 中心钻			[1000]	手动	
3	钻孔	ϕ10mm 钻头			[1000]	手动	
4	扩孔	ϕ15mm 钻头			15 [320]	手动	
5	粗镗 ϕ16mm 孔至 ϕ15.6mm×43mm	内孔镗刀			60 [1200]	[0.35] 420	O2201
		T0202	C 型	0.4			
6	精镗 ϕ16mm 孔至 ϕ15.8mm×33mm，倒圆角	内孔镗刀			110 [2200]	[0.15] 330	
		T0202	C 型	0.4			
7	粗车 ϕ25mm 圆柱面至 ϕ26mm、粗车 ϕ30mm 圆柱面至 ϕ30.5mm，加工总长 43mm	机夹可转位外圆车刀			100 [900]	[0.3] 270	
		T0101	D 型	0.4			
8	切槽	切断刀（刃宽 3 mm）			85 [1100]	[0.1] 110	
		T0303		0.2			
9	精车 ϕ25mm 圆柱面至 ϕ25.4mm，精车 ϕ30mm 圆柱面，加工总长 45mm；倒角	机夹可转位外圆车刀			150 [1700]	[0.15] 250	
		T0101	D 型	0.4			
10	切断工件	切断刀（刃宽 3 mm）			85 [1100]	手动	
		T0303		0.2			
11	调头装夹；找正；车左端面，保证尺寸 $6_{-0.2}^{0}$mm；倒角	机夹可转位外圆车刀			[1000]	150	O2202
		T0101	D 型	0.4			
12	粗镗 ϕ17mm 孔至 ϕ16.8mm×9mm	内孔镗刀			60 [1200]	[0.35] 420	O2203
		T0202	C 型	0.4			
13	精镗 ϕ17mm 孔至 ϕ17mm×9mm	内孔镗刀			110 [2200]	[0.15] 330	
		T0202	C 型	0.4			
编制			审批		第 1 页　共 1 页		

表 2-13　导套工件安装和零点设定卡

工件安装和零点设定卡		零件图号	零件名称	工序号	数控系统及设备
			导套	2	GSK980T，前置刀架数控车床
第一次安装	夹具名称	自定心卡盘			
	夹具编号				
	程序	O2201			
	工步	5~9			
第二次安装	夹具名称	自定心卡盘			
	夹具编号				
	程序	O2203			
	工步	12~13			
编制		审批		第 1 页　共 1 页	

三、编制导套的数控加工程序

（1）数学处理　计算零件右端面至 $\phi 30\text{mm}$ 圆柱体右侧轴肩的长度尺寸 L。由零件图样可以看出，尺寸 L 与尺寸 $6_{-0.2}^{0}\text{mm}$ 及 $40_{-1.2}^{-0.8}\text{mm}$ 形成尺寸链。根据加工顺序，尺寸 $40_{-1.2}^{-0.8}\text{mm}$ 最终被间接保证，所以该尺寸为封闭环。经计算，$L=34_{-1.0}^{-0.8}\text{mm}$，将该尺寸换算为 $L=(33.1\pm 0.1)\text{mm}$，将尺寸 $6_{-0.2}^{0}\text{mm}$ 转换为（5.9 ± 0.1）mm。

规划进给路线。如图 2-61 所示，镗内孔加工路线为：第一次进给（粗镗）：$A\rightarrow B\rightarrow G\rightarrow H\rightarrow A$；第二次进给（精镗）$A\rightarrow C\rightarrow D\rightarrow E\rightarrow F\rightarrow K\rightarrow A$。车外圆加工路线为：第一次进给（粗车）$P_1\rightarrow P_2\rightarrow P_{13}\rightarrow P_{14}\rightarrow P_1$；第二次进给（粗车）$P_1\rightarrow P_3\rightarrow P_9\rightarrow P_{15}\rightarrow P_1$；第三次进给（精车）$P_4\rightarrow P_5\rightarrow P_6\rightarrow P_7\rightarrow P_8\rightarrow P_{10}\rightarrow P_{11}\rightarrow P_{12}\rightarrow P_{14}$。

编程原点：加工工件右端的编程原点如图 2-61 所示；加工工件左端的编程原点设置在左端面与轴线的交点位置。

根据零件图样、图 2-61 所确定的进给路线、工艺分析中确定的工艺参数，确定或计算各基点在工件坐标系中的绝对坐标（X 坐标用直径表示）如下。

$P_1(38,3)$、$P_2(30.5,3)$、$P_3(26,3)$、$P_4(23.98,3)$、$P_5(24,0)$、$P_6(25.4,-0.7)$、P_7

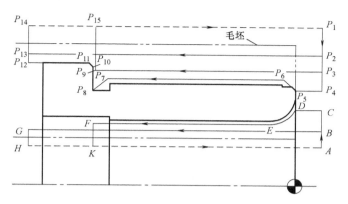

图 2-61　导套内外圆柱面加工进给路线图

$(25.4, -31)$、$P_8(24, -33.1)$、$P_9(26, -32.8)$、$P_{10}(28.9, -33.1)$、$P_{11}(29.9, -33.6)$、P_{12} $(29.9, -45)$、$P_{13}(30.5, -45)$、$P_{14}(38, -45)$、$P_{15}(38, -32.8)$。

$A(14, 3)$、$B(15.6, 3)$、$C(18.2, 3)$、$D(18.2, 0)$、$E(15.8, -2.4)$、$F(15.8, -33)$、$G(15.6, -45)$、$H(14, -45)$、$K(14, -33)$，圆角半径为 $R2.4mm$。

（2）编制加工导套的数控程序　根据工艺分析及数学处理结果、所用数控系统（GSK980T，前置刀架数控车床）及其编程格式，编制加工导套右端面的数控程序，见表2-14，编制加工导套左端 $\phi17mm$ 孔的数控程序，见表2-15。

表 2-14　加工导套右端的数控程序

序号	编程过程	程序内容
1	编写程序名	O2201;
2	设置程序初始状态（保证安全）	G21　G97　G98　G40;
3	编写粗镗 $\phi16mm$ 孔的加工程序，以 N11 标记	N11;
4	调用 T02 号刀及其刀补值，建立工件坐标系	T0202;
5	指定粗镗主轴转向和转速	M03　S1200.0;
6	快速定位至换刀点	G00　X150.0　Z200.0;
7	定义 G90 指令的循环起点 A 点，切削液开	X14.0　Z3.0　M08
8	定义 G90 指令；$A \to B \to G \to H \to A$	G90　X15.6　Z-45.0　F420.0;
9	编写精镗 $\phi16mm$ 孔的加工程序，以 N12 标记	N12;
10	$A \to C$	G00　X18.2;
11	指定精镗主轴转向和转速	M03　S2200.0;
12	$C \to D$，刀尖圆弧半径左补偿	G41　G01　Z0　F330.0;
13	$D \to E$	G02　X15.8　Z-2.4　R2.4;
14	$E \to F$	G01　Z-33.0;
15	$F \to K$	X14.0;
16	$H \to A$，取消刀尖圆弧半径补偿	G40　G00　Z3.0;
17	快速定位至换刀点	G00　X150.0　Z200.0;
18	取消 T02 号刀刀补	T0200;

（续）

序号	编程过程	程序内容
19	编写粗车 $\phi 25mm$、$\phi 30mm$ 圆柱面的加工程序，以 N13 标记	N13;
20	调用 T01 号刀及其刀补值，建立工件坐标系	T0101;
21	指定粗车主轴转向和转速	M03 S900.0;
22	定义 G90 指令的循环起点 P_1 点	G00 X38.0 Z3.0;
23	定义 G90 指令：$P_1 \to P_2 \to P_{13} \to P_{14} \to P_1$	G90 X30.5 Z-45.0 F270.0;
24	定义 G90 指令：$P_1 \to P_3 \to P_9 \to P_{15} \to P_1$	X26.0 Z-32.8;
25	快速定位至换刀点	G00 X150.0 Z200.0;
26	编写切槽加工程序，以 N14 标记	N14;
27	调用 T03 号刀及其刀补值，建立工件坐标系	T0303;
28	指定切槽主轴转向和转速	M03 S1100.0;
29	刀位点沿 Z 方向移到槽的加工位置	G00 Z-32.8;
30	刀具沿 X 方向靠近工件	X34.0;
31	切槽，指定切槽切削速度	G01 X24.0 F110.0;
32	暂停 0.1s	G04 X0.1;
33	刀具退出槽外	G01 X34.0;
34	快速定位至换刀点	G00 X150.0 Z200.0;
35	编写精车 $\phi 25mm$、$\phi 30mm$ 圆柱面的加工程序，以 N15 标记	N15;
36	调用 T01 号刀及其刀补值，指定精车转速	T0101 S1700.0;
37	换刀点 $\to P_4$	G00 X24.0 Z3.0;
38	$P_4 \to P_5$，指定精车切削速度	G01 Z0 F250.0;
39	$P_5 \to P_6$	X25.4 Z-0.7;
40	$P_6 \to P_7$	Z-31.0;
41	$P_7 \to P_8$	X24.0 Z-33.1;
42	$P_8 \to P_{10}$	X28.9;
43	$P_{10} \to P_{11}$	X29.9 W-0.5;
44	$P_{11} \to P_{12}$	Z-45.0;
45	$P_{12} \to P_{14}$	X38.0;
46	快速定位至换刀点，切削液关	G00 X150.0 Z200.0 M09;
47	取消 T01 号刀刀补	T0100;
48	结束程序	M30;

表 2-15 加工导套左端 ϕ17mm 孔的数控程序

序号	编 程 过 程	程 序 内 容
1	编写程序名	O2203；
2	设置程序初始状态（保证安全）	G21　G97　G98　G40；
4	调用 T02 号刀及其刀补值，建立工件坐标系	T0202；
5	指定粗镗主轴转向和转速	M03　S1200.0；
6	快速定位至换刀点	G00　X150.0　Z200.0；
7	定义 G90 指令的循环起点 A 点，切削液开	X14.0　Z3.0　M08；
8	定义 G90 指令	G90　X16.8　Z-9.0　F420.0；
9	指定精镗主轴转向和转速	M03　S2200.0；
10	指定精加工路线	X17.0　F330.0；
11	快速定位至换刀点	G00　X150.0　Z200.0 M09；
12	取消 T02 号刀刀补	T0200；
13	结束程序	M30；

四、导套的仿真加工全过程

（1）程序准备　将程序 O2201 通过记事本软件录入并保存为 O2201.txt 文件，以备调用。

（2）打开上海宇龙数控仿真软件。

（3）选择机床　选择"GSK 980T""标准（平床身前置刀架）"数控车床。

（4）机床回零。

（5）导入程序 O2201、O2203　参考简单阶梯轴仿真加工全过程步骤（5），完成数控程序 O2201、O2203 的导入。

（6）检查运行轨迹

1）参考简单阶梯轴仿真加工全过程步骤（6），完成数控程序 O2203 运行轨迹的检查。

2）将程序 O2201 显示在 CRT 面板上。单击操作面板上的"编辑方式"按钮 ，进入编辑模式。单击 MDI 键盘上的程序键 ，CRT 界面转入编辑页面。通过 MDI 键盘上的数字/字母键输入 O2101，单击 键，程序 O2101 显示在 CRT 面板上。

3）参考简单阶梯轴仿真加工全过程步骤（6），完成数控程序 O2201 运行轨迹的检查。

（7）安装工件

1）定义毛坯：将毛坯定义为 ϕ35mm×70mm 的圆柱形棒料。

2）安装零件：将定义的毛坯安装在机床上，注意应通过工件移动操作面板调整工件的伸出长度。

（8）安装刀具

1）在 1 号刀位上安装外圆车刀：在菜单栏单击"机床"→"选择刀具"，弹出"刀具选择"对话框，在"选择刀位"选项组中选择 1 号刀位，在"选择刀片"选项组中选择 D 型刀片形状，在大列表框中选择名称为"DCMT11T304"的刀片。在"选择刀柄"选项组中选择主偏角为 95°的外圆左向横柄，刀具长度为 60mm。

2）在 2 号刀位上安装内孔镗刀：在"选择刀位"选项组中选择 2 号刀位，在"选择刀片"选项组中选择 C 型刀片形状，在大列表框中选择名称为"CCMT060204"的刀片。在"选择刀柄"选项组中选择加工深度为 70mm、最小直径为 12mm、主偏角为 93°的内孔柄，如图 2-62 所示。

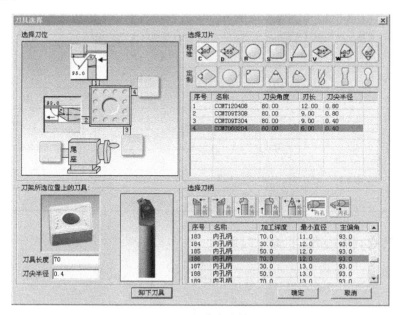

图 2-62 安装内孔镗刀

3）在 3 号刀位上安装切断刀：在"选择刀位"选项组中选择 3 号刀位，在"选择刀片"选项组中选择刃宽为 3mm 的方头切槽刀片，在"选择刀柄"选项组中选择切槽深度为 20mm、长度为 60mm 的外圆切槽柄。

4）在尾座上安装钻头：在"选择刀位"选项组中选择尾座左边的刀位，在"选择刀片"选项组中选择刃长为 140mm、直径为 15mm 的钻头，如图 2-63 所示。单击"确定"按钮，退出"刀具选择"对话框。

（9）1 号刀 Z 方向对刀

1）将 1 号刀换到加工位置。

2）通过"单步方式"将 1 号刀靠近工件，保证 Z 方向有少许切削余量。

3）手工录入程序：单击操作面板上的"录入方式"按钮，单击 MDI 键盘上的程序键，单击 MDI 键盘上的向下翻页键，CRT 面板转入录入页面，如图 2-64 所示。通过 MDI 键盘上的数字/字母键输入 M03，单击输入键；输入 S1000.0，单击输入键；输入 G01，单击输入键；输入 U−40.0（U 后面的数字应根据刀尖到工件外圆的距离确定），单击输入键；输入 F150.0，单击输入键。

4）车右端面：单击操作面板上的"循环启动"按钮，完成端面的加工（实际加工中，可将车端面分为粗加工和精加工 2 次完成）。

5）设置 1 号刀 Z 方向的刀补值：单击 MDI 键盘上的刀补键，单击 MDI 键盘上的向

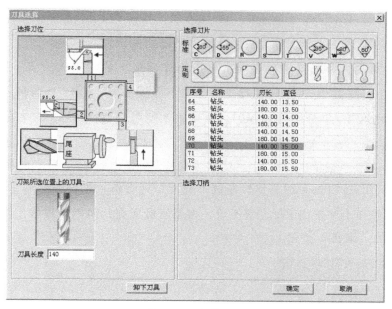

图 2-63　安装钻头

下翻页键  2 次，CRT 界面转入偏置页面，光标所在序号为 "101"。通过 MDI 键盘上的数字/字母键输入 Z0，单击输入键 ，完成 1 号刀 Z 方向刀补值的设置，如图 2-65 所示。

（10）1 号刀 X 方向对刀

1）通过 "单步方式" 将 1 号刀沿 X 方向退刀，停在 X 方向有少许切削余量的位置。

2）参考简单阶梯轴的仿真加工全过程步骤（9），完成 1 号刀 X 方向的对刀，如图2-65 所示。

（11）钻孔

图 2-64　录入方式下的 CRT 界面

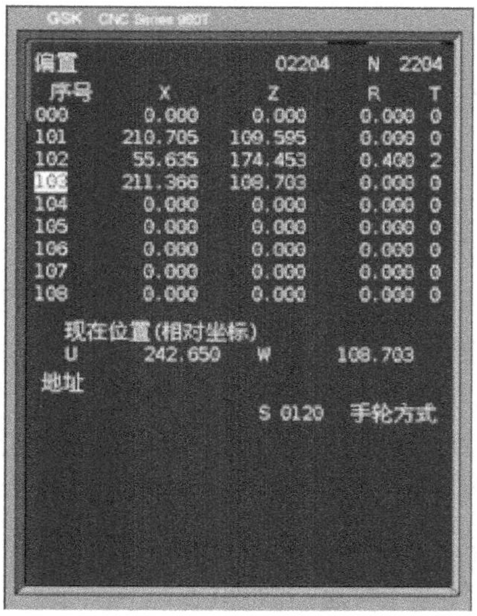

图 2-65　设置刀补值

1）移开刀架：单击操作面板上的"手动方式"按钮 ，通过"刀架移动"按钮 和 及"快速切换"按钮 ，将刀架移至图2-66所示的位置。

2）指定主轴转速并起动主轴正转：单击操作面板上的"录入方式"按钮 ，单击 MDI键盘上的程序键 ，单击MDI键盘上的向下翻页键 ，CRT界面转入录入页面。通 过MDI键盘上的数字/字母键输入M03，单击输入键 ；输入S320，单击操作面板上的 "循环启动"按钮 ，主轴正转。

3）钻孔：在菜单栏单击"机床"→"移动尾座"，弹出图2-67所示的尾座移动操作面 板，将光标移到 按钮上并按住鼠标左键不放，直到将整个工件钻穿后，松开鼠标左键。 将光标移到 按钮上并按住鼠标左键不放，将尾座退回到其初始位置后，单击"尾座移动 操作面板"上的"退出"按钮。

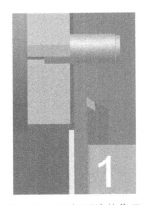

图2-66　刀架到达的位置

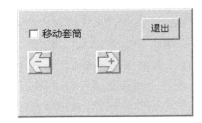

图2-67　尾座移动操作面板

如果要提高尾座的移动速度，可修改图1-8所示"视图选项"中的"仿真加倍速率"。 为了便于观察，可对图1-8所示的"视图选项"对话框进行如下设置：在"零件显示方式" 选项组中选择"透明"按钮。

（12）2号刀Z方向对刀

1）单击操作面板上的"手动方式"按钮 ，通过"刀架移动"按钮将刀架向右移动 至适当的换刀位置。

2）换2号刀：单击操作面板上的"手动换刀"按钮 ，将2号刀位上的刀具转到加 工位置。

3）移动2号刀至加工位置：如图2-68所示，通过"刀架移动"按钮将2号刀靠近工件 右端面。需要注意的是，径向切削余量不应超过0.5mm（单边）。为了便于观察，可修改图 1-8所示的"视图选项"对话框中的"零件显示方式"。

4）完成2号刀Z方向对刀：单击操作面板上的"手轮方式"按钮 ，单击操作面板 上的Z 按钮，单击操作面板上的"显示手轮"按钮 ，打开手轮。通过操作手轮使刀具进 一步靠近工件的右端面。根据靠近的程度，先后启用操作面板上的"移动步长"按钮 、

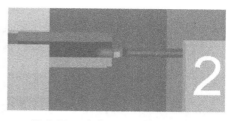

、 改变移动步长，直到看到有切屑飞出后，操作手轮，使刀具后退一个步长后停止移动刀架。

5）设置 2 号刀 Z 方向的刀补值：单击 MDI 键盘上的刀补键 ，单击 MDI 键盘上的向下翻页键 2 次，CRT 界面转入偏置页面。通过 MDI 键盘上的光标移动按钮 将光标移至序号 "102" 上。通过 MDI 键盘上的数字/字母键输入 Z0，单击输入键 ，完成 2 号刀 Z 方向刀补值的设置，如图 2-65 所示。

图 2-68　移动 2 号刀至加工位置

（13）2 号刀 X 方向对刀

1）车内孔：单击操作面板上的 "手轮方式" 按钮 ，系统转到手轮方式状态；单击操作面板上的 Z 按钮，单击操作面板上的 "移动步长" 按钮 ，单击操作面板上的 "显示手轮" 按钮 ，弹出手轮。将光标移到手轮的左侧轮盘上并连续单击鼠标左键，将内孔车削一小段后，连续单击鼠标右键（或将光标移到手轮的右侧轮盘上并连续单击鼠标左键），将刀具退到工件右端面之外。

2）测量所车内孔直径：参照简单阶梯轴仿真加工全过程步骤（11）中的相关步骤，测量所车内孔直径 D_1。

3）设置 2 号刀 X 方向的刀补值：单击 MDI 键盘上的刀补键 ，单击 MDI 键盘上的向下翻页键 2 次，CRT 界面转入偏置页面。通过 MDI 键盘上的 "光标移动" 按钮 将光标移至序号 "102" 上。通过 MDI 键盘上的数字/字母键输入 XD_1，单击输入键 ，完成 2 号刀 Z 方向刀补值的设置，如图 2-65 所示。

（14）3 号刀 Z 方向对刀　参考简单阶梯轴的仿真加工全过程步骤（10）完成 3 号刀 Z 方向的对刀。注意：该刀刀补值对应的偏置序号为 "103"，如图 2-65 所示。

（15）3 号刀 X 方向对刀　参考简单阶梯轴的仿真加工全过程步骤（11）完成 3 号刀 X 方向的对刀。

（16）输入刀尖圆弧半径补偿值和刀尖方位号　单击 MDI 键盘上的刀补键 ，CRT 界面转入偏置页面。将光标移至序号 "002" 上。通过 MDI 键盘上的数字/字母键输入 R0.4，单击输入键 ；输入 T2，单击输入键 ，如图 2-69 所示。

（17）校验设定值　参考简单阶梯轴仿真加工全过程步骤（16），校验 1、2、3 号刀的设定值。

（18）自动加工　单击操作面板上的 "自动运行" 按钮 ，进入自动加工方式，单击 "循环启动" 按钮 ，程序开始执行。

当单击操作面板上的 "单程序段" 按钮 后，对应的指示灯变亮，系统以单段程序方式执行，即单击一次 "循环启动" 按钮执行一个程序段，加工结果如图 2-70 所示。

（19）工件调头装夹　在菜单栏单击 "零件"→"移动零件"，弹出工件移动操作面板，单击其上的 按钮，完成工件的调头，单击操作面板上的 "退出" 按钮，关闭该操作面板。

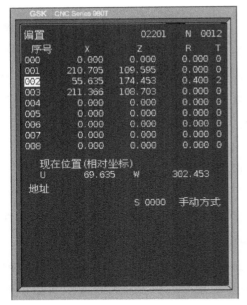

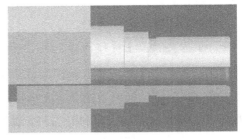

图 2-69　输入刀尖圆弧半径补偿值和刀尖方位号　　　　图 2-70　导套加工结果

（20）切断工件

1）换 3 号刀：单击操作面板上的"手动方式"按钮 ✋，进入手动模式；单击操作面板上的"手动换刀"按钮 ⚙，将 3 号刀转到加工位置。

2）移动 3 号刀至加工位置：通过刀架移动按钮将 3 号刀移至工件附近（注意留左端面加工余量），如图 2-71 所示。

3）起动主轴正转：单击操作面板上的"录入方式"按钮 📲，单击"程序"按钮 🔲，单击"翻页"按钮 📄，显示图 2-15 所示的界面。通过键盘输入下面的程序段：

　　M03　S1100；

单击操作面板上的"循环启动"按钮 ，起动主轴。

4）切断工件：通过"单步方式"将工件切断，并将刀架移到适当位置。

（21）车左端面并倒角

1）测量工件长度：单击操作面板上的"主轴停止"按钮，使主轴停转；在菜单栏单击"测量"→"剖面图测量"，弹出图 2-21 所示的对话框，单击对此话框中的按钮"是"，弹出"车床工件测量"对话框，读出工件的总长度（目的是了解端面的加工余量），单击"退出"按钮，关闭对话框。

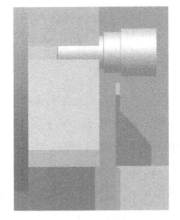

图 2-71　移动 3 号刀至
加工位置

2）换 1 号刀具：单击操作面板上的"手动方式"按钮 ✋；连续单击操作面板上的"手动换刀"按钮 ⚙，直到将 1 号刀位上的刀具转到加工位置。

3）起动主轴正转。

4）移动1号刀至加工位置：将1号刀移至加工位置（注意留精加工余量，如图2-72所示。

5）车端面：单击操作面板上的"手轮方式"按钮  ，系统转到手轮方式状态；单击操作面板上的 X⊙ 按钮（用于指定在手轮方式下刀具沿 X 方向移动），单击操作面板上的"手轮移动量"按钮 （实际加工时选择 ），单击操作面板上的"显示手轮"按钮 ，弹出手轮操作面板。将光标移到手轮的轮盘上并连续单击鼠标左键（或按住鼠标左键不放），将端面车平后，连续单击鼠标右键（或按住鼠标右键不放），刀具离开工件一小段距离（不超过 2mm）后松开鼠标右键（注意 Z 坐标保持不变）。

图 2-72　移动1号刀至加工位置

6）测量工件：单击操作面板上的"主轴停止"按钮 ，使主轴停转；测量 $\phi30$mm 圆柱体的轴向长度 L（如图2-73所示，图中为 6.366mm），计算出加工余量 δ，$\delta = L - 5.9$mm（本次操作的加工余量为 $\delta = 6.366$mm $- 5.9$mm $= 0.466$mm），然后单击该对话框中的"退出"按钮。

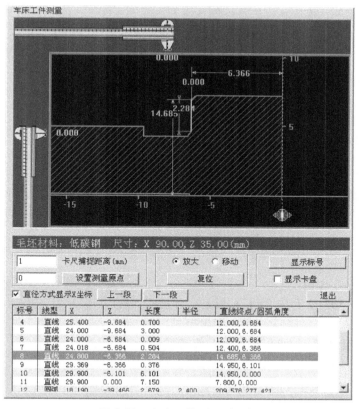

图 2-73　车床工件测量对话框

7）精确移动刀具：单击操作面板上的"主轴正转"按钮 ，主轴起动；单击操作面板上的"录入方式"按钮 ，单击 MDI 键盘上的程序键 ，单击 MDI 键盘上的向下翻页

键 ，CRT 界面转入录入页面。通过 MDI 键盘上的数字/字母键输入 G00，单击输入键 输入，输入 $W-\delta$（本次输入 $W-0.466$），单击输入键 输入。单击操作面板上的"循环启动"按钮 按钮，刀具向左移动 δ。

8）1号刀 Z 方向对刀：单击 MDI 键盘上的刀补键 刀补，单击 MDI 键盘上的向下翻页键 键 2次，CRT 界面转入偏置页面。通过 MDI 键盘上的光标移动按钮 按钮 将光标移至序号"101"上。通过 MDI 键盘上的数字/字母键输入 Z0，单击输入 输入，完成 1号刀 Z 方向刀补值的设置。

9）输入数控程序 O2102：单击操作面板上的"编辑方式"按钮 按钮，进入编辑模式；单击 MDI 键盘上的程序键 程序，CRT 界面转入程序页面；通过 MDI 键盘上的数字/字母键输入下面的加工程序 O2202。

```
O2202;
G21  G97  G98  G40;
T0101;
M03  S1000.0;
G00  Z0;
G01  X14.0  F150.0;
X29.0;
X30.0  Z-0.5;
G00  X100.0;
Z150.0;
M30;
```

完成输入后，单击复位键 键，光标回到程序前部。

10）加工端面并倒角：单击操作面板上的"自动方式"按钮 按钮，单击操作面板上的"循环启动"按钮 按钮，完成端面及倒角的加工。

（22）2号刀对刀　参考本小节步骤（13）、（14）完成 2号刀的对刀，注意：偏置序号为"102"。

（23）加工 $\phi17$mm 孔

1）将程序 O2203 显示在 CRT 面板上：单击操作面板上的"编辑方式"按钮 ，进入编辑模式。单击 MDI 键盘上的程序键 ，CRT 界面转入编辑页面。通过 MDI 键盘上的数字/字母键输入 O2103，单击 键 键，程序 O2103 显示在 CRT 面板上。

2）加工 $\phi17$mm 孔：单击操作面板上的"自动方式"按钮 按钮，单击操作面板上的"循环启动"按钮 按钮，完成 $\phi17$mm 孔的加工，如图 2-74 所示。

（24）保存项目

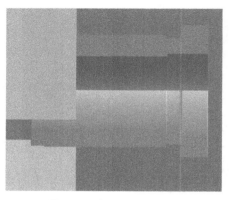

图 2-74　加工 $\phi17$mm 孔

五、单一固定循环指令 G90/G94

G00、G01 指令属于基本移动指令，即一个指令只使刀具产生一个动作，但一个循环切削指令可使刀具产生四个动作，即"切入→切削→退刀→返回"。因此，使用循环指令可简化编程内容。

1. 轴向切削循环指令 G90

当工件毛坯的轴向加工余量比径向加工余量多时，使用 G90 轴向切削循环指令。

（1）圆柱切削循环

编程格式：

G90 X（U）__Z（W）__F__；

其中：X、Z 是圆柱切削终点的绝对坐标；U、W 是圆柱切削终点相对于循环起点的增量坐标。其刀位点运动路径如图 2-75 所示，刀位点位于 A 点（循环起点）时，执行 G90 循环指令，则刀位点由 A 点快速定位至 B 点，再以指定的进给速度切削至 C 点（切削终点），再车削至 D 点，最后以快速定位速度回到 A 点，完成一次循环切削。

（2）圆锥切削循环

编程格式：

G90 X（U）__Z（W）__R__F__；

其中：$X(U)$、$Z(W)$ 的含义与圆柱切削循环指令中的相同；R 是指切削终点 C 至起点 B 的向量值，以半径值表示即 $R=(X_B-X_C)/2$，当锥面的起点坐标大于终点坐标时，该值为正，反之为负，其刀具轨迹如图 2-76 所示。

刀位点定位至 A 点时，执行 G90 指令，则刀位点由 A 点快速定位至 B 点，再以指定的进给速度切削至 C 点，再切削至 D 点，最后以快速定位的速度回到 A 点，完成一次循环切削。

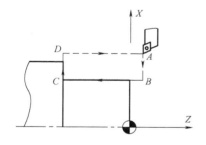

图 2-75　圆柱切削循环刀位点运动路径

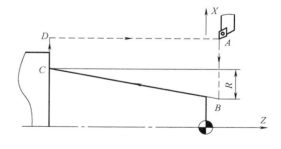

图 2-76　圆锥切削循环

2. 端面切削循环指令 G94

当工件毛坯的径向加工余量比轴向加工余量多时，使用 G94 端面切削循环指令，G94 指令可用于直端面或锥端面的切削循环。

（1）直端面切削循环

编程格式：

G94 X（U）__Z（W）__F__；

各参数的含义与 G90 指令中的同，其刀具路径如图 2-77 所示，由 $A \to B \to C \to D \to A$ 完成一次循环。

（2）锥端面切削循环

编程格式：

G94 X（U）__Z（W）__R__F__；

各参数的含义与 G90 指令中的同，其刀具路径如图 2-78 所示，由 $A \to B \to C \to D \to A$ 完成一次循环。$R = Z_B - Z_C$。

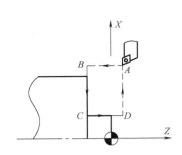

图 2-77　直端面切削循环

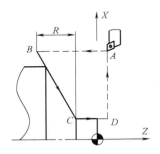

图 2-78　锥端面切削循环

注意：编程时应先确定循环起点，再使用 G90、G94 指令，G90、G94 指令为模态指令。

六、圆弧插补指令 G02/G03

圆弧插补指令用来指定刀具在指定平面内按给定的进给速度 F 做圆弧运动，从而切削出圆弧轮廓。

（1）圆弧顺逆的判断　圆弧插补指令分为顺时针圆弧插补指令 G02 和逆时针圆弧插补指令 G03，从圆弧所在平面（如 XZ 平面）的垂直坐标轴（如 Y 轴，X、Y、Z 三轴构成右手笛卡儿直角坐标系）的正方向向负方向看去，刀具所做圆弧运动方向为顺时针方向用指令 G02，刀具所做圆弧运动方向为逆时针方向用指令 G03。

卧式数控车床有前置刀架与后置刀架之分，其圆弧顺逆的判断如下。

用后置刀架数控车床加工时，即从上往下看，顺时针方向用指令 G02，逆时针方向用指令 G03；用前置刀架数控车床加工时，即从下往上看，顺时针方向用指令 G02，逆时针方向用指令 G03，如图 2-79 所示。根据圆弧插补的顺逆判断方法，可以看到同一个工件，在后置刀架与前置刀架数控车床上加工时，圆弧编程指令是完全一样的，由此可以得到以下简便判断方法。

无论是用前置刀架还是用后置刀架数控车床加工，在圆弧编程时，只看零件图样轴线以上部分（从空间来说，即看零件后半部分）的圆弧形状，当该圆弧从起点到终点为顺时针方向时用 G02，反之用 G03。

（2）G02/G03 的编程格式　在零件上加工圆弧时，不仅要用 G02/G03 指令指出圆弧的顺逆，用 X、Y、Z 指定圆弧的终点坐标，还要指定圆弧的圆心位置。指定圆弧圆心位置的方式有两种，因而 G02/G03 的指令格式也有两种。

用圆弧半径指定圆心位置（R 编程）：

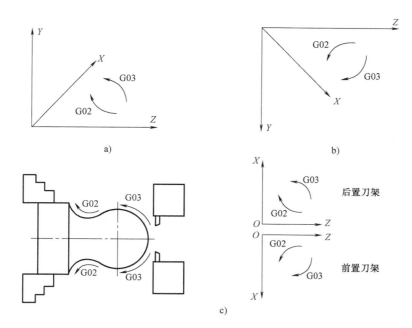

图 2-79 数控车床圆弧顺逆方向的判断

a）后置刀架　b）前置刀架　c）前置刀架和后置刀架综合判断

G02（G03）X（U）__Z（W）__R__F__；

用 I、K 指定圆心位置（*IK* 编程）：

G02（G03）X（U）__Z（W）__I__K__F__；

圆弧插补指令各功能字的含义见表 2-16。

表 2-16　圆弧插补指令各功能字的含义

编号	功能字	含　　义
1	G02	顺时针圆弧插补
2	G03	逆时针圆弧插补
3	X__、Z__	圆弧终点绝对坐标
4	U__、W__	圆弧终点相对于圆弧起点的增量坐标
5	I__、K__	圆弧圆心相对于圆弧起点的增量坐标，可以描述整圆
6	R__	圆弧半径，当圆心角≤180°时，用 R 表示，当圆心角>180°时，用"-R"表示，不能描述整圆
7	F__	圆弧插补的进给量

如图 2-80 所示，可用以下四种方式分别编写从 *A* 点至 *B* 点的圆弧插补程序段。

1）绝对坐标方式，*IK* 编程：

G02　X50.0　Z-18.85　I24.495　K5.0　F200.0；

2）绝对坐标方式，*R* 编程：

G02　X50.0　Z-18.85　R25.0　F200.0；

3）增量坐标方式，*IK* 编程：

G02　U34.0　W-18.85　I24.495　K5.0　F200.0；

4）增量坐标方式，R 编程：

G02　　U34.0　　W−18.85　　R25.0　　F200.0；

七、刀尖圆弧半径补偿指令 G40/G41/G42

编程时，通常都将车刀刀尖视为一点来考虑（如简单阶梯轴的加工程序），即所谓假想刀尖，实际上，假想刀尖是不存在的，真实的车刀刀尖不是一个点，而是一段圆弧，如图 2-81 所示。常用的 CNC 车刀刀片是用粉末冶金制作而成的，其刀尖半径 R 有 0.2mm、0.4mm、0.8mm、1.2mm 和 1.6mm 等多种规格。在对刀时，刀尖的圆弧中心不易直接对准起刀位置或基准位置，若使用假想刀尖则易于对准起刀位置或基准位置。

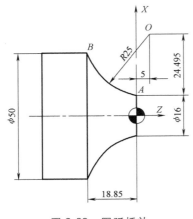

图 2-80　圆弧插补

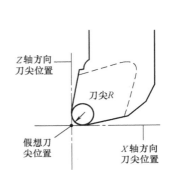

图 2-81　假想刀尖示意图

按假想刀尖编出的程序在车削外圆、内孔等与 Z 轴平行的表面时，是没有误差的，但在车削右端面、锥度及圆弧时会发生少切或过切的现象，如图 2-82 所示。

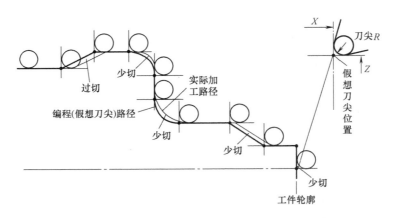

图 2-82　刀尖圆弧半径 R 造成的少切和过切现象

为了在不改变程序的情况下使刀具切削路径与工件轮廓重合一致，加工出尺寸正确的工件，必须使用刀尖圆弧半径补偿指令。编程时按工件轮廓编程并将刀尖圆弧半径补偿指令编写在程序之中，对刀时把刀尖圆弧半径和刀尖圆弧位置等参数输入刀具数据库（图 2-69）

内，当数控系统执行刀尖圆弧半径补偿指令时，数控系统自动计算刀心轨迹，控制刀心轨迹进行切削加工，从而避免少切或过切现象的产生。

刀尖圆弧半径补偿指令如下。

G41：刀尖圆弧半径左补偿指令，简称左刀补。

G42：刀尖圆弧半径右补偿指令，简称右刀补。

G40：取消刀尖圆弧半径补偿指令。

（1）左刀补与右刀补的判断　刀尖圆弧半径补偿方向的判定方法为：从垂直于加工面（如 XOZ 平面）的坐标轴的正方向向负方向看（如从 Y 轴的正方向向负方向看，X、Y、Z 三轴构成右手笛卡儿直角坐标系），同时再沿着刀具进给运动方向看，刀具在工件的左侧称为左刀补，用 G41 指令；刀具在工件的右侧称为右刀补，用 G42 指令，如图 2-83 所示。

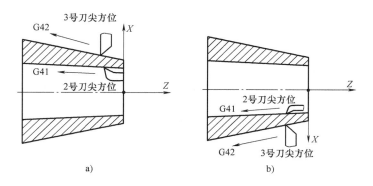

图 2-83　刀尖圆弧半径补偿方向及假想刀尖方位号的判断
a）后置刀架　b）前置刀架

根据刀尖圆弧半径补偿方向的判定方法可以得出如下结论：数控车床不论是前置刀架结构，还是后置刀架结构，自右向左切削工件外圆表面时，刀尖圆弧半径补偿使用右补偿指令 G42；自右向左切削工件内圆表面时，刀尖圆弧半径补偿使用左补偿指令 G41。刀尖圆弧半径补偿方向判定的简便方法是：数控车床不论是前置刀架还是后置刀架结构，编程时只看零件图样轴线以上部分（从空间来说，即看零件的后半部分）的形状，沿着刀具进给运动方向看，刀具在工件的左侧称为左刀补，用 G41 指令；刀具在工件的右侧称为右刀补，用 G42 指令。

（2）使用刀尖圆弧半径补偿指令的注意事项

1）G41 或 G42 指令必须和 G00 或 G01 指令同时使用，且当切削轮廓完成后即用指令 G40 取消补偿（一般应在切出工件之后）。

2）工件有锥度、圆弧时，必须在精车锥度或圆弧的前一程序段建立刀尖圆弧半径补偿，一般在切入工件之前完成刀尖圆弧半径补偿。

3）必须在刀具补偿参数设定页面的刀尖圆弧半径处填入该把刀具的刀尖圆弧半径值（图 2-65 中的"R"项），CNC 装置会自动计算应该移动的补偿值，作为刀尖圆弧半径补偿的依据。

4）必须在刀具补偿参数设定页面的假想刀尖方向处（图 2-65 中的"T"项）填入该把刀具的假想刀尖方位号，作为刀尖圆弧半径补偿的依据。

5）使用刀尖圆弧半径补偿指令 G41 或 G42 后，刀具路径必须是单向递增或单向递减的，即使用 G42 指令后刀具若向 Z 轴负方向切削，就不允许刀具向 Z 轴正方向移动，故必须在向 Z 轴正方向移动前，用 G40 指令取消刀尖圆弧半径补偿。

6）建立刀尖圆弧半径补偿后，在 Z 轴的切削移动量必须大于其刀尖圆弧半径值（若刀尖圆弧半径为 0.8mm，则 Z 轴移动量必须大于 0.8mm）；在 X 轴的切削移动量必须大于刀尖圆弧半径值的 2 倍，这是因为 X 轴采用的是直径编程。

（3）假想刀尖方位号的确定　假想刀尖方位是指假想刀尖点与刀尖圆弧中心点的相互位置关系，用 0~9 共 10 个号码来表示（0 与 9 的假想刀尖点与刀尖圆弧中心点重叠）。假想刀尖方位号的确定方法如图 2-84 所示。

根据假想刀尖方位号的确定方法分析图 2-84 所示的刀具刀尖方位号，可以得出如下结论：数控车床不论是前置刀架结构，还是后置刀架结构，若采用相同形状及角度的车刀，且进给方向一致时，则刀尖方位号是完全一样的。

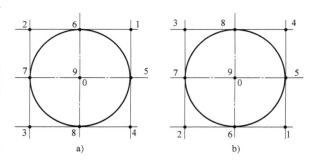

图 2-84　假想刀尖方位号的确定方法
a）后置刀架　b）前置刀架

通过以上分析可知，前置刀架与后置刀架数控车床的编程结果是完全一样的，由于后置刀架的 Y 轴朝上，观察时，由上往下看，也即直接对着零件图样轴线以上部分的图形看，编程更为方便、直观。所以编程时，无论是用前置刀架还是后置刀架数控车床加工，一律可假定在后置刀架数控车床上加工，直接对着零件图样轴线以上部分（从空间来说，即看零件的后半部分）的形状看，来判断圆弧插补的顺逆、刀尖圆弧半径的左右补偿及假想刀尖方位号。

常用车刀的假想刀尖方位号如图 2-85 所示。

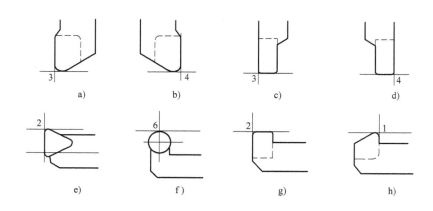

图 2-85　常用车刀的假想刀尖方位号
a）外圆、端面车刀（右偏刀）　b）外圆、端面车刀（左偏刀）　c）切槽刀（右偏刀）　d）切槽刀（左偏刀）
e）内孔车刀（一）　f）内孔车刀（二）　g）内孔、切槽车刀　h）内孔车刀（左偏刀）

八、程序暂停指令 G04

程序暂停指令控制数控系统按指定时间暂时停止执行后续程序段，暂停时间结束后继续执行。暂停时间内，进给速度为0，机床的其他动作（如主轴转速）不变。该指令为非模态指令，只在本程序段内有效，编程格式为：

$$G04 \begin{Bmatrix} X\underline{\quad} \\ U\underline{\quad} \\ P\underline{\quad} \end{Bmatrix};$$

其中 X、U、P 均为暂停时间（单位为s）。在用地址 P 表示暂停时间时不能用小数点表示法，若要暂停5s，则可写成如下几种格式：

G04　X5.0；

G04　X5000；

G04　U5.0；

G04　U5000；

G04　P5000。

G04 指令主要应用于如下方面。

1）在车削沟槽或钻孔时，为使槽底或孔底得到高的尺寸精度及光滑的加工表面，在加工到槽底或孔底时，应该暂停进给适当时间，使工件回转一周以上再进行加工。

2）使用 G96（主轴以恒线速度回转）车削工件后，改成 G97（主轴以恒转速回转）车削螺纹时，用 G04 指令暂停一段时间，使主轴转速稳定后再执行车削螺纹的程序，以保证螺距加工精度要求。

九、训练任务

1）将 G90 指令应用于简单阶梯轴的数控编程，试重新编制程序 O2101。

2）编制图 2-86 所示零件的数控加工程序，材料为 45 钢。

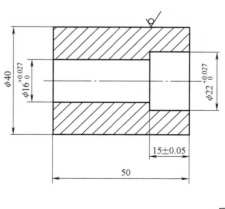

图 2-86　训练任务

第三节　印章手柄的数控编程与加工

一、教学目标

（1）能力目标

1）能读懂印章手柄的加工工艺。

2）能制订比较复杂轴类零件的数控加工工艺。

3）能读懂印章手柄的数控加工程序。

4）能用 G71、G72、G70 等指令编制数控车削加工程序。

5）能操作数控车床完成印章手柄的加工。

（2）知识目标

1）掌握轴类零件工艺分析的内容和步骤。

2）掌握 G71、G72、G70 等指令的编程格式及用法。

3）进一步掌握编制数控车削加工程序的特点和步骤。

4）掌握用数控车床（FANUC 0i 系统）加工的对刀及参数设置方法，掌握数控车削加工的步骤及要领。

二、加工任务及其工艺分析

1. 加工任务

在数控车床上完成图 2-87 所示印章手柄的车削加工。

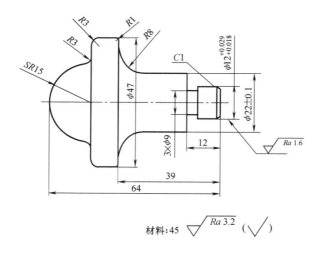

图 2-87　印章手柄

2. 工艺分析

（1）分析零件图样，确定零件加工工艺　印章手柄为典型的轴类零件，与对应零件的配合部分有较高的尺寸公差要求和表面粗糙度要求，零件材料为 45 钢，可选用车削方式完成零件的加工。

（2）确定毛坯尺寸及装夹方案　毛坯尺寸定为 $\phi50mm\times68mm$ 棒料。以零件的轴线为基准，先用自定心卡盘夹住毛坯左端圆柱面完成右端的加工；再用自定心卡盘夹住已加工的 $\phi22mm$ 圆柱面完成左端的加工，为了防止装夹时磨损已加工表面，可在自定心卡盘与工件之间垫上铜片。

（3）选择刀具

1）选择刀尖圆弧半径为 0.8mm、主偏角为 95° 的机夹可转位硬质合金外圆车刀粗车端面、圆柱面、球面、倒角和圆角。

2）选择刀尖圆弧半径为 0.4mm、主偏角为 95° 的机夹可转位硬质合金外圆车刀精车端面、圆柱面、球面、倒角和圆角。

3）选择刃宽为 3mm 的硬质合金切槽刀车槽。

（4）确定进给路线　用复合固定循环指令 G71 编程车削印章手柄。复合固定循环指令的特点是只需依指令格式设定粗车时每次的切削深度、精车余量、进给量等参数，并在接下来的程序段中给出精车时的加工路径，则 CNC 控制器即可自动计算出粗车的刀具路径。进给路线图如图 2-88、图 2-89 所示。

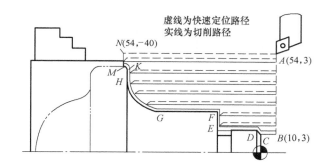

图 2-88　用 G71 编程车削印章手柄右端回转面进给路线图

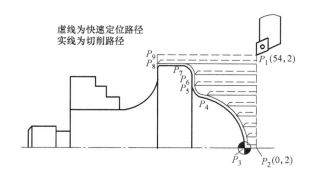

图 2-89　用 G71 编程车削印章手柄左端回转面进给路线图

（5）确定切削用量

1）确定背吃刀量：选取粗车时每次的背吃刀量为 3mm、精车时的背吃刀量为 X 轴 0.6mm、Z 轴 0.3mm。

2）确定主轴转速：查附录表 D-3，选取粗车外圆（端面）的切削速度为 100m/min，精车外圆（端面）的切削速度为 150m/min。查附录表 D-11，选取切槽刀车槽的切削速度为 85m/min。利用式（2-4）计算主轴转速，经计算，取粗、精车外圆（端面）的主轴转速分别为 640r/min 和 1600r/min；车槽的主轴转速为 2200r/min。

3）确定进给速度：查附录表 D-1、附录表 D-2 及表 2-3，选择粗车、精车外圆（端面）的每转进给量分别为 0.5mm/r 和 0.15mm/r。查附录表 D-11，选取车槽的每转进给量为 0.1mm/r。利用式（2-5）计算进给速度，经计算，取粗、精车外圆（端面）的进给速度分别为 320mm/min 和 240mm/min；车槽的进给速度为 220mm/min。

（6）填写工艺文件　将前面分析的结果综合成表 2-17、表 2-18 和表 2-19。

表 2-17　印章手柄机械加工工艺过程卡

机械加工工艺过程卡		零件图号	零件名称	材料	毛坯类型	第 1 页
		YZ-03	印章手柄	45	棒料	共 1 页
工序号	工序名	工序内容			设备	工装
1	备料	φ50mm×68mm 棒料			锯床	
2	车	完成各加工表面的车削			数控车床	自定心卡盘
3	检验					
					编　制	审　批
更改标记	处　数	更改依据	签　名	日　期		

表 2-18　印章手柄数控加工工序卡

数控加工工序卡		零件图号	零件名称	工序号	数控系统及设备		
		YZ-03	印章手柄	2	FANUC 0i,后置刀架数控车床		
工步号	工步内容	刀具名称			S 功能 [/(m/min)] /(r/min)	F 功能 /(mm/r) [/(mm/min)]	程序名
		刀具号	刀片形状	刀尖圆弧半径/mm			
1	车右端面	机夹可转位外圆车刀			[130]	0.2	
		T0101	C 型	0.8	1000	[200]	
2	粗车工件右端各回转面,加工长度 40mm,留精车余量 0.6mm	机夹可转位外圆车刀			[100]	0.5	
		T0101	C 型	0.8	640	[320]	
3	精车工件右端各回转面至要求尺寸,加工长度 40mm	机夹可转位外圆车刀			[150]	0.15	O2301
		T0202	V 型	0.4	1600	[240]	
4	切 3mm×φ9mm 槽	切槽刀(刃宽 3mm)			[85]	0.1	
		T0303		0.2	2200	[220]	
5	调头装夹,找正车左端面,保证尺寸 64mm	机夹可转位外圆车刀			[130]	0.2	
		T0101	C 型	0.8	1000	[200]	
6	粗车工件左端各回转面,加工长度 25mm,留精车余量 0.6mm	机夹可转位外圆车刀			[100]	0.5	O2302
		T0101	C 型	0.8	640	[320]	
7	精车工件左端各回转面至要求尺寸	机夹可转位外圆车刀			[150]	0.15	
		T0202	V 型	0.4	1600	[240]	
编制			审批			第 1 页　共 1 页	

表 2-19 印章手柄工件安装和零点设定卡

工件安装和零点设定卡			零件图号	零件名称	工序号	数控系统及设备
			YZ-03	印章手柄	2	FANUC 0i,后置刀架数控车床
第一次安装	夹具名称	自定心卡盘				
	夹具编号					
	程序	O2301				
	工步	2~4				
第二次安装	夹具名称	自定心卡盘				
	夹具编号					
	程序	O2302				
	工步	6~7				
编制			审批			第 1 页 共 1 页

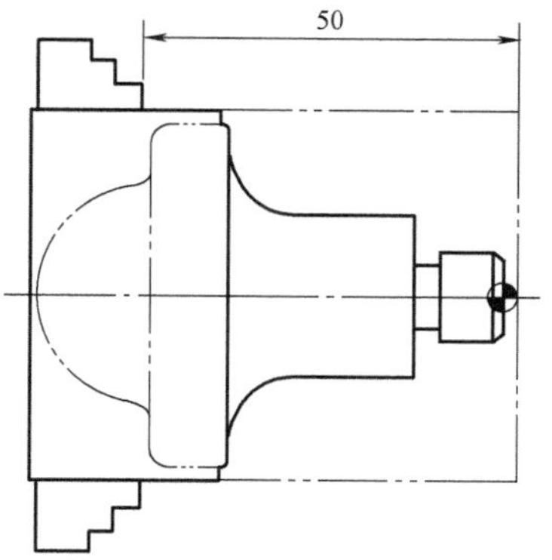

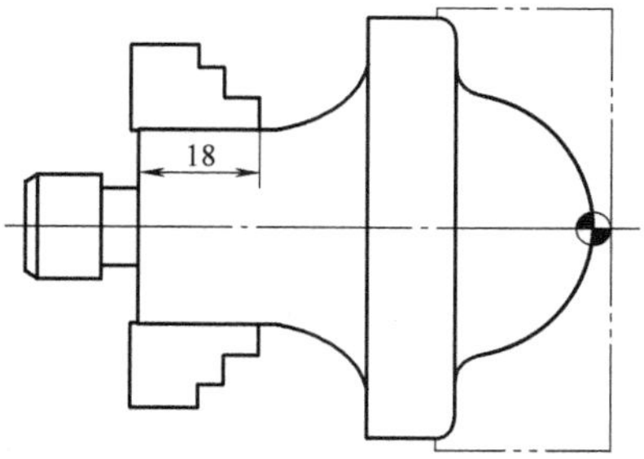

三、编制印章手柄的数控加工程序

（1）数学处理

1）公差转换：将尺寸 $\phi 12^{+0.029}_{+0.018}$ 转换为中间尺寸 $\phi 12.024 \pm 0.05$。

2）根据图 2-87、图 2-88 和图 2-89，确定或计算出各基点在工件坐标系中的绝对坐标（X 坐标用直径表示）如下：

$A(54, 3)$、$B(10.024, 3)$、$C(10.024, 0)$、$D(12.024, -1)$、$E(12.024, -12)$、$F(22, -12)$、$G(22, -31)$、$H(38, -39)$、$K(45, -39)$、$M(47, -40)$、$N(54, -40)$。

$P_1(54, 2)$、$P_2(0, 2)$、$P_3(0, 0)$、$P_4(29.58, -12.5)$、$P_5(35.469, -15)$、$P_6(41, -15)$、$P_7(47, -18)$、$P_8(47, -25)$、$P_9(54, -25)$。

（2）编制印章手柄的数控加工程序 根据工艺分析及数学处理的结果、所用数控系统（FANUC 0i，后置刀架数控车床）及其编程格式，编制印章手柄的数控加工程序分别见表 2-20和表 2-21。

表 2-20　印章手柄的数控加工程序一

编 程 过 程	程 序 内 容
编写程序名	O2301;
设置程序初始状态(保证安全)	G21　G97　G99　G40;
编写粗车工件右端各回转面程序,以 N10 标记	N10;
调用 1 号刀及其刀补值	T0101;
指定粗车主轴转向和转速	M04　S640.0;
快速定位至换刀点	G00　X100.0　Z100.0;
定位 G71 指令的循环起点 A(图 2-88)	G00　X54.0　Z3.0　M08;
定义轴向粗车复合循环指令 G71	G71　U3.0　R1.0;
	G71　P100　Q110　U0.6　W0.3　F0.5;
定义精车路线: A→B	N100　G00　X10.024;
B→C,建立刀尖圆弧半径右补偿,指定精车的转速及进给量	G96　G01　G42　Z0　S150.0　F0.15;
C→D	X12.024　Z-1.0;
D→E	Z-12.0;
E→F	X22.0;
F→G	Z-31.0;
G→H	G02　X42.0　W-8.0　R8.0;
H→K	G01　X45.0;
K→M	G03　X47.0　W-1.0　R1.0;
M→N,取消刀尖圆弧半径补偿	N110　G40　G01　X54.0;
快速返回至换刀点	G00　X100.0　Z100.0;
取消 1 号刀刀补值	T0100;
编写精车工件右端各回转面程序,以 N20 标记	N20;
调用 2 号刀及其刀补值	T0202;
快速定位至循环起点 A	G00　X54.0　Z3.0;
定义精车循环指令 G70	G70　P100　Q110;
快速返回至换刀点	G00　X100.0　Z100.0;
取消 2 号刀刀补值	T0200;
编写车槽程序,以 N30 标记	N30;
调用 3 号刀及其刀补值	T0303;
指定车槽转速	G97　S2200.0;
将刀位点沿 Z 方向移动到加工位置	G00　Z-12.0;
将刀位点沿 X 方向快速靠近工件	X25.0;
指定车槽指令、深度及进给速度	G01　X9.0　F0.1;
暂停	G04　X0.05;

（续）

编 程 过 程	程 序 内 容
退刀	G01　X25.0　F0.5;
快速返回至换刀点	G00　X100.0　Z100.0;
取消 3 号刀刀补值	T0300;
结束程序	M30;

表 2-21　印章手柄的数控加工程序二

编 程 过 程	程 序 内 容
编写程序名	O2302;
设置程序初始状态(保证安全)	G21　G97　G99　G40;
编写粗车工件左端各回转面程序,以 N10 标记	N10;
调用 1 号刀及其刀补值	T0101;
指定粗车主轴转向和转速	M04　S640.0;
快速定位至换刀点	G00　X100.0　Z100.0;
定义 G71 指令的循环起点 P_1(图 2-89)	X54.0　Z2.0　M08;
定义轴向粗车复合循环指令 G71	G71　U3.0　R1.0;
	G71　P100　Q110　U0.6　W0.3　F0.5;
定义精车路线: $P_1 \to P_2$	N100　G00　X0;
$P_2 \to P_3$,建立刀尖圆弧半径右补偿,指定精车的转速及进给量	G01　G42　Z0　S1600.0　F0.15;
$P_3 \to P_4$	G03　X29.58　Z-12.5　R15.0;
$P_4 \to P_5$	G02　X35.469　Z-15.0　R3.0;
$P_5 \to P_6$	G01　X41.0;
$P_6 \to P_7$	G03　X47.0　W-3.0　R3.0;
$P_7 \to P_8$	G01　Z-25.0;
$P_8 \to P_9$,取消刀尖圆弧半径补偿	N110　G40　G01　X54.0;
快速返回至换刀点	G00　X100.0　Z100.0;
取消 1 号刀刀补值	T0100;
编写精车工件左端各回转面程序,以 N20 标记	N20;
调用 2 号刀及其刀补值	T0202;
刀位点快速定位至循环起点 P_1	X54.0　Z2.0;
定义精车复合循环指令 G70	G70　P100　Q110;
快速返回至换刀点	G00　X100.0　Z100.0;
取消 2 号刀刀补值	T0200;
结束程序	M30;

四、印章手柄的仿真加工全过程

（1）程序准备　将程序 O2301、O2302 分别通过记事本软件录入并保存为 O2301.txt、O2302.txt 文件，以备调用。

（2）打开上海宇龙数控仿真软件

（3）选择机床　选择"FANUC 0i""标准（斜床身后置刀架）"数控车床，其操作面板如图 2-90 所示。

（4）机床回零

1）单击"启动"按钮 。

2）单击"急停"按钮 ，将其松开。

3）检查操作面板上回原点指示灯 是否变亮，若指示灯变亮，则已进入回原点模式；若指示灯不亮，则单击 按钮，转入回原点模式。

4）X、Z 轴回零：在回原点模式下，先将 X 轴回原点，单击操作面板上的"X 方向"按钮 X ，单击 X 按钮，X 原点灯 变亮，此时 X 轴回到原点。同样，再单击"Z 方向"按钮 Z ，单击 X 按钮，Z 原点灯 变亮，此时 Z 轴回到原点。

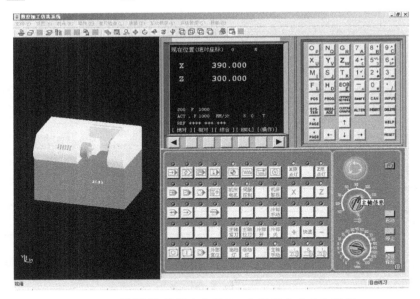

图 2-90　FANUC 0i 斜床身后置刀架数控车床操作面板

（5）导入程序

1）单击操作面板上的"编辑方式"按钮 ，进入编辑模式。

2）单击 MDI 键盘上的程序键 PROG，CRT 界面转入编辑页面。

3）单击"操作"软键（图 2-91），在出现的子菜单中单击软键 ▶ ，单击"F 检索"软键，弹出"打开"对话框，通过该对话框找到程序 O2301.txt 并将其打开。

4）在同一级菜单中，单击"READ"软键，通过 MDI 键盘上的数字/字母键输入 O2301，单击"EXEC"软键，则数控程序 O2301 显示在 CRT 界面上。

5）参照上述方法将程序 O2302. txt 导入并显示在 CRT 界面上。

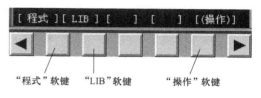

图 2-91 软键示例

（6）检查运行轨迹

1）单击操作面板上的"自动运行"按钮 ，进入自动加工模式。

2）单击 MDI 键盘上的程序键 PROG，显示在 CRT 界面上的程序为 O2302。

3）单击 MDI 键盘上的 键，进入检查运行轨迹模式，单击操作面板上的"循环启动"按钮 ，即可观察数控程序的运行轨迹，此时也可通过"视图"菜单中的"动态旋转""动态放缩""动态平移"等方式对三维运行轨迹进行全方位的动态观察，运行轨迹如图 2-92 所示。

说明：数控机床的图形绘制功能不仅能检查加工程序的正确性，还能检查刀具轨迹的正确性。因此，这种功能在程序调试过程中经常用到。在操作真实的数控机床时，通常先按下机床操作面板上的"机床锁住"按钮使机床锁住，再采用空运行模式运行加工程序，同时绘制出刀具轨迹。采用这种方式绘制刀具轨迹后，在加工前需重新执行回参考点操作。

4）将程序 O2301 显示在 CRT 界面上：通过 MDI 键盘上的数字/字母键输入 O2301，单击方位键 ，则数控程序 O2301 将显示在 CRT 界面上。

5）重复上述操作，完成程序 O2301 运行轨迹的检查，运行轨迹如图 2-93 所示。

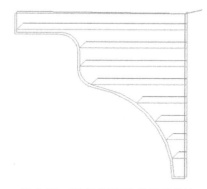

图 2-92 程序 O2302 的运行轨迹

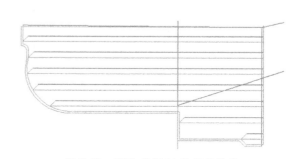

图 2-93 程序 O2301 的运行轨迹

6）单击 键，退出检查运行轨迹模式。

（7）安装工件

1）定义毛坯：将毛坯定义为 $\phi50\text{mm}\times68\text{mm}$ 的圆柱形棒料。

2）安装工件：将定义的毛坯安装在机床上，连续单击工件移动操作面板上的 按钮使工件位于极限位置。

（8）安装刀具

1）在 1 号刀位上安装外圆车刀：在菜单栏单击"机床"→"选择刀具"，弹出"刀具选择"对话框，在"选择刀位"选项组中选择 1 号刀位，在"选择刀片"选项组中选择 C 型刀片形状，在大列表框中选择名称为"CCMT120408"的刀片，在"选择刀柄"选项组中选择主偏角为95°的外圆右向横柄，刀具长度为60mm，如图2-94所示。

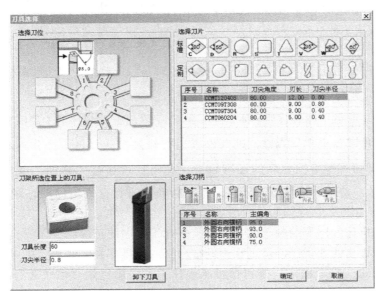

图 2-94　安装外圆车刀

2）在2号刀位上安装外圆车刀：在"选择刀位"选项组中选择2号刀位，在"选择刀片"选项组中选择V型刀片形状，在大列表框中选择名称为"VBMT110304"的刀片。在"选择刀柄"选项组中选择主偏角为95°的外圆右向横柄，刀具长度为60mm。

3）在3号刀位上安装切槽刀：在"选择刀位"选项组中选择3号刀位，在"选择刀片"选项组中选择刃宽为3mm方头切槽刀片，在"选择刀柄"选项组中选择切槽深度为15mm的外圆切槽柄，如图2-95所示。单击"确定"按钮，退出"刀具选择"对话框。

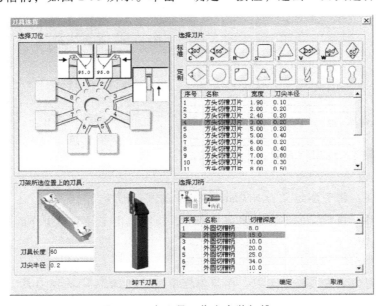

图 2-95　在3号刀位上安装切槽刀

（9）1 号刀 Z 方向对刀

1）单击操作面板上的"手动方式"按钮，手动状态指示灯变亮，机床进入手动操作模式。单击操作面板上的"X 方向"按钮 X，使 X 轴方向移动指示灯变亮，单击 — 按钮，使刀架在 X 轴方向移动；按下 快速 按钮，可加快刀架的移动速度。同样可使机床在 Z 轴方向移动。通过手动方式将 1 号刀大致移到图 2-96 所示的位置。

2）在 MDI 模式下输入加工程序：单击操作面板上的"MDI"按钮，进入手动输入模式；单击 MDI 键盘上的"程序"按钮 PROG，CRT 界面转入 MDI 输入页面；通过 MDI 键盘上的数字/字母键输入下面的程序段：

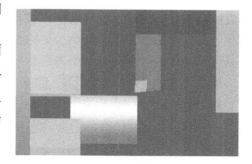

图 2-96　1 号刀与工件的相对位置（一）

M04　S1000.0　G01　U−60.0　F0.2；

具体输入过程：M04　S1000.0　G01，单击 INSERT 键，单击 SHIFT 键，单击 Xu 键，输入−60.0 F0.2，单击 EOB 键，单击 INSERT 键，完成输入，如图 2-97 所示。

3）单击操作面板上的"循环启动"按钮，完成端面加工。

4）设置 1 号刀 Z 方向的刀补值：单击 MDI 面板上的 OFFSET 按钮 2 次，CRT 显示"工具补正/形状"界面。光标位于 01 号 X 项。单击光标向右移动键 →，使光标位于 Z 项，通过 MDI 键盘上的数字/字母键输入 Z0，单击"测量"软键，完成 1 号刀 Z 方向刀补值的设置，如图 2-98 所示。

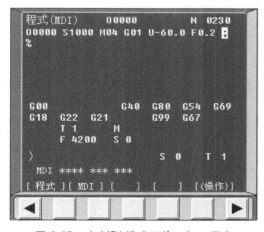

图 2-97　在 MDI 模式下输入加工程序

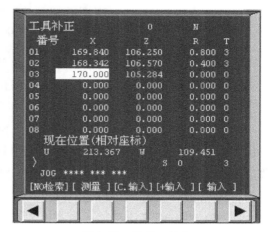

图 2-98　设置刀补值

（10）1 号刀 X 方向对刀

1）单击操作面板上的"手动方式"按钮，手动状态指示灯变亮，机床进入手动操作模式。通过操作面板上的方向按钮，将 1 号刀大致移到图 2-99 所示的位置。

2）试切工件外圆：单击"手动脉冲"按钮，机床转入手轮控制模式。单击"显示手轮"按钮 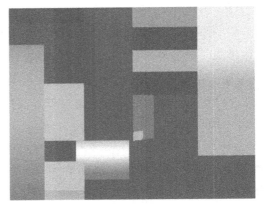，弹出图 2-100 所示的手轮面板，单击手轮轴选择旋钮 2 次，将旋钮对准 Z 轴；单击手轮进给倍率旋钮 2 次，将旋钮对准 ×100 档；将光标移到手轮的左侧轮盘上并连续单击鼠标左键（或按住鼠标左键不放），车削一段外圆后，连续单击鼠标右键（或将光标移到手轮的右侧轮盘上并连续单击鼠标左键）至刀具离开工件右端面一小段距离后松开鼠标右键。单击"隐藏手轮"按钮 ，隐藏手轮。

图 2-99　1 号刀与工件的相对位置（二）

3）测量所车外圆直径：单击操作面板上的"主轴停止"按钮 ，主轴停止转动。在菜单栏单击"测量"→"剖面图测量"，弹出"请您做出选择"对话框，单击对话框中的按钮"否"，弹出"车床工件测量"对话框。用光标选中车削部分的轮廓线，即显示所车外圆直径，记下所车外圆直径 D_1（本次为 $D_1 = 43.56$mm）。单击该对话框中的"退出"按钮。

图 2-100　手轮面板

4）设置 1 号刀 X 方向的刀补值：单击 MDI 面板上的 按钮，直到 CRT 显示"工具补正/形状"界面。光标位于 01 号 X 项，通过 MDI 键盘上的数字/字母键输入 X D_1（本次输入 X43.56），单击"测量"软键，完成 1 号刀 X 方向刀补值的设置，如图 2-98 所示。

（11）输入 1 号刀刀尖圆弧半径补偿值和刀尖方位号　单击光标向右移动键 →2 次，光标位于 R 项，通过 MDI 键盘上的数字/字母键输入 0.8，单击"输入"软键，单击光标向右移动键 →，光标位于 T 项，输入 3，单击"输入"软键，如图 2-98 所示。

（12）2 号刀 Z 方向对刀

1）单击操作面板上的"手动方式"按钮 ，通过刀架移动按钮将刀架向右移动至适当的换刀位置。

2）换 2 号刀：单击操作面板上的"MDI"按钮 ，进入手动输入模式；单击 MDI 键盘上的"程序"按钮 ，CRT 界面转入 MDI 输入页面；通过 MDI 键盘上的数字/字母键输入"T0200;"，单击 键。单击操作面板上的"循环启动"按钮 ，将 2 号刀转到加工位置。

3）起动主轴反转：单击操作面板上的"手动方式"按钮 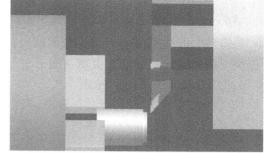，单击操作面板上的"主轴反转"按钮 ，起动主轴。

4）移动 2 号刀至加工位置：通过刀架移动按钮使 2 号刀靠近工件右端面，如图 2-101 所示。

5）2 号刀 Z 方向对刀：单击"手动脉冲"按钮 ，机床进入手轮控制模式。单击"显示手轮"按钮 ，弹出手轮面板，单击手轮轴选择旋钮 2 次，将旋钮对准 Z 轴；通过操作手轮使刀具进一步靠近工件右端面。启用手轮进给倍率旋钮，根据靠近的程度，先后将手轮进给倍率旋钮对准×100 档、×10 档、×1 档改变移动步长，直到看到有切屑飞出后，操作手轮使刀具后退一个步长并停止移动刀架。

6）设置 2 号刀 Z 方向的刀补值：单击 MDI 面板上的 按钮，直到 CRT 显示"工具补正/形状"界面。光标位于 01 号 X 项。单击光标向下移动键 ↓，光标位于 02 号 X 项，单击光标向右移动键 →，光标位于 Z 项。通过 MDI 键盘上的数字/字母键输入 Z0，单击"测量"软键，完成 2 号刀 Z 方向刀补值的设置，如图 2-98 所示。

图 2-101　2 号刀与工件的相对位置

（13）2 号刀 X 方向对刀　参考本小节步骤（10），用试切法完成 2 号刀 X 方向的对刀，如图 2-98 所示。

（14）输入 2 号刀刀尖圆弧半径补偿值和刀尖方位号　参考本小节步骤（11）完成 2 号刀刀尖圆弧半径补偿值和刀尖方位号的输入，如图 2-98 所示。

（15）3 号刀的对刀　参考 2 号刀的对刀过程和方法，完成 3 号刀的对刀，如图 2-98 所示。

（16）校对设定值　对于初学者，在进行程序原点的设定后，应进一步校对设定值，以保证参数的正确性，校对的过程如下。

1）在手动操作模式下，将刀架移到安全位置（分别沿 X、Z 轴移动时刀具不会碰到工件）。

2）单击操作面板上的"MDI"按钮 ，使其指示灯变亮，进入手动输入模式。

3）单击 MDI 键盘上的程序键 PROG，CRT 进入程序输入界面。利用 MDI 键盘输入下面的程序段：

T0101　G98　G01　Z0　F100.0;

4）单击操作面板上的"循环启动"按钮 ，观察刀架的运动。刀架停止运动后，如果 1 号刀的刀尖与工件右端面对齐，表明 Z 轴的刀补值设定正确。

5）参考上述步骤，校对 1 号刀 X 轴的设定值。先将刀具移到安全位置（沿 X 轴移动时不会碰到工件），输入下面的程序段并运行。

T0101　G98　G01　X0　F100.0;

刀架停止运动后，如果刀尖位于机床主轴轴线，表面 X 轴的刀补值设定正确。

注意：在校对的过程中要注意观察刀具移动，如果发现刀具超出预定位置，应及时按下急停按钮。

6）参考上述步骤，可对 2、3 号刀的设定值进行校对。完成校对后，将刀具移开工件。

（17）自动加工工件右端

1）单击操作面板上的"自动运行"按钮 ➡️，进入自动加工模式。

2）单击 MDI 键盘上的程序键 **PROG**，将程序 O2301 显示在 CRT 界面上。

3）单击操作面板上的"循环启动"按钮 Ⅰ，即可自动完成加工。

如果要单段执行，可启用单节按键 ➡️，加工结果如图 2-102 所示。

（18）工件调头装夹　在菜单栏单击"零件"→"移动零件"，弹出控制零件移动的面板，单击其上的 ⏻ 按钮，完成工件的调头，单击面板上的 ⬅️ 按钮调整工件的装夹位置，单击面板上的"退出"按钮，关闭该面板。

（19）自动加工工件左端面

1）测量出工件的总长度，了解端面的加工余量。

2）将 1 号刀位上的刀具换到加工位置。

3）起动主轴反转。

4）移动 1 号刀至加工位置，注意留精加工余量，如图 2-103 所示。

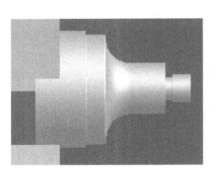

图 2-102　加工印章手柄右端

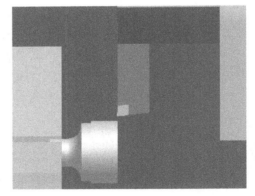

图 2-103　1 号刀的加工位置

5）加工端面：单击"手动脉冲"按钮 ◉，机床进入手轮控制模式。单击"显示手轮"按钮 H，弹出手轮面板，单击手轮轴选择旋钮，将旋钮对准 X 轴；单击手轮进给倍率旋钮 2 次，将旋钮对准×100 档；将光标移到手轮的左侧轮盘上并连续单击鼠标左键（或按住鼠标左键不放），将端面车平后，连续单击鼠标右键（或将光标移到手轮的右侧轮盘上并连续单击鼠标左键）至刀具离开工件一小段距离后松开鼠标右键。单击"隐藏手轮"按钮 ⬛，隐藏手轮。

6）测量工件长度：测量出工件的总长度 L，计算出加工余量 δ，$\delta = L - 64.0$mm。

7）精确移动刀具：单击操作面板上的"主轴反转"按钮 ⬛，主轴起动；单击操作面板上的"MDI"按钮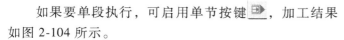，进入手动输入模式；单击 MDI 键盘上的程序键 **PROG**，直到 CRT 界面转入 MDI 输入页面；通过 MDI 键盘上的数字/字母键输入 W-δ；单击 **INSERT** 键。单击操作面板上的"循环启动"按钮。

8）在 MDI 模式下输入如下的端面加工程序：

M04　S1000.0　G01　U-60.0　F0.2；

9）加工端面：单击操作面板上的"自动方式"按钮，单击操作面板上的"循环启动"按钮，完成端面的加工。

（20）设置 1 号刀 Z 方向的刀补值　单击 MDI 面板上的 **OFFSET SETTING** 按钮，直到 CRT 显示"工具补正/形状"界面。此时光标位于 01 号 X 项，单击光标向右移动键 →，使光标位于 Z 项。通过 MDI 键盘上的数字/字母键输入 Z0，单击"测量"软键，完成 1 号刀 Z 方向刀补值的设置。

（21）设置 2 号刀 Z 方向的刀补值　参考本小节步骤（12），完成 2 号刀 Z 方向刀补值的设置。

（22）校对设定值　参考本小节步骤（16），校对 1 号刀和 2 号刀的设定值。

（23）自动加工工件左端

1）将程序 O2302 显示在 CRT 界面上：单击操作面板上的"编辑方式"按钮，进入编辑模式。单击 MDI 键盘上的程序键 **PROG**，CRT 界面转入编辑页面。通过 MDI 键盘上的数字/字母键输入 O2302，单击光标向下移动键 ↓，将程序 O2302 显示在 CRT 界面上。

2）单击操作面板上的"自动运行"按钮，进入自动加工模式。

3）单击操作面板上的"循环启动"按钮，即可自动完成加工。

如果要单段执行，可启用单节按键，加工结果如图 2-104 所示。

（24）保存项目

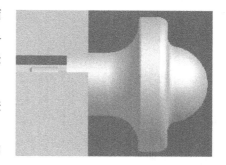

图 2-104　加工印章手柄左端

五、复合固定循环指令 G71/G72/G70

当工件的形状较复杂时，如有台阶、锥度、圆弧等，若使用基本切削指令或单一固定循环切削指令，粗车时为了考虑精车余量，在计算粗车的坐标点时可能会很复杂。如果使用复合固定循环指令，只需依指令格式设定粗车时每次的切削深度、精车余量和进给量等参数，在接下来的程序段中给出精车时的加工路径，则 CNC 控制器即可自动计算出粗车的刀具路径，自动进行粗加工，因此，在编制程序时可节省很多时间。

使用粗加工固定循环指令 G71、G72、G73 后，一般需要使用 G70 指令进行精车，使工件达到所要求的尺寸精度和表面粗糙度。

（1）轴向粗车复合循环指令 G71　该指令适用于用圆柱棒料粗车阶梯轴的外圆或内孔时需切除较多余量的情况。

编程格式：

G71 U(Δd)R(e)；

G71 P(ns)Q(nf)U(Δu)W(Δw)F(Δf)S(Δs)T(t)；

N(ns)…；

…F(f)S(s)；

$\vdots$

N(nf)…；

指令中各项的含义说明如下：

Δd：每次切削的背吃刀量，即 X 轴向的切削深度，以半径值表示，一定为正值；

e：每次切削结束时的退刀量；

ns：精车开始程序段的顺序号；

nf：精车结束程序段的顺序号；

Δu：X 轴方向的精加工余量，以直径值表示；

Δw：Z 轴方向的精加工余量；

Δf：粗车时的进给量；

Δs：粗车时的主轴功能（一般在 G71 之前即已指令，故一般省略）；

t：粗车时所用的刀具（一般在 G71 之前即已指令，故一般省略）；

s：精车时的主轴功能；

f：精车时的进给量。

轴向粗车复合循环指令 G71 进给路线图如图 2-105 所示。G71 指令下面的一组程序段（从 N（ns）所在的程序段至 N（nf）所在的程序段）用于描述 $A{\to}B$ 间的零件轮廓，为精加工程序。又因在 G71 指令中给出了精车余量 Δu、Δw，因此，就确定了粗车范围，即由 $C{\to}A'{\to}B'{\to}C$ 构成的区域。在 G71 指令中给出了背吃刀量 Δd，则 CNC 装置会自动计算出粗车的加工路径并控制刀具完成粗车，且最后会沿着零件轮廓 $A'{\to}B'$ 车削一刀，再退回至循环起点 C 完成粗车循环（固定循环结束后，刀位点位于循环起点），如此便留下了均匀的精加工余量。

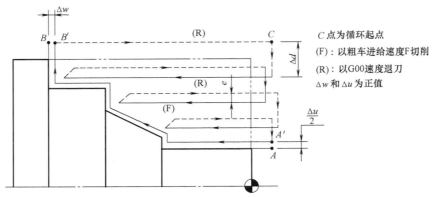

图 2-105　轴向粗车复合循环指令 G71 进给路线图

当使用 G71 指令粗车内孔时，应注意 Δu 为负值，如图 2-106 所示。

在使用 G71 指令时还应注意以下两点：

1）由循环起点 C 到点 A 只能用 G00 或 G01 指令，且不可有 Z 轴方向移动指令。

2）车削的路径必须是单调增大或减小，即不可有内凹的轮廓外形。

比较先进的数控系统则没有以上限制，如 FANUC 10T 系统。

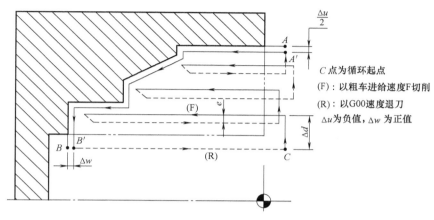

图 2-106　G71 指令粗车内孔时的进给路线图

（2）径向粗车复合循环指令 G72　该指令用于径向加工余量比轴向加工余量大的情况。

编程格式：

G72 W(Δd)R(e)；

G72 P(ns)Q(nf)U(Δu)W(Δw)F(Δf)
S(Δs)T(t)；

N(ns)…；

…F(f)S(s)；

$\vdots$

N(nf)…；

指令中各项的含义与 G71 指令中的相同，其刀具进给路线图如图 2-107 所示，使用方式同 G71 指令。

如果将印章手柄左端的粗加工程序由 G71 指令改为 G72 指令编程（进给路线图如图 2-108 所示），则相应的程序如下。

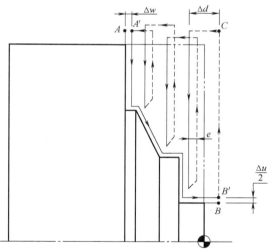

图 2-107　径向粗车复合循环指令 G72 进给路线图

（径向粗车复合循环）

G72 W3.0 R1.0；

G72 P100 Q110 U0.6 W0.3 F320.0；

N100 G00 Z-25.0；　　　　　　　　　　　　($P_1 \rightarrow P_9$)

G01 G41 X47.0 S1600.0 F240.0；　　　　　($P_9 \rightarrow P_8$)

Z-18.0；　　　　　　　　　　　　　　　　($P_8 \rightarrow P_7$)

G02 X41.0 W3.0 R3.0；　　　　　　　　　　($P_7 \rightarrow P_6$)

G01 X35.469;   （$P_6 \rightarrow P_5$）

G03 X29.58 Z-12.5;   （$P_5 \rightarrow P_4$）

G02 X0 Z0 R15.0;   （$P_4 \rightarrow P_3$）

N110 G40 G01 Z2.0;   （$P_3 \rightarrow P_2$）

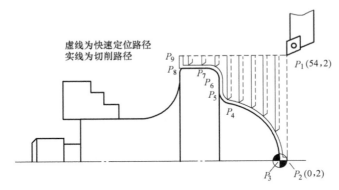

图 2-108　用 G72 指令编程车削印章手柄左端进给路线图

（3）精加工循环指令 G70

编程格式：

G70 P（ns）Q（nf）;

其中：

ns：精车开始程序段的顺序号；

nf：精车结束程序段的顺序号。

与 G71、G72 指令一样，精加工固定循环结束后，刀位点位于循环起点。使用 G70 指令时应注意下列事项。

1）必须在使用 G71、G72 或 G73 指令后，才可使用 G70 指令。

2）G70 指令指定的 ns～nf 间精车的程序段中，不能调用子程序。

3）ns～nf 间精车程序段中所指定的 F 及 S 是给 G70 指令精车时使用的。

4）精车时的 S 也可以于 G70 指令前，在换精车刀时同时指令。

5）使用 G71、G72 或 G73 及 G70 指令的程序必须存储于 CNC 控制器的内存中，即有复合循环指令的程序不能通过计算机以边传边加工的方式控制 CNC 机床。

使用 G70～G76 指令应注意以下几点。

1）同一程序内 P、Q 所指定的顺序号码必须是唯一的，不可重复使用。

2）由 P～Q 所指定顺序号的程序段中，不能使用下列指令。

① G00、G01、G02、G03 以外的 G 功能。

② T 功能。

③ M98 及 M99。

六、训练任务

1）将 G71、G70 指令应用于简单阶梯轴的数控编程，试重新编制程序 O2101。

2）编制图 2-109 所示零件的数控加工程序，材料为 45 钢。

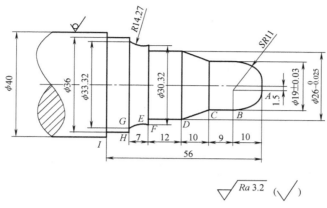

图 2-109　训练任务（一）

3）分析图 2-110 所示零件的加工工艺，制订简单的加工工艺（确定机床、毛坯尺寸、装夹、工件原点、刀具），编制数控加工程序并完成加工，材料为 45 钢。

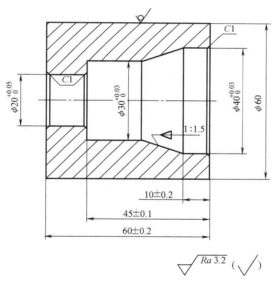

图 2-110　训练任务（二）

第四节　印章杆的数控编程与加工

一、教学目标

（1）能力目标

1）能读懂印章杆的加工工艺。

2）能制订比较复杂轴类零件的加工工艺。

3）能读懂印章杆的数控加工程序。

4）能用 G73、G32、G92、G76 等指令编制数控车削加工程序。

5）能用子程序编写数控车削加工程序。

6）能操作数控车床完成印章杆的加工。

（2）知识目标

1）熟练掌握轴类零件工艺分析的内容和步骤。

2）掌握 G73、G32、G92、G76 等指令的编程格式及用法。

3）掌握子程序的编程格式及用法。

4）熟练掌握编制数控车削加工程序的特点和步骤。

5）掌握数控车床（FANUC 0i 系统）加工的对刀及参数设置方法，掌握数控车削加工的步骤及要领。

二、加工任务及其工艺分析

1. 加工任务

在数控车床上完成图 2-111 所示印章杆的车削加工。

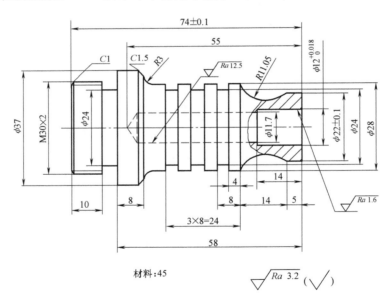

图 2-111　印章杆

2. 工艺分析

参考印章手柄工艺分析的内容和方法，完成印章杆的工艺分析。与印章手柄不同的是，印章杆右端的车削路径不是单调增大的，有内凹的轮廓，即外形 R11.05mm 的回转面，可用 G73 指令编程，用 G73 指令编程的进给路线图如图 2-112 所示。

另外，零件的左端有 M30×2 的螺纹要加工。

在切削螺纹时，车床主轴的转速将受螺纹的螺距、电动机调速和螺纹插补运动等因素的

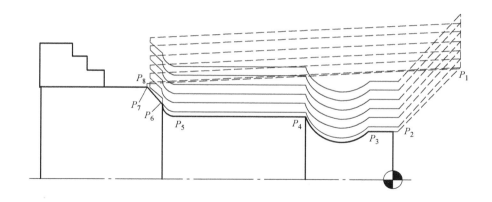

图 2-112　用 G73 指令编程的进给路线图

影响，转速不能过高，通常，主轴转速为

$$n \leqslant \frac{1200}{P} - K \tag{2-6}$$

式中　n——主轴转速，单位为 r/min；

　　　P——螺纹的导程，单位为 mm；

　　　K——安全系数，一般取 80。

经计算，取主轴转速为 500r/min。

由于伺服电动机由静止到匀速运动为加速过程，反之，则为减速过程。为防止加工后螺纹的螺距不均匀，加工螺纹之前后，必须有适当的进给段 δ_1 和退刀段 δ_2，如图 2-113 所示。

通常，δ_1 和 δ_2 的计算公式为

$$\delta_1 = nP/400$$

$$\delta_2 = nP/1800$$

式中　n——主转转速，单位为 r/min；

　　　P——螺纹的导程，单位为 mm。

由以上公式计算而得的 δ_1 和 δ_2 是理论上所需的进退刀量，实际应用时的取值一般比计算值略大。经计算，取 $\delta_1 = 7$mm、$\delta_2 = 2.5$mm。用 G92 指令车削螺纹的进给路线图如图 2-114 所示。

δ_1、δ_2 也可以用下面的经验公式计算：

$$\delta_1 > 2P$$

$$\delta_2 > (1 \sim 1.5)P$$

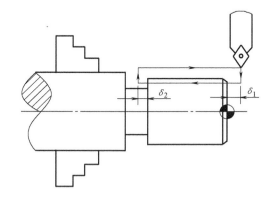

图 2-113　进给段与退刀段

螺纹加工中的进给次数和背吃刀量会直接影响螺纹的加工质量，常用螺纹切削的进给次数与背吃刀量见表 2-22。

工艺分析的结果见表 2-23、表 2-24 和表 2-25。

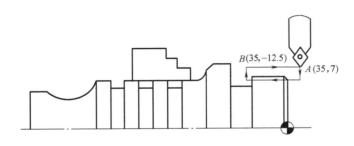

图 2-114　用 G92 指令车削螺纹的进给路线图

表 2-22　常用螺纹切削的进给次数与背吃刀量　　　　　　（单位：mm）

米制螺纹							
螺　距	1	1.5	2	2.5	3	3.5	4
牙深（半径值）	0.649	0.974	1.299	1.624	1.949	2.273	2.598
进给次数及背吃刀量（直径值）　1 次	0.7	0.8	0.9	1.0	1.2	1.5	1.5
2 次	0.4	0.6	0.6	0.7	0.7	0.7	0.8
3 次	0.2	0.4	0.6	0.6	0.6	0.6	0.6
4 次		0.16	0.4	0.4	0.4	0.6	0.6
5 次		0.1	0.4	0.4	0.4	0.4	0.4
6 次			0.15	0.4	0.4	0.4	0.4
7 次				0.2	0.2	0.2	0.4
8 次					0.15	0.3	
9 次							0.2

寸制螺纹							
牙/in	24	18	16	14	12	10	8
牙深（半径值）	0.678	0.904	1.016	1.162	1.355	1.626	2.033
进给次数及背吃刀量（直径值）　1 次	0.8	0.8	0.8	0.8	0.9	1.0	1.2
2 次	0.4	0.6	0.6	0.6	0.6	0.7	0.7
3 次	0.16	0.3	0.5	0.5	0.6	0.6	0.6
4 次		0.11	0.14	0.3	0.4	0.4	0.5
5 次				0.13	0.21	0.4	0.5
6 次						0.16	0.4
7 次							0.17

表 2-23　印章杆机械加工工艺过程卡

机械加工工艺过程卡	零件图号	零件名称	材料	毛坯类型	第 1 页
	YZ-02	印章杆	45 钢	棒料	共 1 页
工序号	工序名	工 序 内 容		设备	工装
1	备料	$\phi40mm\times78mm$ 棒料		锯床	
2	车、钻、铰	完成各加工表面的加工		数控车床	自定心卡盘
3	检验				
				编　制	审　批
更改标记	处数	更改依据	签名	日期	

表 2-24 印章杆数控加工工序卡

数控加工工序卡		零件图号	零件名称	工序号	数控系统及设备		
		YZ-02	印章杆	2	FANUC 0i,前置刀架数控车床		
工步号	工步内容	刀具名称			S 功能 /[(m/min)] /(r/min)	F 功能 /(mm/r) /[(mm/min)]	程序名
		刀具号	刀片形状	刀尖圆弧半径/mm			
1	车右端面	机夹可转位外圆车刀			1000	[150]	
		T0101	V 型	0.4			
2	钻中心孔	φ3mm 中心钻			1000	手动	
3	钻 φ11.7mm×55mm 孔	φ11.7mm 麻花钻			[15] 400	手动	
4	铰 φ12mm×14mm 孔	φ12H7mm 机用铰刀			[3.5] 100	手动	
5	粗车右端各回转面,加工长度53mm,留精加工余量0.6mm	机夹可转位外圆车刀			[90] 950	0.3 [285]	
		T0101	V 型	0.4			O2401
6	精车右端各回转面至要求尺寸,加工长度53mm	外圆车刀			[110] 1150	0.2 [230]	
		T0101	V 型	0.4			
7	车所有 φ24mm×4mm 槽至要求尺寸	切槽刀(刃宽 4mm)			[85] 960	0.1 [100]	
		T0202		0.2			
8	调头装夹,车左端面,保证尺寸74mm	机夹可转位外圆车刀			1000	[150]	
		T0101	V 型	0.4			
9	粗车左端各回转面,加工长度23mm,留精加工余量0.6mm	机夹可转位外圆车刀			[90] 950	0.3 [285]	
		T0101	V 型	0.4			
10	精车左端各回转面至要求尺寸,加工长度23mm	机夹可转位外圆车刀			[110] 1150	0.2 [230]	O2402
		T0101	V 型	0.4			
11	车 φ24mm×6mm 槽至尺寸	车槽刀(刃宽 4mm)			[85] 960	0.1 [100]	
		T0202		0.2			
12	车外螺纹 M30×2	60°外螺纹车刀			500	2.0	
		T0303		0.2			
编制		审批				第 1 页 共 1 页	

三、编制印章杆的数控加工程序

(1) 数学处理 根据图 2-111 和图 2-112,确定或计算出各基点在工件坐标系中的绝对坐标(径向坐标采用直径编程)如下:

P_1 (50, 5)、P_2 (22, 1)、P_3 (22, -5)、P_4 (28, -19)、P_5 (28, -47)、P_6 (34, -50)、P_7 (40, -53)、P_8 (42, -53)。

参考附录表 E-16,取 M30×2 螺纹加工前工件的直径为 29.7mm。

表 2-25　印章杆工件安装和零点设定卡

工件安装和零点设定卡			零件图号	零件名称	工序号	数控系统及设备
			YZ-02	印章杆	2	FANUC 0i,前置刀架数控车床
第一次安装	夹具名称	自定心卡盘				
	夹具编号					
	程序	O2401				
	工步	5~7				
第二次安装	夹具名称	自定心卡盘				
	夹具编号					
	程序	O2402				
	工步	9~12				
编制		审批				第 1 页　共 1 页

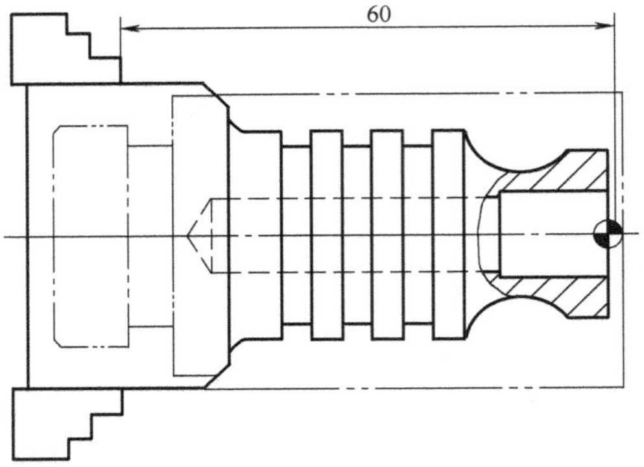

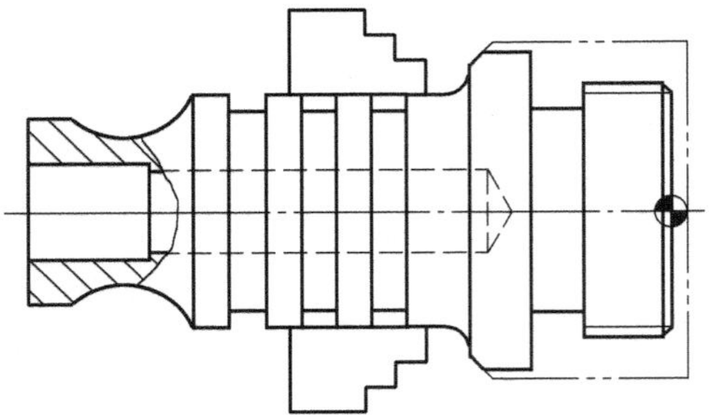

（2）编制印章杆的数控加工程序　根据工艺分析及数学处理的结果、所用数控系统（FANUC 0i，前置刀架数控车床）及其编程格式，编制印章杆的数控加工程序。主程序 O2401 见表 2-26，子程序 O2403 见表 2-27，程序 O2402 见表 2-28。

表 2-26　印章杆的数控加工主程序

编程过程	程序内容
编写主程序名	O2401;
设置程序初始状态(保证安全)	G21　G97　G99　G40;
编写粗车工件右端各回转面程序，以 N10 标记	N10;
调用 1 号刀及其刀补值	T0101;
指定粗车主轴转向和转速	M03　S950.0;
快速定位至换刀点	G00　X100.0　Z150.0;
定位至 G73 指令的循环起点 P_1(图 2-112)	X50.0　Z5.0　M08;
定义封闭粗车复合循环指令 G73	G73　U12.0　W0　R6;
	G73　P70　Q130　U0.6　W0.3　F0.3;

（续）

编程过程	程序内容
定义精车路线： $P_1 \rightarrow P_2$，	N100 G00 X22.0 Z1.0；
$P_2 \rightarrow P_3$，建立刀尖圆弧半径右补偿，指定精车的转速及进给速度	G01 G42 Z-5.0 S1150.0 F0.2；
$P_3 \rightarrow P_4$	G02 X28.0 Z-19.0 R11.05；
$P_4 \rightarrow P_5$	G01 Z-47.0；
$P_5 \rightarrow P_6$	G02 X34.0 Z-50.0 R3.0；
$P_6 \rightarrow P_7$	G01 X40.0 W-3.0；
$P_7 \rightarrow P_8$，取消刀尖圆弧半径补偿	N110 G40 X42.0；
编写精车工件右端各回转面程序，以 N20 标记	N20；
定义精车循环指令 G70	G70 P70 Q130；
刀位点快速返回至换刀点	G00 X100.0 Z150.0；
取消 1 号刀刀补值	T0100；
编写车槽程序，以 N30 标记	N30；
调用 2 号刀及其刀补值	T0202；
指定主轴转向和转速	M03 S960.0；
指定子程序 Z 轴起始位置	Z-19.0；
指定子程序 X 轴起始位置	X30.0；
调用子程序 O2403 三次	M98 P32403；
快速返回至换刀点	G00 X100.0 Z150.0；
取消 2 号刀刀补值	T0200；
结束程序	M30；

表 2-27 印章杆的数控加工子程序

编程过程	程序内容
编写子程序名	O2403；
指定刀位点 Z 方向的移动方向及增量	W-8.0；
指定车槽深度及进给速度	G01 X24.0 F0.1；
暂停	G04 X0.2；
指定刀位点退刀位置及退刀速度	G01 X30.0 F0.3；
结束子程序	M99；

表 2-28 程序 O2402

编程过程	程序内容
编写程序名	O2402；
设置程序初始状态（保证安全）	G21 G97 G99 G40；
编写粗车工件左端各回转面程序，以 N10 标记	N10；

（续）

编程过程	程序内容
调用1号刀及其刀补值	T0101;
指定粗车主轴转向和转速	M03 S950.0;
快速定位至换刀点	G00 X100.0 Z150.0;
定位至G71指令的循环起点,开切削液	X44.0 Z3.0 M08;
定义轴向粗车复合循环指令G71	G71 U3.0 R1.0;
	G71 P70 Q120 U0.6 W0.3 F0.3;
编写精车路线	G00 X27.7;
	G01 Z0 S1150.0 F0.2;
	X29.7 Z-1.0;
	Z-16.0;
	X37.0;
	Z-23.0;
定义精车循环指令G70	G70 P70 Q120;
快速返回至换刀点	G00 X100.0 Z150.0;
取消1号刀刀补值	T0100;
编写切槽程序,以N20标记	N20;
调用2号刀及其刀补值	T0202;
指定车槽转速	M03 S960.0;
刀位点Z方向运动到加工位置	G00 Z-14.0;
X方向快速幕近工件	X40.0;
指定车槽深度坐标及进给速度	G01 X24.0 F0.1;
暂停	G04 X0.2;
退刀	G01 X40.0;
刀位点Z方向运动到加工位置	Z-16.0;
指定车槽深度坐标	G01 X24.0;
暂停	G04 X0.2;
退刀	G01 X40.0;
快速返回至换刀点	G00 X100.0 Z150.0;
取消2号刀刀补值	T0200;
编写车螺纹程序,以N30标记	N30;
调用3号刀及其刀补值	T0303;
指定车螺纹转速	M03 S500.0;
运动至G92指令的循环起点A(图2-114)	G00 X35.0 Z7.0;
定义螺纹切削循环指令G92(第一刀)	G92 X29.1 Z-12.5 F2.0;
定义螺纹切削循环指令G92(第二刀)	X28.5;
定义螺纹切削循环指令G92(第三刀)	X27.9;

（续）

编程过程	程序内容
定义螺纹切削循环指令 G92（第四刀）	X27.5；
定义螺纹切削循环指令 G92（第五刀）	X27.4；
快速返回至换刀点	G00　X100.0　Z150.0；
取消 3 号刀刀补值	T0300；
结束程序	M30；

四、印章杆的仿真加工全过程

（1）程序准备　将程序 O2401、O2402 和 O2403 分别通过记事本软件录入并保存为 O2401.txt、O2402.txt 和 O2403.txt 文件，以备调用。

（2）打开上海宇龙数控仿真软件

（3）选择机床　选择"FANUC 0i""标准（平床身前置刀架）"数控车床，如图 2-115 所示。操作面板与标准斜床身后置刀架数控车床相同，各种操作也与标准斜床身后置刀架数控车床的操作相同。

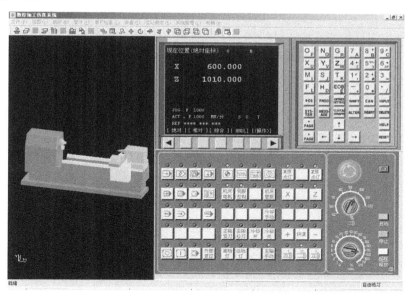

图 2-115　FANUC 0i 平床身前置刀架数控车床操作面板

（4）机床回零

（5）导入程序　先后导入程序 O2401、O2402 和 O2403。

（6）检查运行轨迹　先后检查程序 O2401、O2402 和 O2403 的运行轨迹，程序 O2401 和 O2402 的运行轨迹分别如图 2-116 和图 2-117 所示。

（7）安装工件

1）定义毛坯：将毛坯定义为 $\phi 40mm \times 78mm$ 的圆柱形棒料。

2）安装工件：将定义的毛坯安装在机床上，连续单击工件移动操作面板上的 按钮，

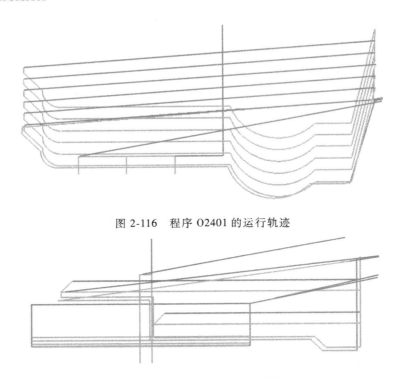

图 2-116　程序 O2401 的运行轨迹

图 2-117　程序 O2402 的运行轨迹

使工件位于极限位置。

（8）向车刀刀库添加 ϕ11.7mm 钻头　在菜单栏单击"系统管理"→"车刀库管理"，弹出图 2-118 所示的"车刀刀具库"对话框，单击"刀片形状"选项组中的 图标，单击"添加"按钮，将钻头的刃长和直径分别修改为 65mm 和 11.7mm，单击"确认修改"按钮，完成 ϕ11.7mm 钻头的添加，最后单击"退出"按钮。

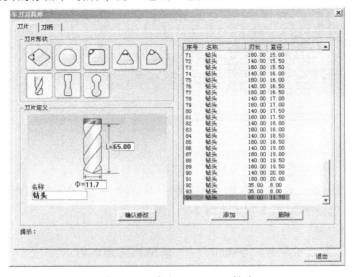

图 2-118　定义 ϕ11.7mm 钻头

（9）安装刀具

1）在 1 号刀位上安装外圆车刀。

2）在 2 号刀位上安装切槽刀。

3）在 3 号刀位上安装外螺纹车刀，如图 2-119 所示。

4）在尾座上安装 φ11.7mm 钻头。

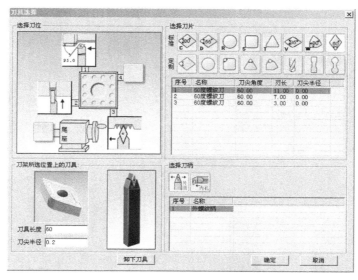

图 2-119　安装外螺纹车刀

（10）1 号刀 Z 方向对刀　参考印章手柄仿真加工全过程步骤（9）完成 1 号刀 Z 方向对刀。注意：主轴转动方向为正转。

（11）1 号刀 X 方向对刀　参考印章手柄仿真加工全过程步骤（10）完成 1 号刀 X 方向对刀。

（12）输入 1 号刀刀尖圆弧半径补偿值和刀尖方位号　参考印章手柄仿真加工全过程步骤（11）完成 1 号刀刀尖圆弧半径补偿值和刀尖方位号的输入。

（13）2 号刀 Z 方向对刀　参考印章手柄仿真加工全过程步骤（12）完成 2 号刀 Z 方向对刀。

（14）2 号刀 X 方向对刀　参考印章手柄仿真加工全过程步骤（10）完成 2 号刀 X 方向对刀。

（15）校对设定值　参考印章手柄仿真加工全过程步骤（16），校对 1 号刀和 2 号刀的设定值。

（16）钻 φ11.7mm×55mm 孔　参考导套仿真加工全过程步骤（11）完成 φ11.7mm×55mm 孔的加工。注意：在钻孔的过程中，需要启用图 2-67 上的 "移动套筒" 复选框。加工结果如图 2-120 所示。

（17）在尾座上安装 φ12mm 钻头（用 φ12mm 钻头代替 φ12mm 铰刀）

1）从尾座上卸下 φ11.7mm 钻头：在菜单栏单击 "机床" → "选择刀具"，弹出 "刀具选择" 对话框，在 "选择刀位" 选项组中选择 "尾座" 刀位，单击 "卸下刀具" 按钮，从尾座上卸下 φ11.7mm 钻头。

2）在尾座上安装刃长为 60mm、直径为 12mm 的钻头。

（18）铰 ϕ12mm×14mm 孔　参考导套仿真加工全过程步骤（11）完成 ϕ12mm×14mm 孔的加工。

（19）自动加工工件右端　如图 2-121 所示。

（20）工件调头装夹　如图 2-122 所示。

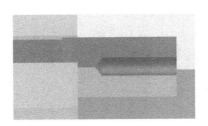

图 2-120　钻孔

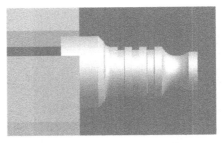

图 2-121　加工印章杆右端

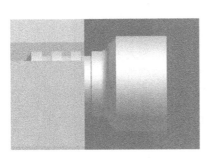

图 2-122　工件调头装夹

图 2-123　3 号刀 Z 方向对刀

（21）车左端面　参考印章手柄仿真加工全过程步骤（23）完成左端面的加工。

（22）设置 1 号刀 Z 方向的刀补值　参考印章手柄仿真加工全过程步骤（12）完成 1 号刀 Z 方向刀补值的设置。

（23）设置 2 号刀 Z 方向的刀补值　参考印章手柄仿真加工全过程步骤（12）完成 2 号刀 Z 方向刀补值的设置。

（24）3 号刀 Z 方向对刀

1）将 3 号刀的刀尖与工件左端面对齐，如图 2-123 所示。

2）设置 3 号刀 Z 方向的刀补值：单击 MDI 面板上的 OFFSET SETTING 按钮，直到 CRT 显示"工具补正/形状"界面。光标位于 01 号 X 项。单击光标向下移动键 ↓ 2 次，光标位于 03 号 X 项，单击光标向右移动键 →，光标位于 Z 项。通过 MDI 键盘上的数字/字母键输入 Z0，单击"测量"软键，完成 3 号刀 Z 方向刀补值的设置，如图 2-124 所示。

（25）3 号刀 X 方向对刀　用试切法完成 3 号刀 X 方向的对刀。

（26）校对设定值　参考印章手柄仿真加工全过程步骤（16），校对 1、2、3 号刀的设定值。

（27）自动加工工件左端　如图 2-125 所示。

番号	X	Z	R	T
01	209.708	83.859	0.400	3
02	211.366	83.002	0.000	0
03	210.966	70.558	0.000	0
04	0.000	0.000	0.000	0
05	0.000	0.000	0.000	0
06	0.000	0.000	0.000	0
07	0.000	0.000	0.000	0
08	0.000	0.000	0.000	0

图 2-124　设置刀补值

图 2-125　加工印章杆左端

（28）保存项目

五、封闭粗车复合循环指令 G73

G73 指令用于零件毛坯已基本成形的铸件或锻件的加工。当铸件或锻件的形状与零件轮廓相接近时，若仍使用 G71 或 G72 指令，则会产生许多无效切削而浪费加工时间。另外，有的数控系统在使用 G71 时要求车削的路径必须是单调增大或减小的，即不可有内凹的轮廓外形。

而 G73 指令可以用于加工有内凹轮廓外形的零件。

编程格式：

G73 U （Δi）W （Δk）R （d）；

G73 P （ns）Q （nf）U （Δu）W （Δw）F （Δf）S （Δs）T （t）；

N （ns）…；

…F （f）S （s）；

⋮

N （nf）…；

指令中各项的含义说明如下：

Δi：X 轴方向退刀距离和方向，以半径值表示，当向 +X 轴方向退刀时，该值为正，反之为负，一般取为毛坯径向需切除加工余量的最大值。

Δk：Z 轴方向退刀距离和方向，当向 +Z 轴方向退刀时，该值为正，反之为负，一般取为毛坯轴向需切除加工余量的最大值。

d：粗加工次数。

其余各项含义与 G71 指令中的相同。图 2-126 所示为 G73 指令的刀具进给路线图。粗加工时，刀具从循环起点 C 点后退至 C'点，两个方向的后退距离分别为 $\Delta i + \Delta u/2$ 和 $\Delta k + \Delta w$，这样粗加工循环之后自动留出精加工余量 $\Delta u/2$、Δw。图 2-126 中的 $C \to A \to B \to C$ 为刀具的精加工路线。

六、子程序在数控车削编程中的应用

（1）子程序　如果一个加工程序在执行过程中又调用了另外一个程序，并且被调用的

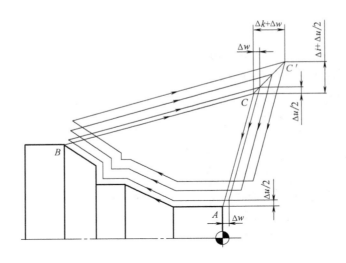

图 2-126　封闭粗车复合循环指令 G73 进给路线图

程序在执行结束后又返回到原来的程序，则称前一个程序为主程序，后一个被调用的程序为子程序。

主程序是一个完整的加工程序，或是零件加工程序的主体部分。主程序能被单独执行。子程序不能被单独执行，只能通过主程序调用。在一个加工程序中，主程序只能有一个，子程序可以有多个。子程序还可以调用其他子程序。

在编制数控加工程序时，有时会遇到一组程序段在一个程序中多次出现（或者在数控加工过程中，遇到某一固定的加工过程重复出现）的情况，为了简化编程，可将这组重复出现的程序段（或重复出现的加工过程）定义为子程序。

（2）子程序的结构　在大多数数控系统中，子程序与主程序并无本质区别，子程序和主程序在程序号及程序内容方面基本相同，仅结束标记不同，主程序用 M02 或 M30 表示结束，子程序则用其他指令表示结束。FANUC 等数控系统的子程序结构如下。

O××××;　　　（程序号）

……;　　　　　（重复出现的一组程序段）

M99;　　　　　（结束子程序）

（3）子程序的调用　在主程序中，调用子程序的指令是一个程序段，其格式随具体的数控系统而定，FANUC 数控系统常用的子程序调用格式有以下两种。

1）M98　P××××××××;

P 后面最多可以跟八位数字，前四位表示调用次数，后四位表示调用子程序的程序号，若调用一次，则可直接给出子程序号。

如：M98　P32403;

表示调用程序号为 2403 的子程序 3 次。

2）M98　P××××　L××××;

其中，M98 为子程序调用字；P 为子程序号；L 为子程序重复调用次数，L 省略时表示调用一次。

程序 O2401 中三个槽的加工编程用了子程序，如果不用子程序编程，可用下面的一组程序段替换程序段 M98 P32403。

    W-8.0；

    G01   X24.0 F0.1；

    G04   X0.2；

    G01   X30.0 F0.3；

    W-8.0；

    G01   X24.0 F0.1；

    G04   X0.2；

    G01   X30.0 F0.3；

    W-8.0；

    G01   X24.0 F0.1；

    G04   X0.2；

    G01   X30.0 F0.3；

上面一组程序段中，程序段 1~4 用于加工右边的槽，程序段 5~8 用于加工中间的槽，程序段 9~12 用于加工左边的槽，这几部分程序段完全相同，重复出现，在重复出现的这组程序段前面加上程序名，结尾加上子程序结束指令，就是子程序 O2403。

问题思考：子程序 O2403 中刀位点在 Z 方向的移动使用了增量坐标编程（即 W-8.0），如果将其改为用绝对坐标编程，主程序和子程序应怎样修改？

（4）主程序调用子程序的执行过程　如图 2-127 所示，当主程序执行到 N200 程序段时，指针转到子程序 O2403，并运行子程序，执行了 M99 程序段后，指针返回子程序头，第 2 次运行子程序，执行了 M99 程序段后，指针返回子程序头，第 3 次运行子程序，执行了 M99 程序段后，指针返回主程序，执行 N210 程序段。

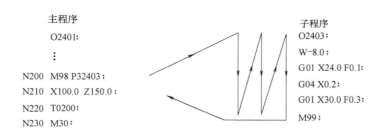

图 2-127　主程序调用子程序的执行过程示例

（5）子程序的嵌套　为了进一步简化程序，可以让子程序调用另一个子程序，称为子程序的嵌套。上一级子程序与下一级子程序的关系，与主程序与第一级子程序的关系相同。注意：子程序嵌套不是无限次的，子程序可以嵌套多少级由具体的数控系统决定，在 FANUC-0i 系统中，只能有两次嵌套。但当具有宏程序选择功能时，可以调用四重子程序。可以用一条调用子程序指令连续重复调用同一子程序，最多可重复调用 9999 次。子程序的嵌套及执行过程示例如图 2-128 所示。

（6）子程序的应用　使用子程序可以减少不必要的重复编程，从而达到简化编程的目的。子程序可以用在以下情况。

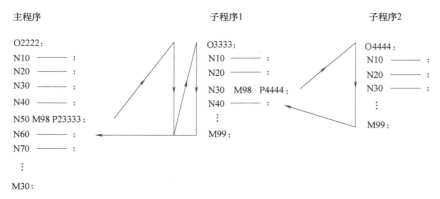

图 2-128　子程序的嵌套及执行过程示例

1）工件上有若干个相同的轮廓形状。

2）用子程序进行粗、精加工。

3）多种零件具有相同的结构要素。

七、螺纹加工指令 G32/G92/G76

（1）螺纹切削指令 G32　G32 指令可用于切削圆柱螺纹、圆锥螺纹及端面螺纹。

编程格式：

G32 X（U）__　Z（W）__　F __；

其中：X、Z 是车削到达的终点的绝对坐标；U、W 是切削终点相对起点的增量坐标；F 是螺纹导程。

使用螺纹切削指令时应注意以下事项：

1）S 功能应指定为恒转速（用 G97 指令）。

2）螺纹切削过程中，进给速度倍率无效，进给速度被限制在 100%。

3）螺纹切削过程中，进给暂停功能无效，如果在螺纹切削过程中按下进给暂停按钮，刀具会在非螺纹切削程序段停止。

4）在螺纹切削过程中，主轴速度倍率无效。

若程序 O2402 中的螺纹加工程序用 G32 指令编程，则可将螺纹切削部分的程序段（第一刀～第五刀）用下面的程序段替换：

G00　X29.1；

G32　Z-12.0；

G00　X35.0；

G00　Z7.0；

G00　X28.5；

G32　Z-12.0；

G00　X35.0；

G00　Z7.0；

G00　X27.9；

G32　Z-12.0；

```
G00    X35.0；
G00    Z7.0；
G00    X27.5；
G32    Z-12.0；
G00    X35.0；
G00    Z7.0；
G00    X27.4；
G32    Z-12.0；
G00    X35.0；
G00    Z7.0；
```

（2）螺纹切削循环指令 G92　G92 指令可完成圆柱螺纹和圆锥螺纹的循环切削。

编程格式：

G92 X（U）__ Z（W）__ R__ F__；

其中：X、Z 为螺纹终点的绝对坐标；U、W 为螺纹终点相对于循环起点的增量坐标；F 为螺纹导程；R 为圆锥螺纹终点半径与始点半径的差值，R 的正负判断方法与 G90 指令相同，切削圆柱螺纹时 $R=0$，可以省略。图 2-129 所示为 G92 指令的进给路线图，刀具从循环起点 A 开始，按 $A{\rightarrow}B{\rightarrow}C{\rightarrow}D{\rightarrow}A$ 完成一个循环。图中虚线为快速定位路径，实线为切削路径。

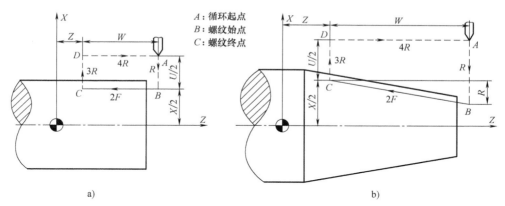

图 2-129　螺纹切削循环指令 G92 进给路线图

a）直螺纹　b）锥螺纹

（3）螺纹车削多次循环指令 G76　前面已介绍 G32 和 G92 两个车削螺纹指令。G32 指令需要四个程序段才能完成一次螺纹切削循环；G92 指令只需要一个程序段就可完成一次螺纹切削循环，程序长度比 G32 指令的短，但仍需要多次进给才可完成螺纹切削。若使用 G76 指令，则一个指令即可完成多次循环螺纹切削。

编程格式：

G76 P（m）（r）（α）Q（Δd_{min}）R（d）；

G76 X（U）__ Z（W）__ R（i）P（k）Q（Δd）F（f）；

指令中各项的含义说明如下：

m：精车次数，必须用两位整数表示，范围从 01～99，该参数为模态量。

r：螺纹尾端退刀长度，以 $0.1f$（f 为导程）为一个单位长度，在（$0.0～9.9$）f 范围内取值，系数为 0.1 的整数倍，一般取 $0.5～2.0$，用 $00～99$ 之间的两位整数来表示，如取系数为 1.1，则 $r=1.1f$，但程序中写为 11。$r=0$ 表示无退刀过程。该参数为模态量。

α：刀具角度，有 00°、29°、30°、55°、60°、80° 六种，用两位整数表示，该参数为模态量。

m、r、α 同时由 P 指定，如 P021260 表示精车两次，螺纹尾端退刀长度为 1.2 个导程，刀具角度为 60°。

Δd：第一次切削深度，以半径值表示，单位为 μm，不可用小数点方式表示，如 $\Delta d=0.6mm$，需写成 Q600。

如图 2-130 所示，切削深度为：

$$d_2=\sqrt{2}\,\Delta d$$
$$d_3=\sqrt{3}\,\Delta d$$
$$d_n=\sqrt{n}\,\Delta d$$

第一刀以后每次的切削深度为

$$\Delta d_n=\sqrt{n}\,\Delta d-\sqrt{n-1}\,\Delta d$$

Δd_{min}：最小切削深度，当切削深度 Δd_n 小于 Δd_{min} 时，则取 Δd_{min} 作为切削深度，单位为 μm，不可用小数点方式表示，如 $\Delta d_{min}=0.02mm$，需写成 Q20。

d：精车余量，用半径值表示，单位为 μm，不可用小数点方式表示。

X（U）、Z（W）：X、Z 为螺纹终点的绝对坐标，X 即螺纹的小径，U、W 为螺纹终点相对于循环起点的增量坐标。X（U）用直径值表示，单位为 mm。

i：圆锥螺纹的半径差，单位为 mm，若 $i=0$ 或省略，则表示车削圆柱螺纹。

k：牙型高度，X 方向以半径值表示，单位为 μm，不可用小数点方式表示。牙高 $=0.6495P$（P 为螺距）。

f：螺纹的导程，单位为 mm。

G76 指令的进给路线图如图 2-130 所示，图中 A 点为循环起点，D 点为螺纹终点。

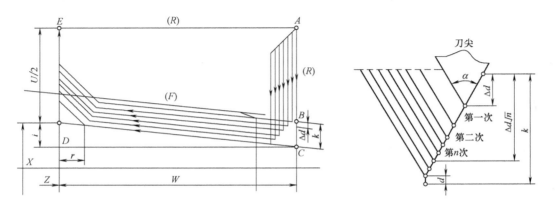

图 2-130　螺纹车削多次循环指令 G76 进给路线图

如果程序 O2402 中的螺纹加工程序用 G76 指令编程，则可将螺纹切削部分的程序段（第一刀~第五刀）用下面的程序段替换：

G76　P010060　Q50　R100；

G76　X27.402　Z-12.5　P1299　Q450　F2.0；

八、训练任务

分析图 2-131、图 2-132 和图 2-133 所示零件的加工工艺，制订简单的工艺文件（确定机床、毛坯尺寸、装夹方法、编程原点和刀具等），编制数控加工程序并完成加工，材料均为 45 钢。

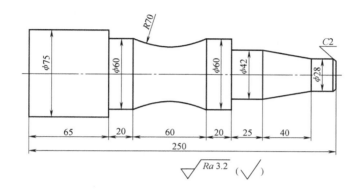

图 2-131　训练任务（一）

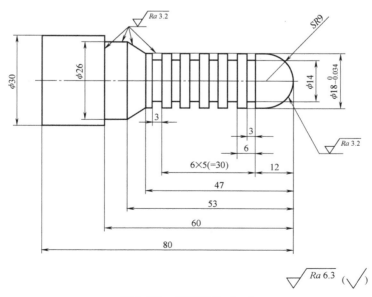

图 2-132　训练任务（二）

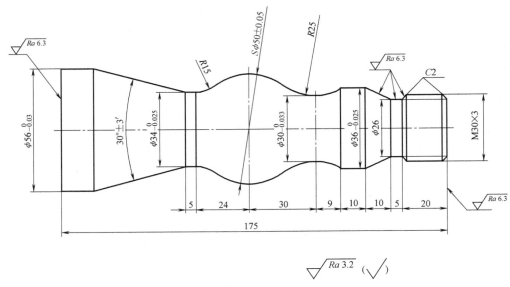

图 2-133　训练任务（三）

第三章 数控铣床编程与加工
CHAPTER 3

第一节 推板孔的数控编程与加工

一、教学目标

（1）能力目标

1）能读懂推板的加工工艺。

2）能确定数控铣床的加工对象。

3）能根据数控铣削类零件的特点建立工件坐标系。

4）能读懂推板孔加工的数控程序。

5）能用固定循环指令编制孔加工程序。

6）能操作虚拟数控铣床完成推板孔的加工。

（2）知识目标

1）掌握数控铣床的功能特点及加工对象。

2）初步掌握编制数控铣床加工程序的特点和步骤。

3）初步掌握数控铣床工件坐标系的概念及用 G54 等指令建立工件坐标系的方法。

4）掌握常用固定循环指令的用法。

5）初步掌握数控铣床对刀及参数设置方法，初步掌握数控铣床的加工步骤及要领。

二、加工任务及其工艺分析

（1）加工任务　在数控铣床上完成推板（图 3-1）孔的加工。

（2）工艺分析　分析零件图样可知，推板为平板状零件，主要是平面加工和孔加工。位置精度有较高的要求。该零件为模具组件，要求使用时耐磨，有热处理要求。根据零件图样、生产类型及本单位的设备情况，制订推板的机械加工工艺过程卡（表 3-1）、数控加工工序卡（表 3-2）及推板工件安装和零点设定卡（表 3-3）。

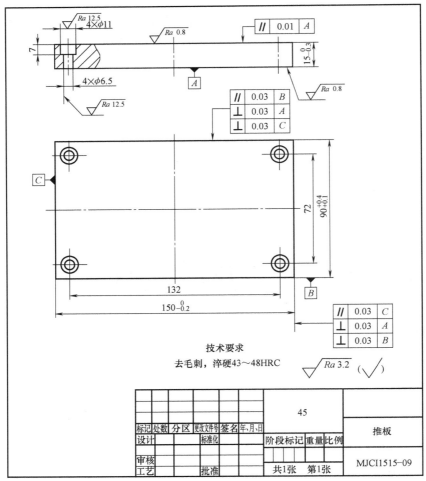

图 3-1 推板

表 3-1 推板机械加工工艺过程卡

机械加工工艺过程卡		零件图号	零件名称	材料	毛坯类型	第 1 页
		MJCI1515-09	推板	45	板材	共 1 页
工序号	工序名	工 序 内 容			设备	工装
1	备料	154mm×94mm×20mm			锯床	
2	铣	铣四周侧面			铣床	平口钳
3	铣	粗铣上、下平面，留双面磨削余量 0.8mm			铣床	平口钳
4	钻孔、铣孔	钻中心孔，钻 4×φ6.5mm 孔，铣 4×φ11mm 孔			数控铣床	平口钳
5	检验					
6	热处理	淬硬 43~48HRC				
7	磨	磨上下平面至要求尺寸			平面磨床	
8	检验					
				编 制		审 批
更改标记	处数	更改依据	签名	日期		

表 3-2 推板数控加工工序卡

数控加工工序卡		零件图号	零件名称	工序号	夹具	数控系统及设备
		MJCI1515-09	推板	4	平口钳	FANUC 0i, 立式数控铣床
工步号	工 步 内 容	刀具名称	半径 补偿	S 功能 /(r/min)	F 功能 /(mm/min) [/(mm/r)]	程序名
1	钻中心孔	ϕ2mm 中心钻		1000	200	O3101
2	钻 4×ϕ6.5mm 通孔	ϕ6.5mm 钻头		750	112[0.15]	O3102
3	铣 4×ϕ11mm 沉孔	ϕ11mm 立铣刀		580	116[0.2]	O3103
编 制		审 批			第 1 页 共 1 页	

表 3-3 推板工件安装和零点设定卡

工件安装和零点设定卡		零件图号	零件名称	工序号	数控系统及设备
		MJCI1515-09	推板	4	FANUC 0i,立式数控铣床
第一次安装	夹具	平口钳	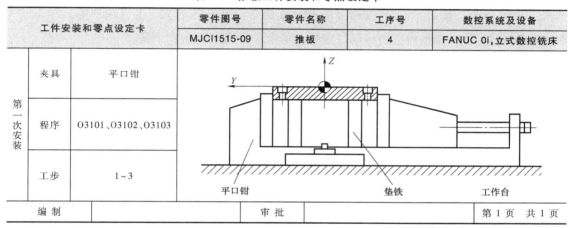		
	程序	O3101、O3102、O3103			
	工步	1~3	平口钳　　　　垫铁　　　　工作台		
编 制		审 批		第 1 页 共 1 页	

三、推板孔的仿真加工全过程

（1）程序准备　将图 3-2 所示的程序 O3102 及图 3-3 所示的程序 O3103 通过记事本软件录入并保存为 O3102.txt、O3103.txt 文件，以备调用。

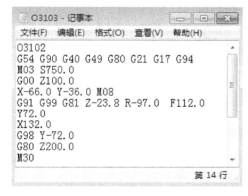

图 3-2　程序 O3102

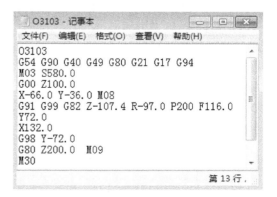

图 3-3　程序 O3103

（2）打开上海宇龙数控仿真软件

1）运行加密锁管理程序。

2）运行数控加工仿真系统。

（3）选择机床 在菜单栏单击"机床"→"选择机床…"，弹出"选择机床"对话框，在"控制系统"中选择"FANUC"，选择"FANUC 0i"，在"机床类型"中选择"铣床"，在"机床规格"下拉列表中选择"标准铣床"，在大列表框中选择"标准"，单击"确定"按钮。在标准工具栏单击"选项"按钮 ，弹出"视图选项"对话框，取消其中的"显示机床罩子"选项，单击"确定"按钮，操作界面如图1-5所示。

（4）机床回零

1）单击"启动"按钮，单击"紧急停止"按钮，将其松开。

2）单击"Z向移动"按钮 Z ，该按钮上的指示灯变亮，单击 + 按钮，Z方向回零，单击"Y向移动"按钮 Y ，该按钮上的指示灯变亮，单击 + 按钮，Y方向回零，单击"X向移动"按钮 X ，该按钮上的指示灯变亮，单击 + 按钮，X方向回零。

（5）安装工件

1）定义毛坯：在菜单栏单击"零件"→"定义毛坯"，弹出"定义毛坯"对话框，修改其中的数值，如图3-4所示，单击"确定"按钮，完成"毛坯1"的定义。

2）安装工件：在菜单栏单击"零件"→"安装夹具"，弹出"选择夹具"对话框，在"选择零件"下拉列表中选择"毛坯1"，在"选择夹具"下拉列表中选择"平口钳"，连续单击"向上"按钮直到弹出"警告"对话框，单击"确定"按钮。

在菜单栏单击"零件"→"放置零件"，在弹出的"选择零件"对话框中选中名称为"毛坯1"的零件，单击"安装零件"按钮，毛坯安装在机床上，同时弹出工件移动操作面板，单击该面板上的"退出"按钮，关闭该面板，完成工件的装夹。

（6）导入程序

1）单击操作面板上的"编辑方式"按钮 ，进入编辑模式。

2）单击MDI键盘上的程序键 PROG ，CRT界面转入编辑页面。

3）单击"操作"软键，在出现的子菜单中单击软键 ▶ ，单击"F检索"软键，弹出"打开"对话框，通过该对话框找到程序O3102. txt并将其打开。

4）在同一级菜单中，单击"READ"软键，通过MDI键盘上的数字/字母键输入O3102，单击"EXEC"软键，数控程序将显示在CRT界面上。

5）参考上述步骤，导入程序O3103。

（7）检查运行轨迹

1）单击操作面板上的"自动运行"按钮 ，进入自动加工模式。

2）单击MDI键盘上的程序键 PROG ，将选定的数控程序显示在CRT界面上。

3）单击MDI键盘上的 CUSTOM GRAPH 键，进入检查运行轨迹模式，单击操作面板上的"循环启动"按钮 ，即可观察数控程序的运行轨迹，此时也可通过"视图"菜单中的"动态旋转""动态放缩""动态平移"等方式对三维运行轨迹进行全方位的动态观察，运行轨迹如

图 3-5 所示。

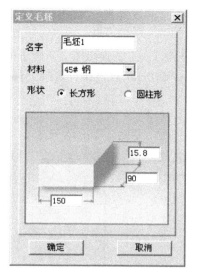

图 3-4　"定义毛坯"对话框

图 3-5　程序 O3103 的运行轨迹

4）单击操作面板上的"编辑"按钮 ，单击 MDI 键盘上的程序键 **PROG**，输入 O3102，单击 MDI 键盘上的 **↓** 键，程序 O3102 将显示在 CRT 界面上。

5）参考上述步骤，检查程序 O3102 的运行轨迹。

6）单击 **CUSTOM GRAPH** 键，退出检查运行轨迹模式。

说明：在实际操作数控机床时，通常先按下机床操作面板上的"锁住 Z 轴"等按钮使机床 Z 轴锁住，再采用空运行模式运行加工程序，同时绘制出刀具轨迹。采用这种方式绘制刀具轨迹后，在加工前需重新执行回参考点操作。

（8）向铣刀刀库中添加 ϕ11mm 立铣刀和 ϕ6.5mm 钻头

1）在菜单栏单击"系统管理"→"铣刀库管理"，单击"刀具库管理"选项卡中的"添加刀具"按钮，修改基本信息，如图 3-6 所示，选择图 3-6 中位于矩形框中的刀具类型后，单击"选定该类型"按钮，单击"详细资料"按钮，弹出图 3-7 所示的对话框，单击"保存"按钮，完成向铣刀刀库添加 ϕ11mm 立铣刀。

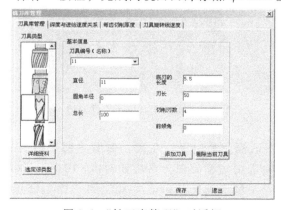

图 3-6　"铣刀库管理"对话框

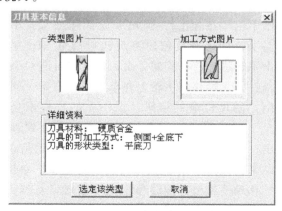

图 3-7　"刀具基本信息"对话框

2）单击"刀具库管理"选项卡中的"添加刀具"按钮，修改基本信息，如图3-8所示，选择图3-8中位于矩形框中的刀具类型后，单击"选定该类型"按钮，单击"保存"按钮，最后单击"退出"按钮。

（9）安装基准工具　在菜单栏单击"机床"→"基准工具"，弹出图3-9所示的"基准工具"对话框，可供选择的基准工具有$\phi14mm$圆柱棒和$\phi10mm$分中棒，选择$\phi14mm$圆柱棒，然后单击"确定"按钮。

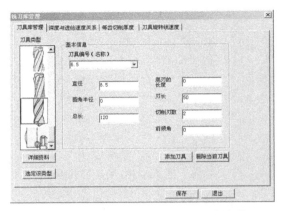

图3-8　向铣刀刀库添加$\phi6.5mm$麻花钻

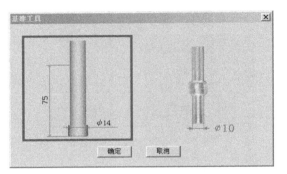

图3-9　"基准工具"对话框

（10）X方向对刀

1）起动主轴正转：单击操作面板上的"手动"按钮 ; 单击操作面板上的"主轴正转"按钮 ，主轴正转。

2）移动基准工具至对刀位置：通过操作面板上的方向移动按钮 Y 、 Z 、 X 、 + 、 快速 、 — 及视图变换图标，将基准工具移动到工件左侧靠近工件的位置，如图3-10所示。

3）在菜单栏单击"塞尺检查"→"1mm"，塞尺添加到刀具与工件之间。

4）单击操作面板上的"手动脉冲"按钮 ，系统处于手轮操作模式。单击"显示手轮"按钮 ，弹出手轮操作面板；单击手轮轴选择旋钮，将旋钮对准X轴；单击手轮进给倍率旋钮2次，将旋钮对准×100档；将光标移到手轮上并单击鼠标右键，弹出"塞尺检测的结果：太松"的"提示信息"对话框；连续单击鼠标右键，直到弹出"塞尺检测的结果：太紧"的"提示信息"对话框。单击鼠标左键，弹出"塞尺检测的结果：太松"的"提示信息"对话框。单击手轮进给倍率旋钮，将旋钮对准×10档；将光标移到手轮上并连续单击鼠标右键，直到弹出"塞尺检测的结果：太紧"的"提示信息"对话框；单击鼠标左键，弹出"塞尺检测的结果：太松"的"提示信息"对话框；单击手

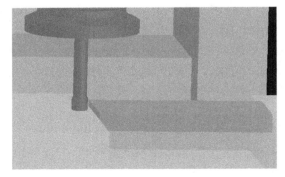

图3-10　基准工具位于工件左侧

轮进给倍率旋钮，将旋钮对准×1档；将光标移到手轮上并连续单击鼠标右键，直到弹出"塞尺检测的结果：合适"的"提示信息"对话框；单击 MDI 键盘上的 **POS** 键，单击"综合"软键，如图 3-11 所示。记下"机械坐标"下显示的 X 坐标 X_1（如 $X_1 = -583.000$mm）。

5）单击操作面板上的"手动"按钮 ，通过操作面板上的方向移动按钮 快速 、 X 、

＋ 、 快速 － 将刀具移动到工件右侧靠近工件的位置。

6）参照上面的操作步骤，移动刀具靠近工件，直到弹出"塞尺检测的结果：合适"的"提示信息"对话框。记下"机械坐标"下显示的 X 坐标 X_2（如 $X_2 = -417.000$mm）。

7）计算 X 轴的工件坐标原点：$X = (X_1 + X_2)/2$（如 $X = -500.000$mm）。

8）单击菜单栏"塞尺检查"→"收回塞尺"，将塞尺收回。

（11）Y 方向对刀 先后将基准工具移到工件的前、后侧面附近，参考本小节步骤（10），注意将"手轮对应轴旋钮"置于 Y 档。当弹出"塞尺检测的结果：合适"的"提示信息"对话框后，记下"机械坐标"下显示的 Y 坐标 Y_1、Y_2。计算 Y 轴的工件坐标原点：$Y = (Y_1 + Y_2)/2$（如 $Y = -415.000$mm），完成 Y 方向对刀。

（12）安装 ϕ6.5mm 钻头

1）单击操作面板上的"手动"按钮 ，通过操作面板上的方向移动按钮 Z 、

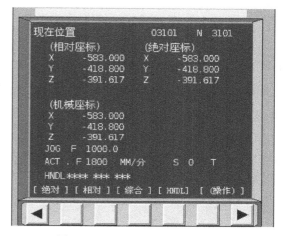

图 3-11 显示"现在位置"界面

＋ 、 快速 使基准工具升高，然后单击主轴停止按钮 ⏹ 。

2）从主轴上拆除基准工具：在菜单栏单击"机床"→"拆除工具"，基准工具从主轴上拆除。

3）安装 ϕ6.5mm 钻头：在菜单栏单击"机床"→"选择刀具"，弹出"刀具选择"对话框，在"所需刀具直径"文本框中输入 6.5，在"所需刀具类型"下拉列表中选择"钻头"，单击"确定"按钮，在"可选刀具"列表框中选中刀具名称为"6.5"的钻头，然后单击"确认"按钮。

（13）Z 方向对刀 在数控铣床上用多把刀加工同一个工件，多把刀 Z 方向对刀应选择同一个对刀基准面。本次装夹需要用到 ϕ11mm 的立铣刀和 ϕ6.5mm 钻头两把刀完成加工，两把刀都可用工件的上表面作为对刀基准面。在实际加中工，经常会遇到在第一把刀加工后，共同的对刀基准面不存在了，这种情况可选择一个辅助平面作为共同的对刀基准面。可选择夹具平口钳的上表面或机床工作台表面作为两把刀的对刀基准面。下面分别介绍以工件上表面和平口钳上表面作为对刀基准面对刀。

1）以工件上表面作为基准面对刀：单击操作面板上的"手动"按钮 ，通过操作面板上的"方向移动"按钮将刀具移到工件的上方（高于工件几毫米）。起动主轴正转，在刀具与工件之间添加 1mm 塞尺。在"手动脉冲"方式下，通过手轮操作（注意

将"手轮对应轴旋钮"置于 Z 档），使刀具靠近工件上表面，直到弹出"塞尺检测的结果：合适"的"提示信息"对话框；记下"机械坐标"下显示的 Z 坐标 Z_1（如 $Z_1 = -331.200\text{mm}$）。考虑到塞尺厚度为 1mm，可得到工件坐标系原点的 Z 坐标为 $Z = Z_1 - 1$（如 $Z = -332.200\text{mm}$）。

2）以平口钳上表面作为对刀基准面对刀：将刀具移到平口钳上方，启用 1mm 的塞尺，沿 Z 方向移动刀具，直到弹出"塞尺检测的结果：合适"的"提示信息"对话框。记下"机械坐标"下显示的 Z 坐标 Z_2（如 $Z_2 = -337.000\text{mm}$）。

3）计算以上两个对刀基准面之间的距离 $Z_t = Z_1 - Z_2$（如 $Z_t = (-331.20 + 337.000)\text{mm} = 5.8\text{mm}$）。

4）通过 G54 指令建立工件坐标系原点：单击 MDI 面板上的 ![OFFSET SETTING] 按钮 3 次，CRT 将显示工件坐标系参数设定界面，单击 MDI 键盘上的方位键 ↓ 2 次，将光标移至 EXT 坐标参数设定区的 Z 坐标，利用 MDI 键盘输入 Z_t（如输入 5.8mm），单击"输入"软键。单击 MDI 键盘上的方位键 ↓，将光标移至 G54 指令坐标参数设定区的 X 坐标，利用 MDI 键盘输入 X（如输入 -500.0mm），单击"输入"软键。单击方位键 ↓，将光标移至 Y 坐标，利用 MDI 键盘输入 Y（如输入 -415.0mm），单击"输入"软键。单击方位键 ↓ 按钮，将光标移至 Z 坐标，利用 MDI 键盘输入 Z1.0（塞尺厚度），单击 CRT 上的"测量"软键，完成 G54 指令参数的设置，如图 3-12 所示。

（14）校对设定值

1）在菜单栏单击"塞尺检查"→"收回塞尺"，将塞尺收回。

2）单击操作面板上的"手动"按钮 ![MANUAL]，通过操作面板上的方向移动按钮 Z 与"机床移动"按钮 ＋ 将刀具抬起。

3）单击操作面板上的"MDI"按钮 ![MDI]，使其指示灯变亮，进入手动输入模式。

4）单击 MDI 键盘上的程序键 PROG，CRT 进入程序输入界面。利用 MDI 键盘输入 G54，单击 ![EOB E] 键，和 ![INSERT] 键，然后单击操作面板上的"循环启动"按钮 ![↓]。

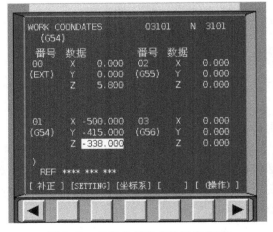

图 3-12 工件坐标系参数设定界面

5）单击操作面板上的"回原点"按钮 ![🔄]，使其指示灯变亮，进入机床回零模式。完成 X、Y、Z 三轴的回零操作。

6）单击 MDI 键盘上的 POS 键，CRT 进入坐标显示界面。"现在位置（绝对坐标）"显示的 X、Y、Z 坐标分别为（500.000，415.000，332.200），这说明 G54 指令的设定值是正确的，否则不正确。

（15）钻孔加工

1）通过"视图"菜单中的"动态旋转""动态放缩""动态平移"等方式调整加工观

察角度。

2）单击操作面板上的"自动运行"按钮 ，使其指示灯变亮，进入自动加工模式。

3）单击 MDI 键盘上的程序键 **PROG**，CRT 显示加工程序 O3102。

4）单击操作面板上的"循环启动"按钮，进行自动加工。如果希望观察刀具的单步进给，可在单击"循环启动"按钮之前按下"单节"按钮，使其指示灯变亮，再单击"循环启动"按钮，每单击一次执行一个程序段。

（16）安装 ϕ11mm 立铣刀　参考本小节步骤（12）安装 ϕ11mm 立铣刀。

（17）Z 方向对刀

1）以平口钳上表面作为对刀基准面，将刀具移到平口钳上方，启用 1mm 的塞尺，沿 Z 方向移动刀具，直到弹出"塞尺检测的结果：合适"的"提示信息"对话框。

2）通过 G54 指令建立工件坐标系原点 Z 坐标：单击 MDI 面板上的 **OFFSET/SETTING** 按钮 3 次，CRT 显示工件坐标系参数设定界面，单击 MDI 键盘上的方位键 ↓ 5 次，将光标移至 G54 指令坐标参数设定区的 Z 坐标，利用 MDI 键盘输入 Z1.0（塞尺的厚度），单击 CRT 上的"测量"软键，完成 G54 指令参数的设置。

3）收回塞尺并将刀具抬起。

（18）铣孔加工

1）单击操作面板上的"编辑"按钮，单击 MDI 键盘上的程序键 **PROG**，输入 O3103，单击 MDI 键盘上的 ↓ 键，程序 O3103 将显示在 CRT 界面上。

2）单击操作面板上的"自动运行"按钮，使其指示灯变亮，进入自动加工模式。

3）单击操作面板上的"循环启动"按钮，完成孔的加工，加工结果如图 3-13 所示。

图 3-13　加工推板孔

（19）保存项目

四、认识数控铣床和铣削用刀具

数控铣床是主要采用铣削方式加工工件的数控机床，它能够进行外形轮廓铣削、平面或曲面型腔铣削及三维复杂形面的铣削，如凸轮、模具、叶片、螺旋桨等。另外，数控铣床还具有孔加工的功能，通过特定的功能指令可进行一系列孔的加工，如钻孔、扩孔、铰孔、镗孔和攻螺纹等。

1. 数控铣床的分类

数控铣床的种类很多，按其体积大小可分为小型、中型和大型数控铣床。一般数控铣床是指规格较小的升降台式数控铣床，其工作台宽度多在 400 mm 以下，规格较大的数控铣床，其功能已向接近加工中心，从而演变成柔性加工单元。按其控制坐标的联动轴数可分为两轴半联动、三轴联动和多轴联动数控铣床等。对于有特殊要求的数控铣床，可以增加一个回转的 A 坐标或 C 坐标，即增加一个数控分度头或数控回转工作台，这时机床数控系统为四轴联动控制，可用来加工螺旋槽、叶片等空间曲面零件。还可按其主轴的布局形式分为立式数控铣床、卧式数控铣床和立卧两用数控铣床。其中典型的立式数控铣床和卧式数控铣床的布局形式可参考第 2 章图 2-38、图 2-39、图 2-40 和图 2-42。

（1）立式数控铣床　立式数控铣床的主轴轴线垂直于水平面，是最常见的一种数控铣床布局形式，应用范围也最广泛。立式数控铣床中又以三轴（X、Y、Z）联动铣床居多，其各坐标的控制方式主要有以下几种。

1）工作台纵、横向移动并升降，主轴不动方式。目前小型数控铣床一般采用这种方式。

2）工作台纵、横向移动，主轴升降方式。这种方式一般应用于中型数控铣床中。

3）龙门架移动式，即主轴可在龙门架的横向与垂直导轨上移动，而龙门架则沿床身做纵向移动。许多大型数控铣床都采用这种结构，又称为龙门数控铣床。

（2）卧式数控铣床　卧式数控铣床的主轴轴线平行于水平面，主要用来加工箱体类零件。为了扩大加工范围，通常采用增加数控转盘来实现四轴或五轴加工。这样，工件在一次加工中可以通过转盘改变工位，进行多方位加工。配有数控转盘的卧式数控铣床在加工箱体类零件和需要在一次安装中改变工位的零件时具有明显的优势。

（3）立卧两用数控铣床　立卧两用数控铣床的主轴轴线方向可以变换，使一台铣床具备立式数控铣床和卧式数控铣床的功能。这类铣床的适应性更强，使用范围更广，生产成本也更低。所以，目前立卧两用数控铣床的数量正在逐渐增多。

立卧两用数控铣床靠手动和自动两种方式变换主轴轴线的方向。有些立卧两用数控铣床采用可以任意方向转换的万能数控主轴头，使其可以加工出与水平面呈不同角度的工件表面。还可以在这类铣床的工作台上增设数控转盘，以实现对零件的"五面加工"。

2. 数控铣削的主要加工对象

数控铣削是机械加工中最常用和最主要的数控加工方法之一，它除能铣削普通铣床所能铣削的各种零件表面外，还能铣削普通铣床不能铣削的需要 2～5 个坐标联动的各种平面轮廓和立体轮廓，也可以对工件进行钻、扩、铰、锪和镗孔加工与攻螺纹等。

（1）平面类零件　加工面平行、垂直于水平面或其加工面与水平面的夹角为定角的零件称为平面类零件，如图 3-14 所示。图 3-14a 所示为带平面轮廓的平面零件；图 3-14b 所示为带斜平面轮廓的平面零件；图 3-14c 所示为带正圆台和斜筋的平面零件，如各种盖板、凸轮以及飞机整体结构件中的框、肋等。在数控铣床上加工的大多数零件属于平面类零件，其特点是各个加工面是平面，或可以展开成平面。

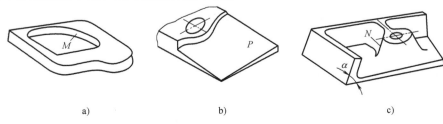

a)　　　　　　　　　b)　　　　　　　　　c)

图 3-14　典型的平面类零件

平面类零件是数控铣削加工中最简单的一类零件，一般只需用三坐标数控铣床的两个坐标（即两轴半联动）就可以把它们加工出来。

（2）曲面类零件

1）直纹曲面类零件：直纹曲面类零件是指由直线按某种规律移动所产生的曲面类零件。

图 3-15 所示零件的加工面就是一种直纹曲面，当直纹曲面从截面②至截面⑤时，其与水平面间的夹角 α 从 3°10′均匀变化为 2°32′，从截面⑤至截面⑨时，夹角均匀变化为 1°20′，最后到截面⑫，夹角均匀变化为 0°。直纹曲面类零件的加工面不能展开为平面。

当采用四坐标或五坐标数控铣床加工直纹曲面类零件时，加工面与铣刀圆周接触的瞬间为一条直线。这类零件也可在三坐标数控铣床上采用行切加工法实现近似加工。

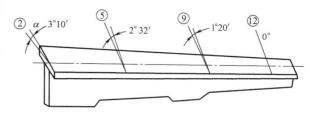

2）空间曲面轮廓零件：空间曲面轮廓零件的加工面为空间曲面，如叶片、螺旋桨等。空间曲面轮廓零件不能

图 3-15 直纹曲面类零件

展开为平面。加工时，铣刀与加工面始终为点接触，一般采用球头刀在三坐标数控铣床上加工。当曲面较复杂、通道较狭窄、会伤及相邻表面或需要刀具摆动时，要采用四坐标或五坐标铣床加工。

3. 铣刀的种类

（1）立铣刀 立铣刀是数控铣床上用得最多的一种铣刀，其结构如图 3-16 所示。立铣刀的圆柱表面和端面上都有切削刃，它们可同时进行切削，也可单独进行切削。

立铣刀圆柱表面的切削刃为主切削刃，端面上的切削刃为副切削刃。主切削刃一般为螺旋齿，这样可以增加切削平稳性，提高加工精度。由于普通立铣刀端面中心处无切削刃，所以立铣刀不能做轴向进给，端面上的切削刃主要用来加工与侧面相垂直的底平面。

（2）面铣刀 如图 3-17 所示，面铣刀圆周方向切削刃为主切削刃，端部切削刃为副切削刃。面铣刀多制成套式镶齿结构，刀齿材料为高速工具钢或硬质合金，刀体材料为 40Cr。高速工具钢面铣刀按国家标准规定，直径 $d=80\sim250\mathrm{mm}$，螺旋角 $\beta=10°$，刀齿数 $z=10\sim26$。

硬质合金面铣刀的铣削速度、加工效率和工件表面质量均高于高速工具钢面铣刀，并可加工带有硬皮和淬硬层的工件，因而在数控加工中得到广泛的应用。

（3）模具铣刀 模具铣刀由立铣刀发展而来，可分为圆锥形立铣刀（圆锥半角 α 为 2°、3°、5°、7°、10°）、圆柱形球头立铣刀和圆锥形球头立铣刀三种，其柄部有直柄、削平直柄和莫氏锥柄。它的结构特点是球头或端面上布满了切削刃，圆周刃与球头刃圆弧连接，可以做径向和轴向进给。铣刀工作部分由高速工具钢或硬质合金制造。国家标准规定，直径 $d=4\sim63\mathrm{mm}$。图 3-18 所示为用高速工具钢制造的模具铣刀，图 3-19 所示为用硬质合金制造的模具铣刀。

（4）键槽铣刀 键槽铣刀有两个刀齿，圆柱面和端面都有切削刃，端面切削刃延至中心，既像立铣刀，又像钻头，如图 3-20 所示。加工时先轴向进给，然后沿键槽方向铣出键槽全长。

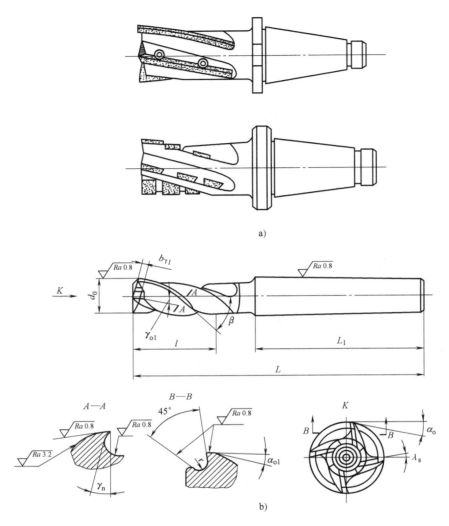

图 3-16 立铣刀

a）硬质合金立铣刀 b）高速钢立铣刀

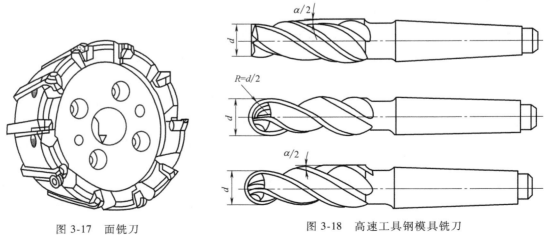

图 3-17 面铣刀

图 3-18 高速工具钢模具铣刀

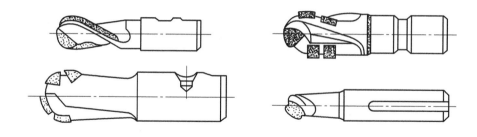

图 3-19　硬质合金模具铣刀

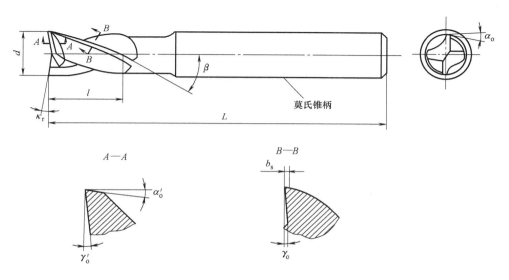

图 3-20　键槽铣刀

（5）鼓形铣刀　典型的鼓形铣刀如图 3-21 所示，它的切削刃分布在半径为 R 的圆弧面上，端面无切削刃。加工时控制刀具的上下位置，相应改变切削刃的切削部位，切出从负到正的不同斜角。R 越小，鼓形刀所能加工的斜角范围越广，但所获得的表面质量也越差。这种刀具的特点是刃磨困难，切削条件差，而且不适于加工有底的轮廓表面。

（6）成形铣刀　成形铣刀一般是为特定形状的工件或加工内容专门设计制造的，如渐开线齿面、燕尾槽和 T 形槽等。常用的成形铣刀如图 3-22 所示。

4. 铣刀的选择

铣刀类型应与工件的表面形状和尺寸相适应。刀具直径的选用主

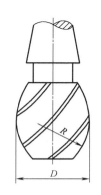

图 3-21　鼓形铣刀

要取决于设备的规格和工件的加工尺寸，还需考虑刀具所需功率是否在机床功率范围之内。生产中，加工较大的平面应选择面铣刀；加工凹槽、较小的台阶面及平面轮廓应选择立铣刀；加工空间曲面、模具型腔或凸模成形表面等多选用模具铣刀；加工封闭的键槽选择键槽

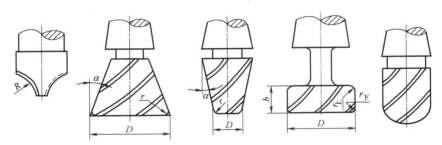

图 3-22　常用的成形铣刀

铣刀；加工变斜角零件的变斜角面应选用鼓形铣刀；加工各种直的或圆弧形的凹槽、斜角面、特殊孔等应选用成形铣刀。

平面铣削应选用硬质合金面铣刀、立铣刀或可转位面铣刀。一般采用二次进给，第一次进给最好用面铣刀粗铣，沿工件表面连续进给。选好每次进给的宽度和铣刀的直径，使接痕不影响精铣精度。因此，加工余量大又不均匀时，铣刀直径要选小些。精铣时，铣刀直径要选大些，最好能够包容加工面的整个宽度。表面加工质量要求高时，还可以选择具有修光效果的刀片。在实际工作中，平面的精加工一般用可转位密齿面铣刀，可以达到理想的表面加工质量，甚至可以实现以铣代磨。密布的刀齿使进给速度大大提高，从而提高切削效率。精加工平面时，可选 6~8 个刀齿，直径大的刀具甚至可以有 10 个以上的刀齿。

加工空间曲面和变斜角轮廓外形时，由于球头刀具球面端部的切削速度为 0，而且在进给时，每两行刀位之间，加工表面不可能重叠，总存在没有被加工去除的部分，每两行刀位之间的距离越大，没加工去除的部分就越多，其高度（通常称残留高度）就越高。所以，加工出来的表面与理论表面的误差就越大，表面质量也就越差。精度要求越高，进给步长和切削行距越小，编程效率越低。因此，应在满足加工精度要求的前提下，尽量加大进给步长和切削行距，以提高编程和加工效率。而在两轴及两轴半加工中，为提高效率，应尽量采用面铣刀。由于对于相同的加工参数，利用球头刀加工会留下较大的高度，因此，在保证不发生干涉和工件不被过切的前提下，无论是曲面的粗加工还是精加工，都应优先选择平头立铣刀或 R 刀（带圆角铣刀）。不过，由于平头立铣刀和球头刀的加工效果是明显不同的，所以，当曲面形状复杂时，为了避免干涉，建议使用球头刀，在调整好加工参数时，球头刀也可以达到较好的加工效果。镶硬质合金刀片的面铣刀和立铣刀主要用于加工凸台、凹槽和箱体。为了提高槽宽的加工精度，减少铣刀的种类，加工时采用直径比槽宽小的铣刀，先铣槽的中间部分，然后再利用刀尖圆弧半径补偿功能对槽的两边进行加工。

对于要求较高的细小部位的加工，可使用整体式硬质合金刀，它可以取得较高的加工精度，但要注意刀具悬升不能太大，否则，刀具不但让刀量大，易磨损，而且会有折断的危险。

铣削盘类零件的周边轮廓一般采用立铣刀。所用的立铣刀的刀具半径一定要小于零件内轮廓的最小曲率半径。一般取最小曲率半径的 0.8~0.9 倍即可。零件的加工高度（Z 方向的背吃刀量）最好不要超过刀具的半径。若是铣毛坯面，最好选用硬质合金波纹立铣刀，它在机床、刀具、工件系统允许的情况下，可以进行强力切削。

5. 数控铣床常用的孔加工刀具

（1）钻孔刀具　钻孔一般用于扩孔、铰孔前的粗加工和加工螺纹底孔。数控铣床钻孔用的刀具主要是麻花钻、定心钻和可转位浅孔钻等。

1）麻花钻：麻花钻的钻孔精度一般在IT12左右，表面粗糙度 Ra 值为12.5μm。可从不同方面将麻花钻分类：按刀具材料的不同分类，分为高速钢钻头和硬质合金钻头；按麻花钻柄部的不同分类，分为莫式锥柄钻头（图3-23a）和圆柱柄钻头（图3-23b），圆柱柄一般用于小直径钻头，锥柄一般用于大直径钻头；按麻花钻长度的不同，分为基本型和短、长、加长、超长等类型钻头。

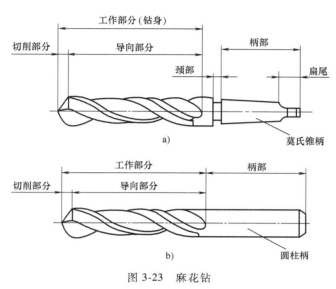

图3-23 麻花钻

2）定心钻：数控铣床钻孔时，刀具的定位是由数控程序控制的，不需要钻模导向，为保证被加工孔的位置精度，应该在用麻花钻钻孔前，用定心钻划窝或用刚性较好的短钻头划窝，以引正钻孔中的刀具，确保麻花钻的定位。

3）硬质合金可转位浅孔钻：钻削直径在 $\phi20 \sim \phi60$mm、孔的长径比小于3的中等直径浅孔时，可选用硬质合金可转位浅孔钻。该钻头的切削效率和加工质量均好于麻花钻，最适于箱体类零件的钻孔加工。使用这种钻头钻箱体孔，可比普通麻花钻提高效率4~6倍。

（2）扩孔刀具 扩孔是对已钻出、铸（锻）出或冲出的孔进行进一步加工，数控铣床上的扩孔多采用扩孔钻加工，也可以采用立铣刀或镗刀扩孔。扩孔钻与麻花钻相比有以下特点：扩孔钻的切削刃较多，一般为3~4个切削刃，切削导向性好；扩孔钻扩孔加工余量小，一般为2~4mm；扩孔钻主切削刃短，容屑槽较麻花钻小，刀体刚度好；没有横刃，切削时轴向力小。扩孔对于预制孔的形状误差和轴线的歪斜有修正能力，它的加工精度可达IT10，表面粗糙度 Ra 值为6.3μm。可以用于孔的终加工，也可作为铰孔或磨孔的预加工。

扩孔钻切削部分的材料分为高速工具钢和硬质合金两种。其刀柄部分的结构有：整体直柄，主要用于直径小的扩孔钻；整体锥柄，主要用于中等直径的扩孔钻；套式刀柄：主要用于直径较大的扩孔钻。

（3）铰孔刀具 铰孔是对已加工孔进行微量切削，其合理切削用量为：背吃刀量取为铰削余量（粗铰余量为0.15~0.35mm，精铰余量为0.05~0.15mm），采用低速切削（粗铰为5~7m/min，精铰为2~5m/min），进给量一般为0.2~1.2mm/r，若进给量太小会产生打滑和啃刮现象。同时，铰孔时要合理选择切削液，在钢材上铰孔宜选用乳化液，在铸铁件上铰孔有时用煤油。

铰孔是一种对孔进行半精加工和精加工的方法，它的加工精度一般为 IT6～IT9，表面粗糙度 Ra 值为 0.4～1.6μm。但铰孔一般不能修正孔的位置误差，所以要求铰孔时，孔的位置精度已由上一道工序保证。

铰刀由工作部分、颈部和柄部组成，如图 3-24 所示。刀柄形式有直柄、锥柄和套式三种。铰刀的工作部分（即切削刃部分）又分为切削部分和校准部分。切削部分为锥形，承担主要的切削工作；校准部分包括圆柱和倒锥，圆柱部分主要起铰刀的导向、加工孔的校准和修光的作用，倒锥主要起减小铰刀与孔壁的摩擦和防止孔径扩大的作用。

数控铣床铰孔所用的刀具还有机夹硬质合金刀片、单刃铰刀及浮动铰刀等。

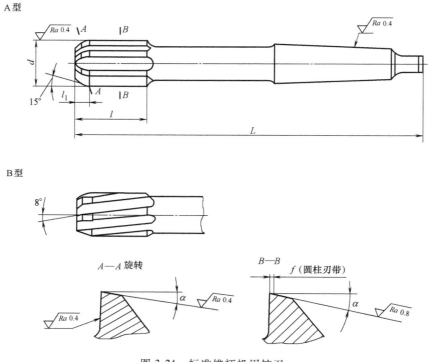

图 3-24　标准锥柄机用铰刀

（4）镗孔刀具　镗孔是使用镗刀对已钻出的孔或毛坯孔进行进一步加工。镗孔的通用性较强，可以粗加工、精加工不同尺寸的孔，以及镗通孔、不通孔、阶梯孔，也可以镗同轴孔系和平行孔系等。粗镗孔的精度为 IT11～IT13，表面粗糙度 Ra 值为 6.3～12.5μm；半精镗孔的精度为 IT9～IT10，表面粗糙度 Ra 值为 1.6～3.2μm；精镗孔的精度可达 IT6，表面粗糙度 Ra 值为 0.1～0.4μm。镗孔具有修正形状误差和位置误差的能力。常用的镗刀有以下几种。

1）单刃镗刀：单刃镗刀与车刀类似，但刀具的大小受到孔径尺寸的限制，刚性较差，容易发生振动。所以，在切削条件相同时，镗孔的切削用量一般比车削小 20%。单刃镗刀镗孔的生产效率较低，但其结构简单，通用性好，因此应用广泛。

2）双刃镗刀：镗刀的两端有一对对称的切削刃同时参与切削，称为双刃镗刀。双刃镗刀的优点是可以消除背向力对镗杆的影响，增加了系统刚度，能够采用较大的切削用量，生产效率高；工件的孔径尺寸精度由镗刀来保证，调刀方便。其缺点是刃磨次数有限，刀具材料不能充分利用。

3）微调镗刀：为提高镗刀的调整精度，在数控机床上常使用微调镗刀。这种镗刀的径向尺寸可在一定范围内调整，其读数精度可达 0.01mm。这种镗刀结构比较复杂，刚性差。

五、G54 指令与常用对刀方法

1. 用 G54 指令建立数控铣床（加工中心）的工件坐标系

指令功能：设置数控铣床（加工中心）的工件坐标系。

编程格式：

G54（或 G55～G59）；

指令说明：加工之前，通过对刀确定工件坐标系原点在机床坐标系中的坐标值，再通过 MDI 方式（手动数据输入）把该值输入机床相应的寄存器中（如 G54 寄存器），当程序执行到该指令（如 G54 指令）时，系统就会读取这些偏置值，使之与程序中的坐标值进行运算，从而将工件坐标系下的坐标换算成机床坐标系下的坐标。在一个程序中，最多可设置 6 个工件坐标系，指令分别是 G54、G55、G56、G57、G58、G59，均为模态指令。G54 指令为默认值。

2. 数控铣床（加工中心）常用对刀方法

对刀是指零件被装夹到机床上之后，操作人员用某种操作方法获得工件原点在机床坐标系中的位置坐标值的操作过程。通过对刀操作确定工件坐标系原点在机床坐标系的值，建立工件坐标系。因此，对刀的目的就是建立工件坐标系。

下面介绍数控铣床（加工中心）常用的对刀方法。

对刀操作分为 X、Y 向对刀和 Z 向对刀。对刀的准确程度将直接影响加工精度。对刀的方法一定要同零件的加工精度要求相适应。根据使用的对刀工具的不同，常用的对刀方法有试切对刀法；塞尺、标准检验棒和量块对刀法；采用寻边器、偏心棒和 Z 轴设定器等工具对刀法；顶尖对刀法；百分表（或千分表）对刀法；专用对刀器对刀法。另外，根据选择的对刀点位置和数据计算方法的不同，又可分为单边对刀法、双边对刀法、转移（间接）对刀法和"分中对零"对刀法（要求机床必须有相对坐标及清零功能）等。

（1）试切对刀法 这种方法简单方便，但会在工件表面留下切削痕迹，且对刀精度较低。如果试切面有较大的加工余量，可用此法对刀。如图 3-25 所示，以对刀点（此处与工件坐标系原点重合）在工件上表面中心位置为例（采用双边对刀方式）。

1）X、Y 向对刀：

① 装夹与找正：把平口钳装在机床上，钳口方向与 X 轴方向基本一致。把工件装夹在平口钳上，工件的长度方向与 X 轴方向基本一致，工件底面用等高垫铁垫起，并使工件加工部位的最低处高于钳口顶面（避免加工时刀具撞到或铣到平口钳），夹紧工件。拖表使工件长度方向与 X 轴平行后，将平口钳锁紧在工作台上。也可以先通过拖表使钳口与 X 轴平行，然后锁紧平口钳在工作台上，再把工件

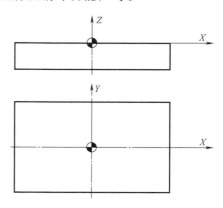

图 3-25 对刀点在工件上表面中心位置

装夹在平口钳上。如果有必要，可再对工件拖表检查长度方向与 X 轴是否平行。必要时拖表检查工件宽度方向与 Y 轴是否平行并检查工件顶面与工作台是否平行。

② 开机与复位，机床回零，建立机床坐标系：主轴正转，调整进给倍率，起动主轴中速旋转，快速移动工作台和主轴，让刀具快速移动到靠近工件左侧有一定安全距离的位置，然后降低速度移动至接近工件左侧。

③ 靠近工件时改用手轮操作（一般用 0.01mm 来靠近），让刀具慢慢接近工件左侧，使刀具恰好接触到工件左侧表面（观察，听切削声音、看切痕、看切屑，只要出现其中一种情况即表示刀具接触到工件），再回退 0.01mm。记下此时机床坐标系中显示的 X 坐标 X_1。

④ 沿 Z 正方向退刀至工件表面以上，用同样的方法接近工件右侧，记下此时机床坐标系中显示的 X 坐标 X_2。

⑤ 据此可得工件坐标系原点在机床坐标系中的 X 坐标为 $X = (X_1 + X_2)/2$。

⑥ 同理可测得工件坐标系原点在机床坐标系中的 Y 坐标。

2）Z 向对刀：

① 将刀具快速移至工件上方。

② 起动主轴中速旋转，快速移动工作台和主轴，让刀具快速移动到靠近工件上表面有一定安全距离的位置，然后降低速度移动，让刀具端面接近工件上表面。

③ 靠近工件时改用手轮操作（一般用 0.01mm 来靠近），让刀具端面慢慢接近工件表面（刀具特别是立铣刀最好在工件边缘下刀，刀的端面接触工件表面的面积小于半圆，尽量不要使立铣刀的中心孔在工件表面下刀），使刀具端面恰好碰到工件上表面，再将 Z 轴抬高 0.01mm，记下此时机床坐标系中的 Z 值。

3）设定工件坐标系：在 MDI 方式下，进入工件坐标系设定页面。将测得的 X、Y、Z 值输入到机床工件坐标系存储地址 G5× 指令中（一般使用 G54～G59 指令存储对刀参数）。

4）校对设定值：对于初学者，在进行了程序原点的设定后，应进一步校对设定值，以保证参数的正确性。校对工作的具体过程如下。

在设定了 G54 工件坐标系后，运行 G54 指令，再进行回机床参考点操作，则机床参考点在工件坐标系界面下的显示值应为 $+X$、$+Y$、$+Z$，这反过来也说明 G54 指令的设定值是正确的。

（2）塞尺、标准检验棒和量块对刀法　此法与试切对刀法相似，只是对刀时主轴不转动，在刀具和工件之间加入塞尺（或标准检验棒、量块），以塞尺恰好不能自由抽动为准，计算坐标时应将塞尺的厚度减去。因为主轴不需要转动切削，这种方法不会在工件表面上留下痕迹，但对刀精度也不够高。

（3）采用寻边器、偏心棒和 Z 轴设定器等工具对刀法　操作步骤与采用试切对刀法相似，只是将刀具换成寻边器或偏心棒。这是最常用的方法，效率高，能保证对刀精度。如果对刀面无加工余量，宜用此法对刀。使用寻边器时必须小心，让其钢球部位与工件轻微接触，同时被加工工件必须是良导体，定位基准面有低的表面粗糙度值。Z 轴设定器一般用于转移（间接）对刀法。加工一个工件常常需要不止一把刀，第二把刀的长度与第一把刀的装刀长度不同，需要重新对零，但有时零点被加工掉，无法直接找回零点，或不容许破坏已加工好的表面，还有某些刀具或场合不宜直接对刀，此时可采用 Z 轴设定器对刀法。

1）对第一把刀：

① 对第一把刀的 Z 向时仍然先用试切法、塞尺法等。记下此时工件坐标系原点的在机

床坐标坐标系中的 Z 坐标 Z_1。第一把刀加工结束后，停转主轴。

② 把对刀器放在机床工作台平整台面上（如放在平口钳大表面上）。

③ 在手轮模式下，利用手摇移动工作台至合适位置，向下移动主轴，用刀的底端压对刀器的顶部，控制表盘指针转动在一圈以内，记下此时 Z 轴设定器的示数 A，并将 Z 轴相对坐标清零。

④ 抬高主轴，取下第一把刀。

2）对第二把刀：

① 安装第二把刀。

② 在手轮模式下，向下移动主轴，用刀的底端压对刀器的顶部，表盘指针转动，指针指向与第一把刀示数相同的位置。

③ 记录此时 Z 轴相对坐标对应的数值 Z_0（带正负号）。

④ 抬高主轴，移走对刀器。

⑤ 将原来第一把刀 G5× 指令里的 Z_1 坐标数据加上 Z_0（带正负号），得到一个新的 Z 坐标，这个新的 Z 坐标就是第二把刀对应的工件原点的机床实际坐标，将它输入第二把刀的 G5× 指令工作坐标中，这样，就设定好了第二把刀的零点。其余刀与第二把刀的对刀方法相同。如果几把刀使用同一 G5× 指令，则步骤改为把 Z_0 存进第二把刀的长度参数里，使用第二把刀加工时调用刀长补正 G43H02 即可。

（4）顶尖对刀法

1）X、Y 向对刀：

① 将工件通过夹具装在机床工作台上，将顶尖安装在主轴上。

② 快速移动工作台和主轴，让顶尖移动到靠近工件的上方，寻找工件划线的中心点，降低速度移动让顶尖接近它。

③ 改用手轮操作，让顶尖慢慢接近工件划线的中心点，直到顶尖尖点对准工件划线的中心点，记下此时机床坐标系中的 X、Y 坐标。

2）Z 向对刀：卸下顶尖，装上铣刀，用其他对刀方法如试切法、塞尺法等得到 Z 轴坐标。

（5）百分表（或千分表）对刀法　该方法一般用于圆形工件的对刀。

1）X、Y 向对刀：如图 3-26 所示，将百分表的安装杆装在刀柄上，或将百分表的磁性座吸在主轴套筒上，移动工作台使主轴轴线（即刀具中心）移到接近工件中心处，调节磁性座上伸缩杆的长度和角度，使百分表的测量头接触工件的圆周面（指针转动约 0.1mm），用手慢慢转动主轴，使百分表的测量头沿着工件的圆周面转动，观察百分表指针的偏转情况，慢慢移动工作台的 X 轴和 Y 轴，多次反复后，待转动主轴时百分表的指针基本在同一位置（表头转动一周时，其指针的跳动量在允许的对刀误差内，如 0.02mm），这时可认为主轴的中心就是 X 轴和 Y 轴的原点。

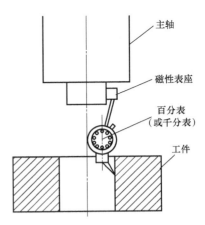

图 3-26　采用百分表
（或千分表）对刀

主轴

磁性表座

百分表
（或千分表）

工件

2) *Z* 向对刀：卸下百分表，装上铣刀，用其他对刀方法如试切法、塞尺法等得到 *Z* 轴坐标。

（6）专用对刀器对刀法　传统对刀方法有安全性差（如塞尺对刀，硬碰硬刀尖易撞坏）、占用机时多（如试切需反复切量几次）及人为带来的随机性误差大等缺点，已经不能适应数控加工的节奏，不利于发挥数控机床的性能。用专用对刀器对刀有对刀精度高、效率高、安全性好等优点，把烦琐的依靠经验保证的对刀工作简单化了，体现了数控机床的高效高精度的特点，已成为数控机床上解决刀具对刀不可或缺的一种专用工具。如用机外对刀仪对刀。机外对刀仪工作示意图如图 3-27 所示，它用来测量刀具的长度、直径和刀具的形状、角度。刀具的主要参数都要有准确值，这些参数值在编制加工程序时都要加以考虑。使用中，因刀具损坏需要更换新刀具时，用机外对刀仪可以测出新刀具的主要参数值，以便掌握与原

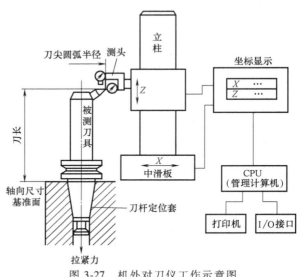

图 3-27　机外对刀仪工作示意图

刀具的偏差，然后通过修改刀补值确保其正常加工。此外，用机外对刀仪还可测量刀具切削刃的角度和形状等参数，有利于提高加工质量。

问题思考：如果将工件坐标系原点选在工件的一个边角上，应如何对刀？

六、用 G52 指令建立局部坐标系

G52 指令用于建立一个局部坐标系，局部坐标系相当于 G54～G59 坐标系的子坐标系。
编程格式：

G52 X __ Y __ Z __;

⋮

G52 X0 Y0 Z0;

X、*Y*、*Z* 为局部坐标系的原点在工件坐标系（用 G54～G59 指令建立的坐标系）中的坐标，局部坐标系。如图 3-28 所示。编程时，若对某部分图形再用一个坐标系来描述更简单，即可用局部坐标系设定指令 G52。

在设定局部坐标系之后，用绝对值（G90）指令的移动位置就是局部坐标系中的坐标位置。常见的做法是将在局部坐标系下描述的刀位点的运动轨迹编写成一个子程序。

G52 X0 Y0 Z0;用于取消局部坐标系，取消局部坐标系后，原工件坐标系有效。

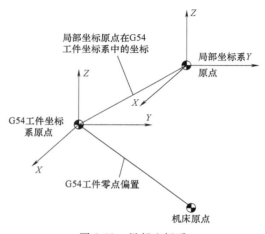

图 3-28　局部坐标系

七、G 指令

G 指令用来规定坐标平面、坐标系、刀具和工件的相对运动轨迹、刀具补偿、单位选择及坐标偏置等多种操作。G 指令中的数字一般是两位数，但随着数控系统功能的增加，G00～G99 已不够使用，所以有些数控系统的 G 指令中的后续数字已采用三位数。数控铣床（加工中心）的 G 指令与数控车床的不尽相同。表 3-4 是 FANUC 0i-MB 系统的 G 指令表（用于数控铣床（加工中心））。

表 3-4　FANUC 0i-MB 系统的 G 指令表（用于数控铣床（加工中心））

G 指令	组别	功能	G 指令	组别	功能
★ G00	01	定位(快速移动)	★ G54～G59	13	选择工件坐标系共 6 个
G01		直线插补	G54.1～G54.48	14	附加工件坐标系共 48 个
G02		顺时针圆弧插补	G65	00	非模态调用宏程序
G03		逆时针圆弧插补	G66	12	模态调用宏程序
G04	00	暂停	★ G67		模态调用宏程序取消
G15	17	极坐标指令取消	G68	16	坐标旋转有效
G16		极坐标指令	G69		坐标旋转取消
★ G17	02	XY 面选择	G73	09	高速深孔钻循环
G18		XZ 面选择	G74		左螺纹加工循环
G19		YZ 面选择	G76		精镗孔循环
G20	06	英制尺寸/in	★ G80		取消固定循环
★ G21		米制尺寸/mm	G81		钻孔循环
G28	00	自动返回参考点	G82		钻台阶孔循环
G29		从参考点返回	G83		深孔往复钻削循环
G33	01	螺纹切削	G84		右螺纹加工循环
★ G40	07	取消刀尖圆弧半径补偿	G85		粗镗循环
G41		刀尖圆弧半径左补偿	G86		粗镗孔循环
G42		刀尖圆弧半径右补偿	G87		反向镗孔循环
G43	08	刀具长度正补偿	G88		粗镗孔循环
G44		刀具长度负补偿	G89		粗镗孔循环
★ G49		取消刀具长度补偿	★ G90	03	绝对坐标指令
★ G50	11	比例缩放取消	G91		相对坐标指令
G51		比例缩放有效	G92	00	设置工作坐标系
G50.1	22	可编程镜像取消	★ G94	05	每分钟进给
G51.1		可编程镜像有效	G95		每转进给
G52	00	局部坐标系设定	★ G98	10	固定循环返回初始点
G53		选择机床坐标系	G99		返回固定循环 R 点

注：1. 带 ★ 的 G 指令表示开机时会初始化的指令。
　　2. "00" 组的 G 指令为非续效指令，其余为续效指令。
　　3. 如果同组的 G 指令出现在同一程序段中，则后一个 G 指令有效。
　　4. 在固定循环中（09 组），如果遇到 01 组的 G 指令时，固定循环被自动取消。

八、M 指令

数控铣床（加工中心）的 M 指令与数控车床的基本相同，表 3-5 为（FANUC 0i-MB 系统）的 M 指令表（用于数控铣床和加工中心）。

在同一程序段中当有两个以上的 M 指令出现时，以排列在最后面的 M 指令有效，前面的 M 指令被忽略而不执行。

一般数控机床 M 指令的前导零可省略，如 M01 可用 M1 表示，M03 可用 M3 表示，余者类推，这样可节省内存空间及键入的字数。

表 3-5　FANUC 0i-MB 的 M 指令表（用于数控铣床（加工中心））

代码	功　能		代码	功　能	
M00	程序停止	A	★M07	切削液开（雾状）	W
M01	选择停止	A	★M08	切削液开	W
M02	程序结束	A	★M09	切削液关	A
★M03	主轴正转（CW）	W	M19	主轴准停	A
★M04	主轴反转（CCW）	W	M30	程序结束并返回	A
★M05	主轴停止	A	M98	调用子程序	A
M06	自动换刀	W	M99	子程序结束,并返回主程序	A

注：1. 带★者表示模态 M 指令。

2. M 指令分为前指令（表中标 W）和后指令（表中标 A），前指令和同一程序段中的移动指令同时执行，后指令在同段的移动指令执行完后才执行。如：

G00 X100.0 Y80.0 M03；（在快速定位至（100.0，80.0）同时主轴正转）

G00 X100.0 Y80.0 M05；（在快速定位至（100.0，80.0）后主轴停转）

九、F、S 指令

（1）F 指令　F 指令用于控制刀具移动时的进给速度，F 后面所接数字的单位取决于 G94 指令（每分钟进给量 mm/min）或 G95 指令（每转进给量 mm/r）。F 为模态指令，其指令值若超过制造厂商所设定的范围时，则以厂商所设定的最高或最低进给速度为实际进给速度。借助操作面板上的倍率开关，F 可在一定范围内进行倍率修调，但对螺纹切削指令（G74、G84、G33）无效。

（2）S 指令　S 指令用于指定主轴转速，其由地址 S 和在其后面的若干数字组成，单位为 r/min。S 是模态指令，若其指令数字大于或小于制造厂商所设定的最高或最低转速时，将以厂商所设定的最高或最低转速为实际转速。借助操作面板上的倍率开关，S 可在一定范围内进行倍率修调。

十、绝对坐标编程指令 G90 和增量坐标编程指令 G91

G90 为绝对坐标编程指令，表示程序段中的尺寸字为绝对坐标，即相对于工件原点的坐标值；G91 为增量坐标编程指令，表示程序段中的尺寸字为增量坐标，即刀具运动的目标点相对于前一点坐标的增量。G90、G91 为续效指令。

在实际编程中，是选用 G90 指令还是 G91 指令，要根据具体的零件确定。如程序

O3102 中的尺寸字均为绝对坐标，程序 O3103 中的尺寸字混合使用了绝对坐标和增量坐标。

十一、快速定位指令 G00 和直线插补指令 G01

（1）快速定位指令 G00

1）指令功能：刀具以机床各轴设定的速度由当前点快速移动到目标点，主要用于空行程运动。

2）编程格式：

G00 X ＿ Y ＿ Z ＿；

G00 指令快速定位的路径一般都设定成斜进 45°（又称为非直线形定位）方式。斜进 45°方式移动时，X、Y 轴均以相同的速率同时移动，在检测已定位至一轴坐标位置后，只移动另一轴至坐标点为止。这是因为若采用直线形定位方式移动，则每次都要在计算其斜率后，再命令 X 轴及 Y 轴移动，增加了计算机的负荷，反应速度也较慢，故一般 CNC 机床开机时大都自动设定 G00 以斜进 45°方式移动。编程人员应了解所使用的数控系统的刀具移动轨迹情况，以避免加工中可能出现的碰撞。

（2）直线插补指令 G01

1）指令功能：两个坐标（或三个坐标）以联动的方式，按指定的进给速度 F，直线插补加工出任意斜率的平面（或空间）直线。有时也用于很短距离的空行程运动指令，以防止 G00 指令在短距离高速运动时可能出现的惯性过冲现象。

2）编程格式：

G01 X ＿ Y ＿ Z ＿ F ＿；

十二、孔加工固定循环指令

孔加工是数控加工中最常见的加工工序，数控铣床（加工中心）通常都具有能完成钻孔、镗孔、铰孔和攻螺纹等加工的固定循环功能。本节介绍的孔加工固定循环指令，即是针对各种孔的加工，用一个 G 指令即可完成。该类指令为模态指令，使用它编程加工孔时，只需给出第一个孔加工的所有参数，接着加工的孔凡与第一个孔相同的参数均可省略，这样可极大提高编程效率，而且使程序变得简单易读。表 3-6 列出了孔加工固定循环指令的基本含义，其中的"动作"如图 3-29 所示。

表 3-6　孔加工固定循环指令的基本含义

指令	动作 3 （-Z 方向进给）	动作 4 （孔底位置的动作）	动作 5 （+Z 方向退回动作）	用途
G73	间歇进给		快速移动	高速深孔啄钻循环
G74	切削进给	主轴停止→主轴正转	切削进给	攻左旋螺纹循环
G76	切削进给	主轴定向停止	快速移动	精镗孔循环
G80				固定循环取消
G81	切削进给		快速移动	钻孔循环
G82	切削进给	暂停	快速移动	沉孔钻孔循环
G83	间歇进给		快速移动	深孔啄钻循环

（续）

指令	动作3 （−Z方向进给）	动作4 （孔底位置的动作）	动作5 （+Z方向退回动作）	用途
G84	切削进给	主轴停止→主轴反转	切削进给	攻右旋螺纹循环
G85	切削进给		切削进给	铰孔循环
G86	切削进给	主轴停止	快速移动	镗孔循环
G87	切削进给	主轴停止	快速移动	反镗孔循环
G88	切削进给	暂停→主轴停止	手动操作	镗孔循环
G89	切削进给	暂停	切削进给	镗孔循环

（1）孔加工固定循环指令的基本加工动作
如图 3-29 所示，孔加工固定循环一般由下述六
个动作组成（图中虚线为快速定位路径，实线为
切削路径）。

动作 1——X 轴和 Y 轴定位：使刀具快速定
位到孔加工的位置。

动作 2——快进到 R 点：刀具自初始点快速
进给到 R 点。

动作 3——孔加工：以切削进给的方式执行
孔加工的动作。

动作 4——孔底动作：包括暂停、主轴准停、
刀具移位等动作。

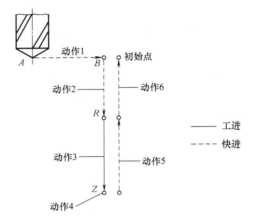

图 3-29 孔加工固定循环指令的基本加工动作

动作 5——返回到 R 点：继续加工其他孔且可以安全移动刀具时选择返回 R 点。

动作 6——返回到初始点：孔加工完成后一般应选择返回初始点。

（2）孔加工固定循环指令的编程格式 孔加工固定循环指令的编程格式如下：

$$\begin{Bmatrix} G90 \\ G91 \end{Bmatrix} \begin{Bmatrix} G98 \\ G99 \end{Bmatrix} G\times\times \quad X\_\_ Y\_\_ Z\_\_ R\_\_ Q\_\_ P\_\_ F\_\_ K\_\_ ;$$

说明：

1）G××：孔加工固定循环指令，指 G73～G89 指令。

2）X、Y：孔在 XY 平面的坐标（增量坐标或绝对坐标），一般在孔加工固定循环指令
之前指定。

3）Z：孔底平面的 Z 坐标。在增量坐标编程时，是 R 点到孔底的增量；在绝对坐标编
程时，是孔底的 Z 坐标。

4）R：R 点所在平面的 Z 坐标。在增量坐标编程时是初始点到 R 点的距离；而在绝对
坐标编程时是 R 点的 Z 坐标。

图 3-30a 所示孔的加工程序如下：

G90 G99（G98）G×× X__ Y__ Z-20.0 R5.0 Q__ P__ F__ K__ ;

图 3-30b 所示孔的加工程序如下：

G91 G99（G98）G×× X__ Y__ Z-25.0 R-30.0 Q__ P__ F__ K__ ;

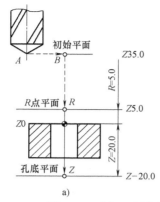
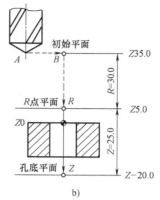

图 3-30　孔加工固定循环编程中的绝对坐标与增量坐标

a）G90　b）G91

5）Q：在 G73、G83 指令中，用来指定每次进给的深度；在 G76、G87 指令中指定刀具位移量。

6）P：刀具在孔底的暂停时间，单位为 ms。

7）F：切削进给的进给量。

8）K：固定循环的重复次数，只循环一次时 K 可不指定，有的数控系统地址用 L。

9）G73～G89 是模态指令，一旦指定，一直有效，直到出现其他孔加工固定循环指令，或固定循环取消指令 G80，或 G00、G01、G02、G03 等插补指令才失效。因此，多孔加工时该指令只需指定一次，以后的程序段只给出孔的位置即可。

10）指令中的参数（Z、R、Q、P、F）是模态参数，当变更固定循环方式时，可用的参数可以继续使用，不需重设。但中间如果隔有 G80 或 G01、G02、G03 指令，则不受固定循环的影响。

11）在使用孔加工固定循环指令编程时，一定要在前面的程序段中指定 M03（或M04），使主轴起动。

12）若在孔加工固定循环指令程序段中同时指定一后指令 M（如 M05、M09），则该 M指令并不是在循环指令执行完成后才被执行，而是执行完循环指令的第一个动作（X、Y 轴向定位）后，即被执行。因此，固定循环指令不能和后指令 M 同时出现在同一程序段中。

13）当用 G80 指令取消孔加工固定循环后，那些在固定循环之前的插补模态（如 G00、G01、G02、G03）恢复，M05 指令也自动生效（G80指令可使主轴停转）。

14）在孔加工固定循环中，刀具半径尺寸补偿（G41、G42）无效，刀具长度补偿（G43、G44）有效。

15）孔加工固定循环与平面选择指令（G17、G18或 G19）无关，即不管选择哪个平面，都是在 XY 平面上定位并在 Z 轴方向上加工孔。

（3）孔加工固定循环的平面

1）初始平面：初始平面是为安全进给而规定的一个平面（图 3-31）。初始平面可以设定在任意一个安全高度上。当使用同一把刀具加工多个孔时，刀具在初始平面

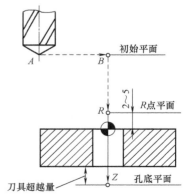

图 3-31　孔加工固定循环相关平面

内任意移动不会与夹具、工件凸台等发生干涉。应在孔加工循环指令之前指定初始平面。

2）R 点平面：R 点平面又称为 R 参考平面。这个平面是刀具进给时，从快进转为工进的高度平面，R 点平面距工件表面的距离主要考虑工件表面的尺寸变化，一般情况下取 2 ~ 5mm（图 3-31）。

3）孔底平面：加工不通孔时，孔底平面的高度就是孔底的 Z 向高度；而加工通孔时，除要考虑孔底平面的位置外，还要考虑刀具超越量（图 3-31 中的 Z 点），以保证所有孔深都加工到要求尺寸。常见孔加工固定循环 Z 值的一般计算方法如图 3-32 所示。

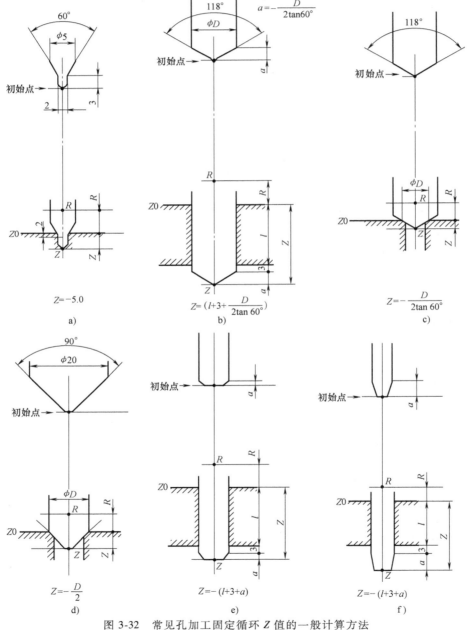

图 3-32　常见孔加工固定循环 Z 值的一般计算方法

a）钻中心孔　b）钻孔　c）用钻头倒角　d）用倒角刀倒角　e）铰孔　f）攻螺纹

（4）刀具从孔底返回的方式　当刀具加工到孔底平面后，刀具从孔底平面以两种方式返回，即返回到 R 点平面和返回到初始平面，分别用指令 G98 与 G99 来指定。

1）G98 方式：在 G98 方式下，孔加工循环指令执行结束后刀位点返回到初始平面，如图 3-33a 所示。当使用同一把刀具加工若干孔时，只有孔间存在障碍需要跳跃或全部孔加工完毕时，才使用 G98 指令使刀具返回到初始点。

2）G99 方式：在 G99 方式下，孔加工循环指令执行结束后刀位点返回到 R 点平面，如图 3-33b 所示。在没有凸台等干涉的情况下，加工孔系时，为了节省孔系的加工时间，刀具一般返回到 R 点平面。

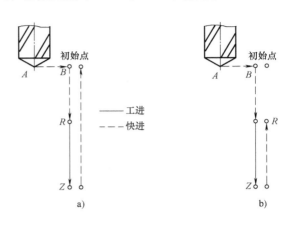

图 3-33　孔加工固定循环指令返回方式
a）G98　b）G99

（5）钻孔循环指令 G81 与沉孔钻孔循环指令 G82

编程格式：

G81　X __ Y __ Z __ R __ F __;

G82　X __ Y __ Z __ R __ P __ F __;

G81 指令用于中心钻加工定位孔和一般浅孔加工，其加工动作如图 3-34 所示。

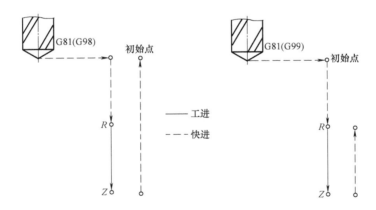

图 3-34　G81 指令加工动作

推板上定位孔及 4×φ6.5mm 孔的加工都可用 G81 指令，工件坐标系如图 3-35 所示，钻中心孔（刀具为 φ2mm 的中心钻）的程序见表 3-7，加工 4×φ6.5mm 孔（刀具为 φ6.5mm 的麻花钻）的程序见表 3-8。

G82 指令适用于不通孔、台阶孔的加工。与 G81 指令加工动作的轨迹一样，仅在孔底增加了"暂停"时间，因而可以得到准确的孔深尺寸，且加工表面更光滑。

推板上 4×φ11mm 孔可用 G82 指令加工，工件坐标系如图 3-35 所示，加工程序见表 3-9。

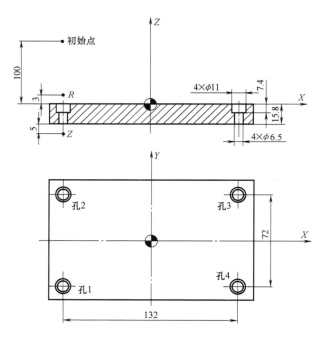

图 3-35 推板孔加工工件坐标系

表 3-7 钻中心孔程序

编程过程	程序内容
编写程序名	O3101;
建立工件坐标系,数控系统初始状态设定	G54 G90 G40 G49 G80 G21 G17 G94;
指定主轴转向和转速	M03 S1000.0;
刀位点运动到初始点所在平面	G00 Z100.0;
刀位点运动到孔 1 的中心位置	X-66.0 Y-36.0;
钻孔 1,刀位点返回 R 点	G99 G81 Z-3.0 R3.0 F200.0;
铣孔 2,刀位点返回 R 点	Y36.0;
铣孔 3,刀位点返回 R 点	X66.0;
铣孔 4,刀位点返回初始点所在的平面	G98 Y-36.0;
取消固定循环,G00 功能恢复	G80 Z200.0;
结束程序	M30;

表 3-8 钻 4×φ6.5mm 孔程序

编程过程	程序内容
编写程序名	O3102;
建立工件坐标系,数控系统初始状态设定	G54 G90 G40 G49 G80 G21 G17 G94;
指定主轴转向和转速	M03 S750.0;
刀位点运动到初始点所在平面	G00 Z100.0;
刀位点运动到孔 1 的中心位置	X-66.0 Y-36.0;

（续）

编程过程	程序内容
钻孔 1,刀位点返回 R 点	G99　G81　Z-20.8　R3.0　F112.0;
钻孔 2,刀位点返回 R 点	Y36.0;
钻孔 3,刀位点返回 R 点	X66.0;
钻孔 4,刀位点返回初始点所在的平面	G98　Y-36.0;
取消固定循环,G00 功能恢复	G80　Z200.0;
结束程序	M30;

表 3-9　铣 4×φ11mm 孔程序

编程过程	程序内容
编写程序名	O3103;
建立工件坐标系,数控系统初始状态设定	G54　G90　G40　G49　G80　G21　G17　G94;
指定主轴转向和转速	M03　S580.0;
刀位点运动到初始点所在平面	G00　Z100.0;
刀位点运动到孔 1 中心位置	X-66.0　Y-36.0;
铣孔 1,刀位点返回 R 点	G91　G99　G82　Z-10.4　R-97.0　P200　F116.0;
铣孔 2,刀位点返回 R 点	Y72.0;
铣孔 3,刀位点返回 R 点	X132.0;
铣孔 4,刀位点返回初始点所在的平面	G98　Y-72.0;
取消固定循环,G00 功能恢复	G80　Z200.0;
结束程序	M30;

（6）高速深孔啄钻循环指令 G73 与深孔啄钻循环指令 G83　所谓深孔,是指孔深与孔直径之比大于 5 而小于 10 的孔。加工深孔时散热性差,排屑困难,钻杆刚性差,易使刀具损坏并引起孔的轴线偏斜,从而影响加工精度和生产率。

编程格式:

G73　X＿＿Y＿＿Z＿＿R＿＿Q＿＿F＿＿;

G83　X＿＿Y＿＿Z＿＿R＿＿Q＿＿F＿＿;

G73 指令用于高速深孔钻削加工,其加工动作如图 3-36 所示,分多次工作进给,每次进给的深度由 Q 指定（一般为 2~3mm）,且每次工作进给后都快速退回一段距离 d,d 的值由系统参数设定（一般为 0.4mm）。这种加工方法通过 Z 轴的间断进给可以比较容易地实现断屑与排屑。

问题思考:如果用 G73 指令编程钻削推板上的 4×φ6.5mm 孔,试编制加工程序。

G83 指令主要适用于深孔加工,加工动作如图 3-37 所示,与 G73 指令不同的是,每次刀具间歇进给后退至 R 点时,可把切屑带出孔外,以免切屑将钻槽塞满而增加钻削阻力及切削液无法到达切削区。图中的 d 值由系统参数设定（一般为 1mm）,当重复进给时,刀具快速下降,到 d 规定的距离时转为切削进给,Q 为每次进给的深度。

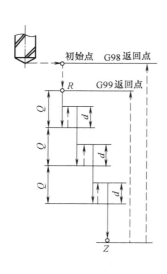

图 3-36   G73 指令加工动作

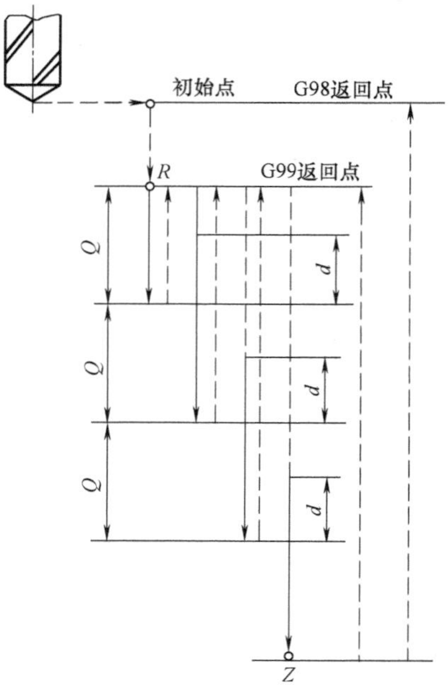

图 3-37   G83 指令加工动作

（7）铰孔循环指令 G85

编程格式：

G85   X __ Y __ Z __ R __ F __；

该指令常用于铰孔和扩孔加工，也可用于粗镗孔加工，加工动作与 G81 指令的类似，但在返回行程中，从 Z→R 段为切削进给，以保证孔壁光滑，其循环动作如图 3-38 所示。

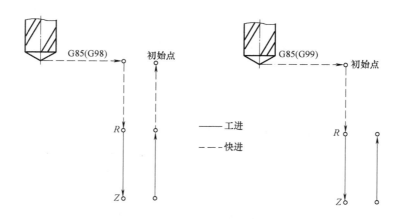

图 3-38   G85 指令加工动作

（8）粗镗孔循环指令 G86、G88 和 G89   粗镗孔循环指令除 G85 外，通常还有 G86、G88 和 G89 等。

编程格式：

G86　X __ Y __ Z __ R __ F __；

G88　X __ Y __ Z __ R __ P __ F __；

G89　X __ Y __ Z __ R __ P __ F __；

G86 指令加工动作如图 3-39 所示，执行 G86 循环时，刀具以切削进给方式加工到孔底，然后主轴停转，刀具快速退到 R 点平面后，主轴正转。采用这种方式退刀时，刀具在退回过程中容易在工件表面划出条痕。因此，该指令常用于加工精度及表面粗糙度要求不高的镗孔加工。采用这种方式加工，如果连续加工的孔间距较小，则可能出现刀具已经定位到下一个孔的加工位置而主轴尚未到达规定转速的情况，为此，可以在各孔动作之间加入暂停指令 G04，以使主轴获得规定的转速。使用固定循环指令 G74 与 G84 时也有类似的情况，同样应注意避免这种情况。

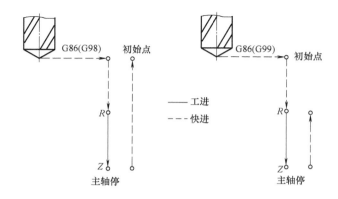

图 3-39　G86 指令加工动作

G89 指令的加工动作与 G85 指令的加工动作类似，不同的是 G89 指令的加工动作在孔底增加了暂停，因此该指令常用于阶梯孔的加工。

G88 循环指令较为特殊，刀具以切削进给方式加工到孔底，然后刀具在孔底暂停后主轴停转，这时可通过手动方式从孔中安全退出刀具。这种加工方式虽能提高孔的加工精度，但加工效率较低。因此，该指令常在单件加工中采用。

（9）精镗孔循环指令 G76 与反镗孔循环指令 G87

编程格式：

G76　X __ Y __ Z __ R __ Q __ P __ F __；

G87　X __ Y __ Z __ R __ Q __ F __；

G76 指令加工动作如图 3-40 所示。指令中 P 表示在孔底有暂停，图中 OSS 表示主轴准停，Q 表示刀具移动量。采用这种方式镗孔可以保证提刀时不至于划伤孔面。

执行 G76 指令时，镗刀先快速定位至 X、Y 坐标点，再快速定位到 R 点，接着以 F 指定的进给速度镗孔至 Z 指定的深度后，主轴定向停止，使刀尖指向一固定的方向后，镗刀中心偏移使刀尖离开被加工孔面（图 3-40），这样镗刀以快速定位退至孔外时，才不至于刮伤孔面。当镗刀退回到 R 点或初始点时，刀具中心即恢复到原来位置，且主轴恢复转动。

应注意偏移量 Q 值总是正值，且 Q 不可用小数点方式表示数值，若欲偏移 1.0mm，应

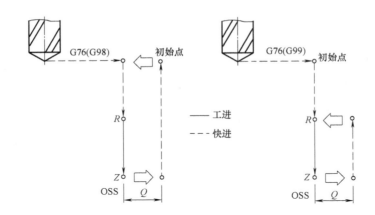

图 3-40　G76 指令加工动作

写成 Q1000。偏移方向可用参数设定选择 +X、+Y、−X、−Y 的任何一个方向（FANUC 0M 参数号码为 0002），一般设定为 +X 方向。指定 Q 值不能太大，以避免碰撞工件。

要特别指出的是，镗刀在装到主轴上后，一定要在 CRT/MDI 方式下执行 M19 指令使主轴准停（主轴定向停止）后，检查刀尖所处的方向，如图 3-41 所示，若与图 3-41 中的位置相反（相差 180°）时，必须重新安装刀具使其按图中的定位方向定位。

G87 指令加工动作如图 3-42 所示。执行 G87 循环前，主轴正转，刀具在 G17 平面内快速定位后，主轴准停（OSS），刀具向刀尖的反方向移动一个偏移量 Q 值，并快速定位到孔底（R 点平面）。然后，在 R 点平面上，刀具向刀尖方向移动一个 Q 值，接近加工表面，主轴正转，沿 Z 轴向上加工到 Z 点后，主轴再度准停（OSS）。最后，在 Z 平面上，刀具再向刀尖反方向移动一个 Q 值，快速返回到初始平面（只能用 G98 方式），刀具向刀尖方向退回一个 Q 值，主轴正转，进行下一个程序段的动作。采用这种循环方式时，只能让刀具返回到初始平面（G98 方式）而不能返回到 R 点平面（G99 方式）。偏移量由程序中的地址 Q 指定，Q 值总是正值，即使规定了负值，符号也被忽略。由于 G87 循环刀尖不需要在孔中经工件表面退出，故加工表面质量较好，该循环常用于精密孔的镗削加工。

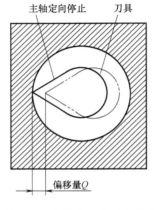

图 3-41　主轴定向停止与偏移

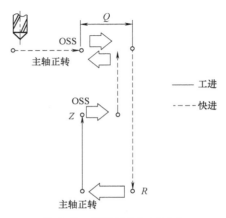

图 3-42　G87 指令加工动作

（10）攻左旋螺纹循环指令 G74 与攻右旋螺纹循环指令 G84

编程格式：

G74 X__ Y__ Z__ R__ P__ F__ ;

C84 X__ Y__ Z__ R__ P__ F__ ;

G74 指令加工动作如图 3-43 所示。此指令用于攻左旋螺纹，故需先使主轴反转，再执行 G74 指令，刀具先快速定位至 X、Y 所指定的坐标位置，再快速定位到 R 点，接着以 F 所指定的进给速度攻螺纹至 Z 所指定的坐标位置后，主轴转换为正转且同时向 Z 轴正方向退至 R 点，退至 R 点后主轴恢复原来的反转。

攻螺纹的进给速度为：$F(\text{mm/min}) = $ 螺纹导程 $P_\text{h}(\text{mm}) \times $ 主轴转速 $n(\text{r/min})$。

G84 指令动作与 G74 的基本类似，只是 G84 指令用于攻右旋螺纹。执行该循环时，主轴正转，在 G17 平面快速定位后快速移动到 R 点，执行攻螺纹到达孔底后，主轴反转退回到 R 点，主轴恢复正转，完成攻螺纹动作。G84 指令加工动作如图 3-44 所示。

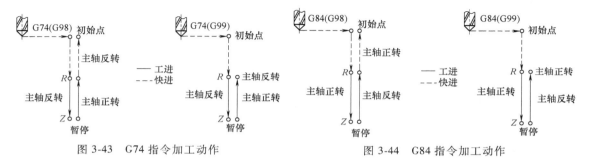

图 3-43　G74 指令加工动作　　　　图 3-44　G84 指令加工动作

在 G74、G84 攻螺纹循环指令执行过程中，操作面板上的进给率调整旋钮无效，另外，即使按下进给暂停键，循环在回复动作结束之前也不会停止。

（11）固定循环取消指令 G80

编程格式：

G80；

当不再使用孔加工固定循环指令时，应用 G80 指令取消孔加工固定循环，而变换为一般基本指令状态（如 G00、G01、G02、G03 等），此时固定循环指令中的孔加工数据（如 Z 点、R 点值等）也被取消。

（12）孔加工固定循环的重复使用　在孔加工固定循环指令编程格式的最后，用地址 K 指定重复次数。若干个按一定规律分布的相同的孔，采用重复次数来编程会很方便。

采用重复次数编程时，要采用 G91、G99 方式。

用 φ10mm 麻花钻加工图 3-45 所示的四个孔，试编制数控加工程序。

编制程序如下：

O3104；

G54　G90　G40　G49　G80　G21　G17　G94；

S200.0　M03；

G00　Z100.0；

X0　Y0　M08；

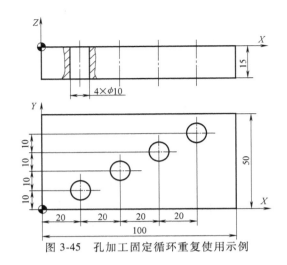

图 3-45 孔加工固定循环重复使用示例

G99　G81　X20.0　Y10.0　Z-21.0　R5.0　F120.0;

G91　X20.0　Y10.0　K3;

G90　G80　Z200.0;

M30;

注意：当使用 G74 或 G84 指令时，因为主轴回到 R 点或初始点时要反转，因此需要一定时间，如果用参数 K 来进行多孔加工，要估计主轴的起动时间。如果时间不足，不应使用 K 地址，而应对每一个孔给出一个程序段，并且每段中增加 G04 指令来保证主轴的起动时间。

十三、训练任务

1）在立式数控铣床上完成图 3-46 所示零件孔的加工（六个表面已加工），试编制加工程序，材料为 45 钢。

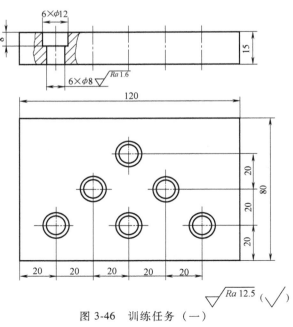

图 3-46 训练任务（一）

2）在立式数控铣床上完成图 3-47 所示零件孔、孔口倒角、螺纹孔的加工（六个表面已加工），试编制加工程序，材料为 45 钢。

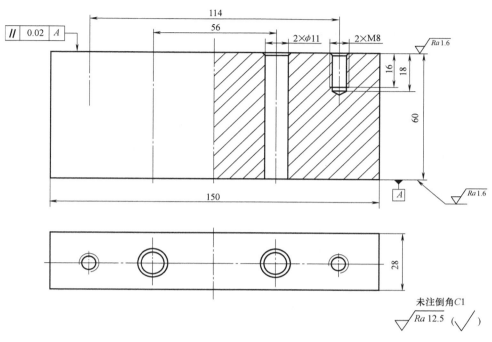

图 3-47 训练任务（二）

第二节 印章体（正面）的数控编程与加工

一、教学目标

（1）能力目标

1）能制订一般难度铣削类零件的加工工艺。

2）能读懂印章体（正面）的数控加工程序。

3）能编制适合手工编程零件的数控铣削加工程序。

4）能用子程序编制数控铣削加工程序。

5）能用镜像编程指令 G24、G25 编制数控加工程序。

6）能操作数控铣床完成印章体（正面）的加工。

（2）知识目标

1）掌握铣削类零件工艺分析的内容、方法。

2）掌握编制数控铣床加工程序的特点和步骤。

3）掌握 G02、G03、G24、G25 等指令的用法。

4）掌握用 G54 等指令建立工件坐标系的方法。

5）掌握子程序在数控铣削编程中应用。

6）掌握数控铣床对刀及参数设置方法，掌握数控铣床的加工步骤及要领。

二、加工任务及其工艺分析

（1）加工任务　在数控铣床上完成印章体（图 3-48）铣削部分的加工。

（2）工艺分析

1）分析零件图样，确定工艺方案：分析零件图样可知，印章体的加工部分主要是平面、型腔、开放凹槽、凸台和螺纹孔。其几何形状为二维平面，材料为 45 钢，有尺寸精度的要求。经过上述分析，加工该零件的工艺处理措施如下。

根据零件的形状结构特点，可选用数控铣床或加工中心来加工该零件的平面、型腔、开放凹槽和凸台。

在车床上完成内螺纹的加工。一般情况下，螺纹的加工是在车床上进行的。但一些异形件或在车床上难以装夹的工件上的螺纹，通常在数控铣床或加工中心上进行加工。

加工部分的表面粗糙度 Ra 值为 $3.2\mu m$，可按"粗铣—精铣"的加工顺序达到要求。

2）确定装夹方案：第一次装夹，用平口钳装夹铣削"中"字所在的正面，并加工四个侧面作为下次装夹的精基准。工件表面高出平口钳 27mm。第二次装夹，翻转工件，用平口钳夹紧加工过的侧面，加工背面。工件表面高出平口钳 18mm。

3）确定加工顺序：印章体的加工顺序见表 3-10～表 3-12。

4）选择刀具：

① 选用 $\phi20mm$ 的硬质合金立铣刀（4 刃）粗、精铣正面表面和四个侧面。

② 选用 $\phi8mm$ 的硬质合金立铣刀（4 刃）粗、精铣正面的"中"字。

③ 选用 $\phi100mm$ 的硬质合金面铣刀（7 刃）粗、精铣背面表面。

④ 选用 $\phi20mm$ 的硬质合金立铣刀（4 刃）粗铣背面各凸台。

⑤ 选用 $\phi20mm$ 的硬质合金立铣刀（4 刃）精铣背面各凸台。

⑥ 选用 $\phi10mm$ 的硬质合金立铣刀（4 刃）粗、精铣背面开放凹槽。

5）确定切削用量：铣削加工的切削用量包括切削速度、进给速度、背吃刀量和侧吃刀量。从刀具寿命的角度出发，切削用量选择的一般原则是先选择背吃刀量或侧吃刀量，其次选择进给速度，最后确定切削速度。

在实际加工中，特别是用自动编程方式生成的数控程序进行加工，编程人员往往采用分层加工方式，通过减少背吃刀量或侧吃刀量而增大切削速度和进给速度的方法提高加工质量。

① 背吃刀量 a_p（端铣）或侧吃刀量 a_e（圆周铣）的选择：背吃刀量 a_p 为平行于铣刀轴线测量的切削层尺寸，单位为 mm。端铣时，a_p 为切削层深度，而圆周铣时为被加工表面的宽度；侧吃刀量 a_e 为垂直于铣刀轴线测量的切削层尺寸，单位为 mm。端铣时，a_e 为被加工表面宽度，而圆周铣时，a_e 为切削层深度，如图 3-49 所示。

铣削加工分为粗铣、半精铣和精铣。粗铣时，在机床动力足够（经机床动力校核确定）和工艺系统刚度许可的条件下，应选取尽可能大的吃刀量（端铣的背吃刀量 a_p 或圆周铣的侧吃刀量 a_e）。一般情况下，在留出 $0.5\sim2.0mm$ 的精铣和半精铣余量后，其余的加工余量

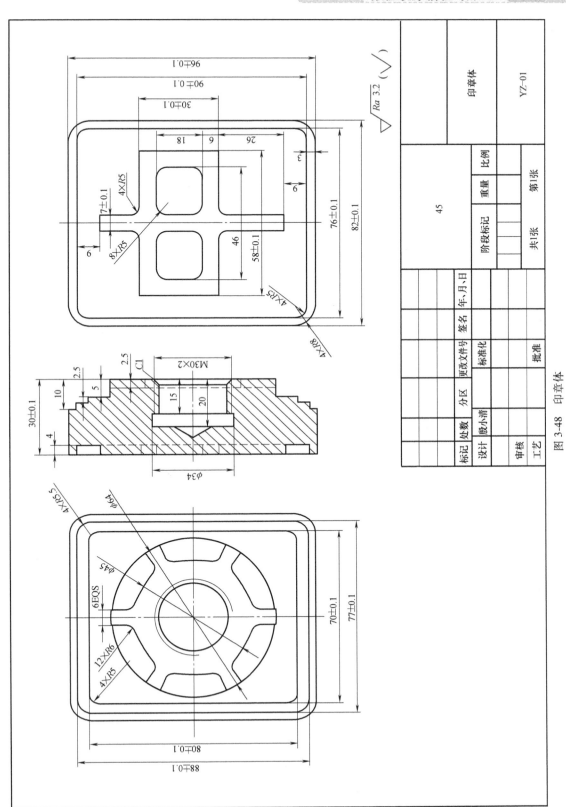

图 3-48 印章体

可作为粗铣吃刀量，尽量一次切除，半精铣吃刀量可选为 0.5~1.5mm，精铣吃刀量可选为 0.2~0.5mm。

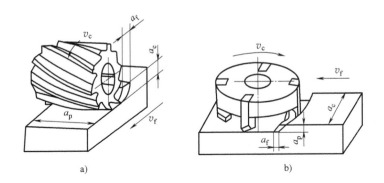

图 3-49　铣削加工的切削用量
a）圆周铣　b）端铣

当要求工件表面粗糙度 Ra 值为 12.5~25μm 时，如果圆周铣的加工余量小于 5mm，端铣的加工余量小于 6mm，粗铣一次进给就可以达到要求。但是在加工余量较大，工艺系统刚性较差或机床动力不足时，可分多次进给完成。

当要求工件表面粗糙度 Ra 值为 3.2~12.5μm 时，应分为粗铣和半精铣两步进行。粗铣时背吃刀量或侧吃刀量选取同前。粗铣后留 0.5~1.0mm 的加工余量，在半精铣时切除。

当要求工件表面粗糙度 Ra 值为 0.8~3.2μm 时，应分为粗铣、半精铣、精铣三步进行。半精铣时背吃刀量或侧吃刀量取 1.5~2mm；精铣时，圆周铣侧吃刀量取 0.3~0.5mm，端铣背吃刀量取 0.5~1.0mm。

加工印章体的背吃刀量 a_p（端铣）或侧吃刀量 a_e（圆周铣）见表 3-11、表 3-12。

② 确定主轴转速：主轴转速与切削速度的关系为

$$n = \frac{1000v_c}{\pi d} \qquad (3-1)$$

式中　n——主轴转速，单位为 r/min；

　　　v_c——铣削时的切削速度，单位为 m/min；

　　　d——铣刀直径，单位为 mm。

查附录表 D-15，取 φ100mm 硬质合金面铣刀（7 刃）的粗、精铣切削速度 v_c 分别为 70m/min、100m/min。经计算，取粗、精铣的主轴转速分别为 220r/min、320r/min。

查附录表 D-15，取 φ20mm 硬质合金立铣刀的粗、精铣切削速度 v_c 分别为 70m/min、90m/min。经计算，取粗、精铣的主轴转速分别为 1130r/min、1430r/min，也可以直接查附录表 D-19 取值。

查附录表 D-15，取 φ8mm 硬质合金立铣刀（4 刃）的粗、精铣切削速度 v_c 分别为 60m/min、70m/min。经计算，取粗、精铣的主轴转速分别为 2300r/min、3100r/min，也可以直接查附录表 D-19 取值。

查附录表 D-15，取 $\phi10mm$ 硬质合金立铣刀（4 刃）的粗、精铣切削速度 v_c 分别为 60m/min、80m/min。经计算，取粗、精铣的主轴转速分别为 1900r/min、2500r/min。

③ 确定进给速度：每分钟进给量与每齿进给量的关系为：

$$v_f = f_z Z n = f n \qquad (3-2)$$

式中　v_f——每分钟进给量，单位为 mm/min；

　　　f_z——每齿进给量，mm/齿；

　　　Z——铣刀齿数；

　　　n——主轴转速，单位为 r/min；

　　　f——每转进给量，单位为 mm/r，$f=f_z Z$。

查附录表 D-16，取 $\phi20mm$ 硬质合金立铣刀的粗、精铣每齿进给量 f_z 分别为 0.1mm/齿、0.08mm/齿。经计算，取 4 刃立铣刀粗、精铣每分钟进给量分别为 460mm/min、450mm/min；取 2 刃立铣刀粗铣每分钟进给量为 230mm/min，也可以直接查附录表 D-19 取值。

查附录表 D-16，取 $\phi8mm$ 硬质合金立铣刀（4 刃）的粗、精铣每齿进给量 f_z 分别为 0.1mm/齿、0.07mm/齿。经计算，取粗、精铣每分钟进给量分别为 900mm/min、860mm/min，也可以直接查附录表 D-19 取值。

查附录表 D-16，取 $\phi100mm$ 硬质合金面铣刀（7 刃）的粗、精铣每齿进给量 f_z 分别为 0.23mm/齿、0.15mm/齿。经计算，取粗、精铣每分钟进给量分别为 360mm/min、330mm/min。

查附录表 D-16，取 $\phi10mm$ 硬质合金立铣刀（4 刃）的粗、精铣每齿进给量 f_z 分别为 0.1mm/齿、0.07mm/齿。经计算，取粗、精铣每分钟进给量分别为 760mm/min、700mm/min，也可以直接查附录表 D-19 取值。

6）填写工艺文件：将前面分析、计算的结果综合成表 3-10、表 3-11、表 3-12。

表 3-10　印章体机械加工工艺过程卡

机械加工工艺过程卡		零件图号	零件名称	材料	毛坯类型	第 1 页
		YZ-01	印章体	45	板材	共 1 页
工序号	工序名	工序内容			设备	工装
1	备料	100mm×86mm×35mm			锯床	
2	铣	铣"中"字所在的正面及四个侧面			数控铣床	平口钳
3	检验					
4	铣	铣背面凸台、开放凹槽			加工中心	平口钳
5	检验					
6	钻、镗、车螺纹	钻、镗螺纹底孔，车 M30×2 内螺纹			数控车床	单动卡盘
7	检验					
					编　制	审　批
更改标记	处　数	更改依据	签　名	日　期		

表 3-11　印章体数控加工工序卡（工序 2）

数控加工工序卡	零件图号	零件名称	工序号	夹具	数控系统及设备
	YZ-01	印章体	2	平口钳	华中数控系统 立式数控铣床

工步号	工步内容	程序名	刀具	半径补偿	S功能 /(r/min)	F功能 /(mm/min) [/(mm/r)]	背吃刀量、侧吃刀量 /mm
1	粗铣正面		φ20mm 立铣刀 (4 刃)		1130	460 [0.4]	2.0
2	精铣正面		φ20mm 立铣刀 (4 刃)		1430	450 [0.32]	0.5
3	粗铣四个侧面	O3201	φ20mm 立铣刀 (4 刃)	D01	1130	460 [0.4]	4.6/1.5 （分 5 层）
4	精铣四个侧面		φ20mm 立铣刀 (4 刃)	D02	1430	450 [0.32]	23/0.5
5	粗铣"中"字型腔		φ8mm 立铣刀 (4 刃)		2300	900 [0.4]	1.75 （分 2 层）
6	精铣"中"字型腔	O3202	φ8mm 立铣刀 (4 刃)		3100	860 [0.28]	0.5
7	精铣"中"字侧面轮廓		φ8mm 立铣刀 (4 刃)	D03 D04	3100	860 [0.28]	4/0.25 （分 2 层）
编制			审批			第 1 页　共 1 页	

表 3-12　印章体数控加工工序卡（工序 4）

数控加工工序卡	零件图号	零件名称	工序号	程序名	夹具	数控系统及设备
	YZ-01	印章体	4	O4002	平口钳	FANUC 0i 立式加工中心

工步号	工步内容	刀具			切削用量		
		刀具号	刀长补偿	半径补偿	S功能 /(r/min)	F功能 /(mm/min) [/(mm/r)]	背吃刀量/侧吃刀量 /mm
1	粗铣背面	合金面铣刀（φ100mm, 7 刃）			220	360[1.61]	2.0
		T04	H04				
2	精铣背面	合金面铣刀（φ100mm, 7 刃）			320	330 [1.05]	0.5
		T04	H04				
3	粗铣 80mm×70mm 凸台	合金立铣刀（φ20mm, 2 刃）			1130	230 [0.2]	3.5 （分 2 层）
		T01	H01	D01			
4	粗铣 88mm×77mm 凸台	合金立铣刀（φ20mm, 2 刃）			1130	230 [0.2]	2.5
		T01	H01	D01			

（续）

数控加工工序卡		零件图号	零件名称	工序号	程序名	夹具	数控系统及设备
		YZ-01	印章体	4	04002	平口钳	FANUC 0i 立式加工中心
工步号	工步内容	刀具			切削用量		
		刀具号	刀长补偿	半径补偿	S 功能 /(r/min)	F 功能 /(mm/min) [/(mm/r)]	背吃刀量 /侧吃刀量 /mm
5	粗铣 φ64mm 凸台	合金立铣刀（φ20mm，2 刃）			1130	230 [0.2]	4.5
		T01	H01	D01			
6	精铣 80mm×70mm 凸台	合金立铣刀（φ20mm，4 刃）			1430	450 [0.32]	0.5/0.5
		T02	H02	D02			
7	精铣 88mm×77mm 凸台	合金立铣刀（φ20mm，4 刃）			1430	450 [0.32]	0.5/0.5
		T02	H02	D02			
8	精铣 φ64mm 凸台	合金立铣刀（φ20mm，4 刃）			1430	450 [0.32]	0.5/0.5
		T02	H02	D02			
9	粗铣 6 个开放凹槽	合金立铣刀（φ10mm，4 刃）			1900	760 [0.4]	2.0
		T03	H03	D03			
10	精铣 6 个开放凹槽	合金立铣刀（φ10mm，4 刃）			2500	700 [0.28]	0.5/0.15
		T03	H03	D04			
编制			审批			第 1 页 共 1 页	

三、编制印章体（正面）的数控加工程序

（1）编制铣上表面及四个侧面的数控程序 根据工艺分析及数学处理结果、所用机床（立式数控铣床）、数控系统（华中数控系统）及其编程格式（详见附录表 C-2），编制铣削上表面及四个侧面的数控程序。

铣上表面及四个侧面工件坐标系及进给路线图如图 3-50 所示，其中虚线为面铣刀刀位点的运动轨迹。数控加工程序见表 3-13 ~ 表 3-16。

（2）编制铣"中"字数控程序 根据工艺分析及数学处理结果、所用机床（立式数控铣床）、数控系统（华中数控系统）及其编程格式（详见附录表 C-2），编制加工"中"字数控程序。

铣"中"字工件坐标系及进给路线图如图 3-51 所示，其中虚线为刀位点在 XY 平面的运动轨迹。Z 方向分层铣削。基点坐标：$A(16.5，-33.5)$、$B(25.5，-32)$、$C(25.5，-9.5)$、$D(-5，9.5)$、$E(-5，17)$。数控加工程序见表 3-17 ~ 表 3-23。

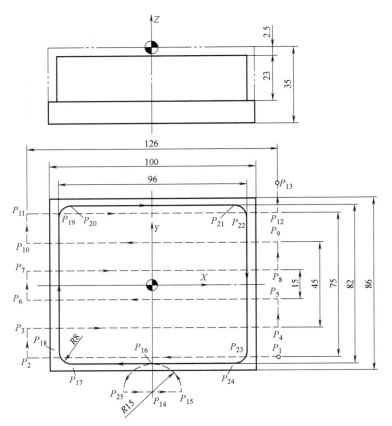

图 3-50　铣上表面及四个侧面工件坐标系及进给路线图

表 3-13　铣上表面及四个侧面主程序

编程过程	程序内容
编写主程序名	O3201；
建立工件坐标系,程序初始状态设定	G54　G90　G80　G17　G21　G40　G49；
编写粗铣上表面程序,以 N1 标记	N1；
指定主轴转向和转速	M03　S1130.0；
指定安全高度	G00　Z200.0；
刀位点快速定位到 P_1 点,切削液开	X63.0　Y-37.5　M08；
快速下刀靠近工件	Z2.0；
Z 向下刀至粗加工吃刀量位置	G01　Z-2.0　F460.0；
粗铣表面:调用子程序 O3203 三次	M98　P3203L3；
编写精铣上表面程序,以 N2 标记	N2；
刀位点 $P_{13} \rightarrow P_1$ (回到子程序起点)	G90　G00　Y-37.5；
Z 向下刀至吃刀量位置,指定精铣主轴转速	G90　G01　Z-2.5　S1430.0　F450.0；
精铣上表面:调用子程序 O3203 三次	M98　P3203L3；
编写粗铣侧面轮廓程序,以 N3 标记	N3；

（续）

编程过程	程序内容
抬刀	G90　G00　Z50.0;
$P_{13} \rightarrow P_{14}$	X0　Y-56.0;
Z 向下刀至已加工表面所在平面	Z-2.5;
粗铣侧面轮廓:调用子程序 O3204 五次(总加工深度为23mm,每层吃刀量为 4.6mm)	M98　P3204L5;
编写精铣侧面轮廓程序,以 N4 标记	N4;
定义刀尖圆弧半径补偿号 D02(思考:D02 对应的数值应为多少?),指定主轴转速	D02　S1430.0　F450.0;
精铣侧面轮廓:调用子程序 O3205 一次	M98　P3205L1;
快速到达安全高度,切削液关	G90　G00　Z200.0　M09;
结束程序	M30;

表 3-14　铣上表面子程序

编程过程	程序内容
编写子程序名	O3203;
刀位点以增量坐标方式从 P_1 点运动到 P_2 点	G91　G01　X-126.0;
刀位点以增量坐标方式从 P_2 点运动到 P_3 点	G00　Y15.0;
刀位点以增量坐标方式从 P_3 点运动到 P_4 点	G01　X126.0;
刀位点以增量坐标方式从 P_4 点运动到 P_5 点	G00　Y15.0;
结束子程序	M99;

表 3-15　铣侧面轮廓子程序

编程过程	程序内容
编写子程序名	O3204;
以增量坐标方式定义每层背吃刀量	G91　G01　Z-4.6　F460.0;
定义刀尖圆弧半径补偿号 D01(思考:D01 对应的数值应为多少?),指定主轴转速	D01　S1130.0;
加工侧面轮廓:调子程序 O3205 一次	M98　P3205L1;
结束子程序	M99;

表 3-16　铣侧面轮廓单层子程序

编程过程	程序内容
编写子程序名	O3205;
$P_{14} \rightarrow P_{15}$,在此过程中建立刀尖圆弧半径左补偿	G90　G41　G01　X15.0;
$P_{15} \rightarrow P_{16}$	G03　X0　Y-41.0　R15.0;
$P_{16} \rightarrow P_{17}$	G01　X-40.0;
$P_{17} \rightarrow P_{18}$	G02　X-48.0　Y-33.0　R8.0;

（续）

编程过程	程序内容
$P_{18} \rightarrow P_{19}$	G01 Y33.0；
$P_{19} \rightarrow P_{20}$	G02 X−40.0 Y41.0 R8.0；
$P_{20} \rightarrow P_{21}$	G01 X40.0；
$P_{21} \rightarrow P_{22}$	G02 X48.0 Y33.0 R8.0；
$P_{22} \rightarrow P_{23}$	G01 Y−33.0；
$P_{23} \rightarrow P_{24}$	G02 X40.0 Y−41.0 R8.0；
$P_{24} \rightarrow P_{16}$	G01 X0；
$P_{16} \rightarrow P_{25}$	G03 X−15.0 Y−56.0 R15.0；
$P_{25} \rightarrow P_{14}$，在此过程中，取消刀尖圆弧半径补偿	G40 G01 X0；
结束子程序	M99；

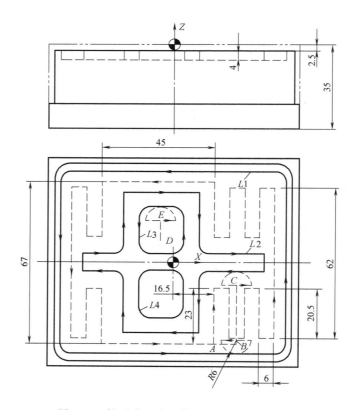

图 3-51 铣 "中" 字工件坐标系及进给路线图

表 3-17 铣 "中" 字主程序

编程过程	程序内容
编写程序名	O3202；
建立工件坐标系，设置程序初始状态	G54 G17 G21 G90 G40 G49 G80；
编写粗铣轮廓 L1 和 L2 形成的型腔程序，以 N5 标记	N5；

（续）

编程过程	程序内容
指定主轴转速和转向	M03　S2300.0；
指定刀位点安全高度	G00　Z200.0；
刀位点在 XY 平面内快速定位至下刀点 A 点	X16.5　Y-33.5；
刀位点 Z 向快速靠近工件,切削液开	Z5.0　M08；
工进至加工表面	G01　Z-2.5　F900.0；
粗铣轮廓 L1 和 L2 形成的型腔:调用子程序 O3206 两次	M98　P3206L2；
编写精铣轮廓 L1 和 L2 的程序,以 N6 标记	N6；
指定精铣 Z 向下刀路线:斜线下刀	G91　G01　Y2.0　Z-0.25　F860.0； Y-2.0　Z-0.25；
指定精铣主轴转速	S3100.0；
精铣轮廓 L1 和 L2 形成的型腔:调用子程序 O3207	M98　P3207L1；
编写精铣轮廓 L1 的程序（一）,以 N7 标记	N7；
A→B	G90　G01　X25.5　Y-32.0　F860.0；
粗铣轮廓 L1:调用子程序 O3208 一次	M98　P3208L1；
编写精铣轮廓 L1 的程序（二）,以 N8 标记	N8；
定义精铣刀尖圆弧半径补偿号	D04；
精铣轮廓 L1:调用子程序 O3208 一次	M98　P3208L1；
编写精铣轮廓 L2 的程序（一）,以 N9 标记	N9；
B→C	G90　G01　X25.0　Y-9.5　F860.0；
指定粗铣刀尖圆弧半径补偿号	D03；
粗铣轮廓 L2:调用子程序 O3209 一次	M98　P3209L1；
编写精铣轮廓 L2 的程序（二）,以 N10 标记	N10；
指定精铣刀尖圆弧半径补偿号	D04；
精铣轮廓 L2:调用子程序 O3209 一次	M98　P3209L1；
编写铣 L3、L4 所围成空间的程序,以 N11 标记	N11；
抬刀	G90　G00　Z50.0；
刀位点返回工件坐标系原点:镜像程序的需要	G00　X0　Y0；
铣削轮廓为 L3 的型腔:调用子程序 O3210 一次	M98　P3210L1；
以 X 轴为对称轴镜像	G24　Y0；
铣削轮廓为 L4 的型腔	M98　P3210L1；
取消 X 轴镜像	G25　Y0；
抬刀	G90　G00　Z200.0；
结束程序	M30；

表 3-18 粗铣轮廓 *L1* 和 *L2* 形成的型腔子程序

编程序过程	程序内容
编写子程序名	O3206；
定义下刀路线：斜线下刀	G91 G01 Y3.0 Z-0.875 F900.0；
	Y-3.0 Z-0.875；
粗铣 *L1* 和 *L2* 形成的型腔：调用子程序 O3207 一次	M98 P3207L1；
结束子程序	M99；

表 3-19 单层铣轮廓 *L1* 和 *L2* 形成的型腔子程序

编程过程	程序内容
编写子程序名	O3207；
A→	G91 G01 Y23.0；
	X6.0；
	Y-20.5；
	X6.0；
	Y20.5；
	X6.0；
	Y-20.5；
	X6.0；
	Y62.0；
	X-6.0；
	Y-20.5；
	X-6.0；
	Y20.5；
	X-6.0；
	Y-20.5；
	X-6.0；
	Y23.0；
	X-45.0；
	Y-23.0；
	X-6.0；
	Y20.5；
	X-6.0；
	Y-62.0；
	X6.0；
	Y20.5；
	X6.0；
	Y-23.0；
→*A*	X45.0；
结束子程序	M99；

编写刀位点的运动轨迹（图 3-51）

表 3-20 铣轮廓 *L1* 子程序

编程过程	程序内容
编写子程序名	O3208;
B→,建立刀尖圆弧半径补偿	G91　G41　G01　X-6.0;
编写刀位点运动轨迹(图 3-51)	G03　X6.0　Y-6.0　R6.0;
	G01　X14.5;
	G03　X5.0　Y5.0　R5.0;
	G01　Y66.0;
	G03　X-5.0　Y5.0　R5.0;
	G01　X-80.0;
	G03　X-5.0　Y-5.0　R5.0;
	G01　Y-66.0;
	G03　X5.0　Y-5.0　R5.0;
	G01　X65.5;
	G03　X6.0　Y6.0　R6.0;
→*B*,取消刀尖圆弧半径补偿	G40　G01　X-6.0;
结束子程序	M99;

表 3-21 铣轮廓 *L2* 子程序

编程过程	程序内容
编写子程序名	O3209;
C→,建立刀尖圆弧半径补偿	G91　G41　G01　X6.0;
编写刀位点运动轨迹(图 3-51)	G03　X-6.0　Y6.0　R6.0;
	G01　X-10.5;
	G03　X-5.0　Y-5.0　R5.0;
	G01　Y-20.5;
	X-30.0;
	Y20.5;
	G03　X-5.0　Y5.0　R5.0;
	G01　X-11.0;
	Y7.0;
	X11.0;
	G03　X5.0　Y5.0　R5.0;
	G01　Y20.5;
	X30.0;
	Y-20.5;
	G03　X5.0　Y-5.0　R5.0;
	G01　X21.0;
	Y-7.0;
	X-10.5;
	G03　X-6.0　Y-6.0　R6.0;
→*C*,取消刀尖圆弧半径补偿	G40　G01　X6.0;
结束子程序	M99;

表 3-22　铣轮廓 *L3* 形成的型腔子程序

编程过程	程序内容
编写子程序名	O3210;
C→D	G90　G00　X-5.0　Y9.5;
刀位点 *Z* 向快速靠近工件	Z5.0;
工进到工件上表面所在平面	G01　Z-2.5　S2300.0　F900.0;
定义铣削第一层的下刀路线	G91　Y3.0　Z-0.875;
定义铣削第一层的下刀路线	Y-3.0　Z-0.875;
指定粗铣刀尖圆弧半径补偿号	D03;
粗铣轮廓 *L3* 形成型腔的第一层	M98　P3211L1;
指定铣削第二层的下刀路线:斜线下刀	G91　Y3.0　Z-0.875; Y-3.0　Z-0.875;
粗铣轮廓 *L3* 形成型腔的第二层	M98　P3211L1;
指定精铣的下刀路线:斜线下刀	G91　G01　Y2.0　Z-0.25　F860.0; Y-2.0　Z-0.25;
指定精铣主轴转速	S3100.0;
调用子程序精铣轮廓 *L3* 形成的型腔	M98　P3211L1;
指定精铣刀尖圆弧半径补偿号	D04;
调用子程序精铣轮廓 *L3*	M98　P3211L1;
抬刀	G90　G00　Z50.0;
刀位点返回工件坐标系原点	X0　Y0;
结束子程序	M99;

表 3-23　程序 O3211

编程过程	程序内容
编写子程序名	O3211;
D→E	G90　G01　X-5.0　Y17.0;
编写刀位点运动轨迹(图 3-51)	G91　G41　G01　X6.0;
	G03　X-6.0　Y6.0　R6.0;
	G01　X-4.0;
	G03　X-5.0　Y-5.0　R5.0;
	G01　Y-9.5;
	G03　X5.0　Y-5.0　R5.0;
	G01　X8.0;
	G03　X5.0　Y5.0　R5.0;
	G01　Y9.5;
	G03　X-5.0　Y5.0　R5.0;
	G01　X-4.0;
	G03　X-6.0　Y-6.0　R6.0;
	G40　G01　X6.0;
E→D	G90　G01　X-5.0　Y9.5;
结束子程序	M99;

四、子程序在数控铣削编程中的应用

对数控铣床（加工中心）编程，子程序常用于下面几种情况。

1）工件上有若干个相同的轮廓形状：如图 3-51 中的轮廓 L3 和 L4。

2）加工中经常出现或具有相同的加工路线轨迹：如粗、精加工图 3-51 中的轮廓 L1 的加工路线轨迹相同，图 3-50 中的加工路线可分为三个部分，即 $P_1-P_2-P_3-P_4-P_5$、$P_5-P_6-P_7-P_8-P_9$、$P_9-P_{10}-P_{11}-P_{12}-P_{13}$，不难看出，这三个部分的加工路线相同。

3）某一轮廓或形状需要分层加工：如图 3-51 中的轮廓 L1 和 L2 形成的型腔分为粗、精两层加工。

关于子程序的相关知识见第二章第四节中的"子程序在数控车削编程中的应用"部分。

五、坐标平面选择指令 G17/G18/G19

在圆弧插补、刀具半径补偿及刀具长度补偿时，必须首先确定一个平面，即确定一个由两个坐标轴构成的坐标平面。对于三轴坐标系来说，常用 G17、G18、G19 指令确定机床在哪个平面内进行插补运动。其中 G17 表示选择 XY 平面；G18 表示选择 XZ 平面；G19 表示选择 YZ 平面。加工图 3-52 所示的零件，当铣削 R15mm 圆弧面时，就在 XY 平面内进行圆弧插补，应选用 G17 指令；当铣削 R22mm 圆弧面时，应在 XZ 平面内加工，应选用 G18 指令。

该组指令只对圆弧插补指令、刀具半径补偿指令、刀具长度补偿指令起作用，对其他移动指令无约束。

编程格式：

G17（G18、G19）；

G17、G18、G19 指令为模态指令，G17 指令是系统默认指令。在补偿进行过程中不能任意变换平面。

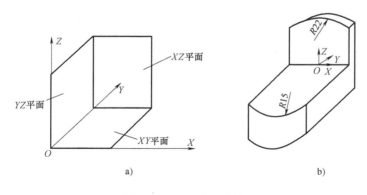

a)   b)

图 3-52   坐标平面选择

六、圆弧插补指令 G02/G03

（1）指令功能 圆弧插补指令的功能是在指定平面内进行圆弧插补运动。G02 为顺时针圆弧插补指令，G03 为逆时针圆弧插补指令。

（2）圆弧顺逆的判断 依右手笛卡儿直角坐标系，从圆弧所在平面的垂直坐标轴的正方向向其负方向看去，刀具运动方向为顺时针方向即用 G02 指令，刀具运动方向为逆时针方向即用 G03 指令，如图 3-53 所示。

（3）编程格式

1）XY 平面上的圆弧：

$$G17 \begin{Bmatrix} G02 \\ G03 \end{Bmatrix} X \underline{\quad} Y \underline{\quad} \begin{Bmatrix} I \underline{\quad} J \underline{\quad} \\ R \underline{\quad} \end{Bmatrix} F \underline{\quad};$$

2）XZ 平面上的圆弧：

$$G18 \begin{Bmatrix} G02 \\ G03 \end{Bmatrix} X \underline{\quad} Z \underline{\quad} \begin{Bmatrix} I \underline{\quad} K \underline{\quad} \\ R \underline{\quad} \end{Bmatrix} F \underline{\quad};$$

3）YZ 平面上的圆弧：

$$G19 \begin{Bmatrix} G02 \\ G03 \end{Bmatrix} Y \underline{\quad} Z \underline{\quad} \begin{Bmatrix} J \underline{\quad} K \underline{\quad} \\ R \underline{\quad} \end{Bmatrix} F \underline{\quad};$$

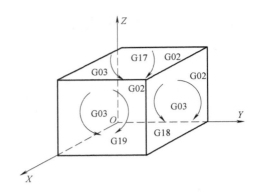

图 3-53 圆弧方向与平面的关系

（4）指令说明

1）一般 CNC 铣床（加工中心）开机后，即设定为 G17（XY 平面），故在 XY 平面上铣削圆弧，可省略 G17 指令。

2）X、Y、Z 为圆弧终点坐标值，可以用绝对坐标，也可以用增量坐标，由 G90 和 G91 指令决定。在增量坐标方式下，圆弧终点坐标是相对于圆弧起点的增量值。

3）I、J、K 表示圆心相对于圆弧起点在 X、Y、Z 轴方向上的增量值，与 G90 或 G91 指令的定义无关；假设在工件坐标系下圆心的坐标为 (X_1, Y_1, Z_1)、圆弧起点坐标为 (X_2, Y_2, Z_2)，用公式表示为 $I = X_1 - X_2$；$J = Y_1 - Y_2$；$K = Z_1 - Z_2$。

4）圆弧所对应的圆心角小于或等于 180°时用"$+R$"（"$+$"一般省略），圆心角大于 180°时用"$-R$"。

5）在同一程序段中，如果 I、J、K 与 R 同时出现，则 R 有效，整圆加工不能用 R 编程，只能用 I、J、K 编程，I、J、K 的值为零时可以省略。

图 3-54 所示的圆弧可分别按如下四种不同的方式编程。

1）G91 方式 IJK 编程：

G91 G02 X84.28 Y-22.42 I35.98 J-35.36；

2）G91 方式 R 编程：

G91 G02 X84.28 Y-22.42 R50.0；

3）G90 方式 IJK 编程：

G90 G02 X108.3 Y52.94 I35.98 J-35.36；

4）G90 方式 R 编程：

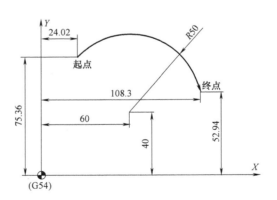

图 3-54 圆弧插补编程示例

G90　G02　X108.3　Y52.94　R50.0；

F 规定了沿圆弧切向的进给速度。

七、刀具半径补偿指令 G41/G42/G40

（1）刀具半径补偿的目的　在数控铣床（加工中心）上进行轮廓的铣削加工时，由于刀具半径的存在，刀具中心（刀心）轨迹和工件轮廓不重合。若数控系统不具备刀具半径补偿功能，则只能按刀心轨迹进行编程，即在编程时给出刀具中心运动轨迹，对于轮廓比较复杂的零件，其计算相当复杂，尤其由于刀具磨损、重磨或换新刀而使刀具半径变化时，必须重新计算刀心轨迹，修改程序，这样既烦琐，又不易保证加工精度。当数控系统具备刀具半径补偿功能时，数控编程只需按工件轮廓进行，数控系统会自动计算刀心轨迹，使刀具偏离工件轮廓一个半径值，即进行刀具半径补偿。

（2）刀具半径补偿的方法　数控系统的刀具半径补偿就是将计算刀具中心轨迹的过程交由 CNC 系统执行，编程人员假设刀具半径为零，直接根据零件的轮廓形状进行编程，因此，这种编程方法也称为对零件的编程，而实际的刀具半径则存放在一个可编程刀具半径偏置存储器中，在加工过程中，CNC 系统根据零件程序和刀具半径自动计算刀具中心轨迹，完成对零件的加工。当刀具半径发生变化时，不需要修改加工程序，只需修改存放在刀具半径偏置存储器中的刀具半径值或者调用存放在另一个刀具半径偏置存储器中的刀具半径所对应的刀具即可。

现代 CNC 系统一般都设置有若干（16、32、64 或更多）个可编程刀具半径偏置存储器，并对其进行编号，专供刀具补偿之用，可将刀具补偿参数（刀具半径、刀具长度等）存入这些存储器中。进行数控编程时，只需调用所需刀具半径补偿参数所对应的存储器编号即可，加工时，CNC 系统将该编号对应的刀具半径偏置存储器中存放的刀具半径调出，对刀具中心轨迹进行补偿计算，生成实际的刀具中心运动轨迹。

铣削加工刀具半径补偿分为刀具半径左补偿（用 G41 定义）和刀具半径右补偿（用 G42 定义）。沿刀具前进方向观察，当刀具位于零件轮廓左边时称为刀具半径左补偿；沿刀具前进方向观察，当刀具位于零件轮廓右边时称为刀具半径右补偿，如图 3-55 所示。编程时，使用非零的 D×× 指令（如 D01、D02）选择正确的刀具偏置存储器号，其偏置量（即补偿值）的大小通过 CRT/MDI 操作面板在对应的偏置存储器中设定。

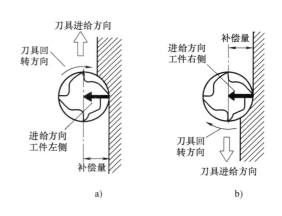

图 3-55　刀具半径补偿方向
a）G41　b）G42

建立刀具半径补偿的编程格式：

$$
\begin{Bmatrix} G17 \\ G18 \\ G19 \end{Bmatrix}
\begin{Bmatrix} G41 \\ G42 \end{Bmatrix}
\begin{Bmatrix} G00 \\ G01 \end{Bmatrix}
\begin{Bmatrix} X\_\_\ \ Y\_\_ \\ Z\_\_\ \ X\_\_ \\ Y\_\_\ \ Z\_\_ \end{Bmatrix}
\ D\_\_ ;
$$

取消刀具半径补偿的编程格式：

$$\begin{Bmatrix} G17 \\ G18 \\ G19 \end{Bmatrix} \quad G40 \quad \begin{Bmatrix} G00 \\ G01 \end{Bmatrix} \quad \begin{Bmatrix} X\_\_ \quad Y\_\_ \\ Z\_\_ \quad X\_\_ \\ Y\_\_ \quad Z\_\_ \end{Bmatrix};$$

其中，X、Y、Z 为 G00（G01）指令目标终点坐标；D 为刀具半径补偿号，以 1~2 位数字表示，如 D01 表示刀具半径补偿号为 01，执行 G41 或 G42 指令时，控制器会到 D01 所指定的刀具补偿号内选取刀具半径补偿值，以作为刀具半径补偿的依据。

加工工件轮廓时，一般要进行刀具半径补偿。建立刀具半径补偿的过程如图 3-56 所示（$P_0 \rightarrow P_1$），完成补偿后，刀位点位于轮廓初始点 P_1 与轨迹切向垂直偏置一个刀具半径 P_2 点处。G41、G42 为模态指令，刀具半径补偿一旦建立便一直有效，即刀具中心与编程轨迹始终偏置一个刀具半径量，直到被 G40 指令取消为止。取消刀具半径补偿的过程如图 3-57 所示（$P_1 \rightarrow P_2$）。刀具在其前一个程序段终点处（P_1）法向偏置一个刀具半径的位置结束，执行 G40 指令所在的程序段后，刀位点回到编程目标位置（P_2）。

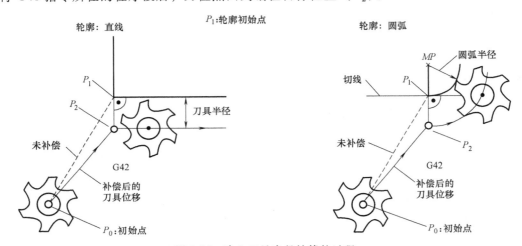

图 3-56　建立刀具半径补偿的过程

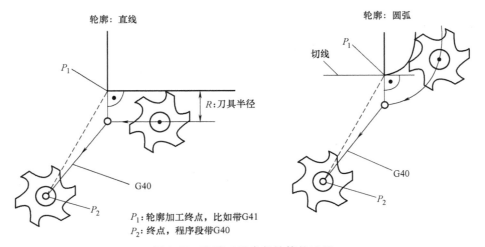

图 3-57　取消刀具半径补偿的过程

刀具半径补偿的建立有以下三种方式。

1）先下刀到吃刀量位置后，再在补偿平面内建立刀具半径补偿。

2）先在补偿平面内建立刀具半径补偿后，再下刀到吃刀量位置。

3）X、Y、Z 三轴同时移动建立刀具半径补偿后再下刀。

一般取消刀具半径补偿的过程与建立的过程正好相反。

（3）使用刀具半径补偿功能时的注意事项

1）机床通电后，为取消半径补偿状态。

2）G41、G42、G40 指令不能和 G02、G03 指令一起使用，只能与 G00 或 G01 指令一起使用，且刀具必须要移动。

3）在程序中用 G42 指令建立右刀补，铣削时对于工件将产生逆铣效果，故常用于粗铣；用 G41 指令建立左刀补，铣削时对于工件将产生顺铣效果，故常用于精铣。

4）一般情况下，刀具半径补偿量应为正值，如果补偿量为负，则 G41 和 G42 指令正好相互替换。通常在模具加工中利用这一特点，可用同一程序加工同一公称尺寸的内外两个形面。

5）在建立刀具半径补偿后，不能出现连续两个程序段无选择补偿坐标平面的移动指令，否则数控系统因无法正确计算程序中刀具轨迹的交点坐标，可能产生过切现象。如下面的程序中，在 G17 坐标平面建立刀具半径补偿后，连续出现 N110、N120、N130 三个程序段没有 XOY 坐标平面移动指令，加工中将出现过切现象。解决的办法是将其合并成一个程序段。

G17　G90　G54；

⋮

N100　G41　G00　X __ Y __ D __；

N110　Z10.0；

N120　S500；

N130　M03；

N140　G01　X __ Y __ F __；

⋮

非 XY 坐标平面移动指令示例如下。

M05；　　　　　　　　（M 指令）

S200；　　　　　　　　（S 指令）

G04　P1000；　　　　　（暂停指令）

G17　G01　Z50.0；　　　（XY 轴外移动指令）

G90；　　　　　　　　（非移动 G 指令）

G91　G00　X0；　　　　（移动量为 0）

6）在补偿状态下，铣刀的直线移动量及铣削内侧圆弧的半径值要大于或等于刀具半径，否则补偿时会产生干涉，系统在执行相应程序段时将会产生报警，停止执行。

7）刀具半径补偿功能为续效指令，在补偿状态时，若加入 G28、G29、G92 指令，则当这些指令被执行时，补偿状态将暂时被取消，但是控制系统仍记忆着此补偿状态，因此在执行下一程序段时，又自动恢复补偿状态。

8）若程序中建立了刀具半径补偿，在加工完成后必须用 G40 指令将补偿状态取消，使铣刀的中心点回复到实际的坐标点上。即执行 G40 指令时，系统会将向左或向右的补偿值往相反的方向释放，这时铣刀会移动一铣刀半径值。所以使用 G40 指令时应确保铣刀已远离工件。

（4）刀具半径补偿功能的其他应用　刀具半径补偿功能除了方便编程外，还可利用改变刀具半径补偿值大小的方法，实现利用同一程序进行粗、精加工，如图 3-58 所示。

粗加工刀具半径补偿值＝刀具半径＋精加工余量

精加工刀具半径补偿值＝刀具半径＋修正量

如采用立铣刀精加工工件轮廓时，在切削力的作用下会产生"让刀"现象，此时可以通过修改刀具半径补偿值的办法消除因"让刀"带来的加工误差。

另外，刀具因磨损、重磨或更换导致直径发生改变后，不必修改程序，只需改变半径补偿参数。如图 3-59 所示，1 为未磨损刀具，2 为磨损后刀具，两者直径不同，只需将刀具参数表中的刀具半径 R_1 改为 R_2，即可用于同一程序。

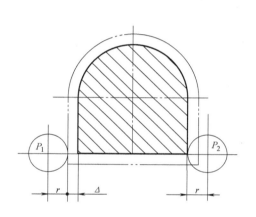

图 3-58　利用刀具半径补偿

功能进行粗、精加工示意图

P_1—粗加工刀心位置　P_2—精加工刀心位置

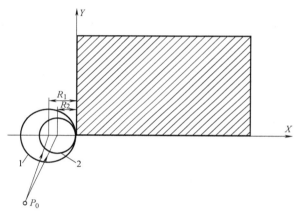

图 3-59　刀具直径变化，加工程序不变

1—未磨损刀具　2—磨损后刀具

八、镜像指令 G24/G25

（1）指令功能　当工件相对于某一轴具有对称形状时，可以利用镜像功能和子程序，通过对工件的一部分进行编程，而加工出工件的对称部分。镜像轴（或对称轴）可以是 X 轴、Y 轴或原点。

（2）编程格式

G24　X ___ Y ___ Z ___;

M98　P ___;

G25　X ___ Y ___ Z ___;

（3）指令说明　G24 指令建立镜像，G25 指令取消镜像，X、Y、Z 指定镜像的对称位置，M98 调用的子程序为原像的刀具轨迹。镜像指令可改变沿任一坐标轴的运动方向，它能给出对应工件坐标零点的镜像运动。如果只有 X 轴或 Y 轴的镜像，将使刀具沿相反方向运动。此外，如果在圆弧加工中指定了一轴镜像，则 G02 与 G03 指令的作用会反过来，左右刀尖圆弧半径补偿 G41 与 G42 指令也会反过来。G24、G25 为模态指令，可相互注销，G25 为默认值。

不同的数控系统定义的镜像功能代码不尽相同，如 FANUC 0i-MB 系统定义 G50.1 和 G51.1 为镜像功能指令。

用 ϕ6mm 的键槽铣刀加工图 3-60 所示工件的 4 个三角形槽，试编制数控加工程序。

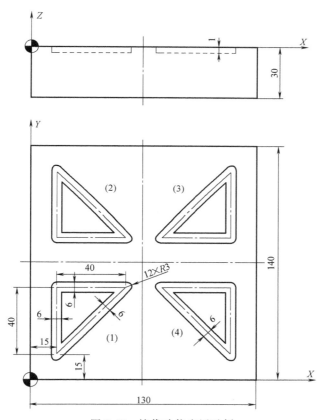

图 3-60　镜像功能应用示例

编制程序如下：

O3212；

G54　G17　G21　G40　G49　G80　G90；

M03　　S600.0；

G00　　X0　Y0；

Z50.0；

M98　　P3213L1；　　　　　　　　　〔加工槽（1）〕

G24　　Y70.0；　　　　　　　　　　（镜像轴为 Y70.0）

M98　　P3213L1；　　　　　　　　　〔加工槽（2）〕

G24　　X65.0；　　　　　　　　　　〔镜像位置为（65.0，70.0）〕

```
M98   P3213L1;                      [加工槽(3)]
G25   Y70.0;                        [取消以 Y70.0 为镜像轴的镜像,以 X65.0 为
                                     镜像轴的镜像仍有效]

M98   P3213L1;                      [加工槽(4)]
G25   X65.0;                        [取消以 X65.0 为镜像轴的镜像]
G00   Z150.0;
M30;


O3213;                              [子程序:加工槽(1)]
G00   X15.0   Y15.0;
G00   Z2.0;
G01   Z-1.0   F100.0;
X55.0   Y55.0;
X15.0;
Y15.0;
G00   Z50.0;
X0   Y0;
M99;
```

九、铣削编程应注意的问题

1. 数控装置初始状态的设定

当机床电源打开时,数控装置处于初始状态,表 3-4 中标有 "★" 的 G 指令被激活。由于开机后数控装置的状态可通过 MDI 方式更改,且会因为程序的运行而发生变化,为了保证程序运行安全,在程序开始处应有程序初始状态设定程序段。一般格式为:

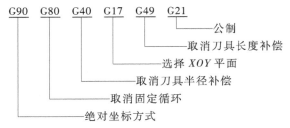

```
G90  G80  G40  G17  G49  G21
                           └── 公制
                      └────── 取消刀具长度补偿
                 └─────────── 选择 XOY 平面
            └──────────────── 取消刀具半径补偿
       └───────────────────── 取消固定循环
  └──────────────────────────── 绝对坐标方式
```

2. 安全高度的确定

对于铣削加工,起刀点和退刀点必须离开加工零件上表面有一个安全高度,保证刀具在停止状态时,不与加工零件和夹具发生碰撞。在安全高度位置时刀具中心(或刀尖)所在的平面也称为安全面,如图 3-61 所示。

3. 二维轮廓加工的切入/切出路线

对于铣削加工,刀具切入工件的方式不仅影响加工质量还直接关系到加工安全。对于二维轮廓加工,一般要求从侧向切入或沿切线方向切入,尽量避免垂直切入,切出方式也

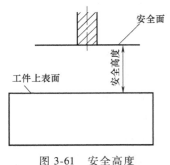

图 3-61　安全高度

应从侧向或切向切出。图 3-62 所示为侧向切入和切出，切向切入和切出如图 3-63 所示。

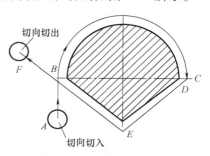

图 3-62　侧向切入和切出　　　　　　　　　　图 3-63　切向切入和切出

　　铣削封闭的内轮廓表面时，为保证轮廓曲线光滑过渡，也应沿轮廓的切向切入和切出。如果切入和切出无法外延，切入和切出应尽量采用圆弧过渡，如图 3-50、图 3-51 所示。若内轮廓曲线不允许切向外延，刀具只能沿内轮廓曲线的法向切入和切出，此时刀具的切入点和切出点应尽量选在内轮廓曲线两几何元素的交点处。

　　内外轮廓加工时应尽量避免进给停顿，这是因为加工过程中工艺系统（机床、夹具、刀具、工件）是平衡在弹性变形状态下，进给停顿时，切削力减小，平衡状态被改变，而刀具仍在旋转，于是在工件的停顿处留下凹痕，造成加工精度或表面质量误差。实际上，前述轮廓加工时应避免法向切入和切出，也是这个道理。

　　刀具从安全高度下降到切削高度时，应离开工件毛坯边缘一段距离，不能直接贴着加工零件理论轮廓直接下刀，以免发生危险，下刀运动过程最好不用快速（G00）运动，而用直线插补（G01）运动。

4. 型腔加工的进给路线

　　铣削凹槽或型腔时，通常有 3 种进给路线，所用刀具一般为立铣刀，其底角半径应符合凹槽的内角要求。图 3-64a 所示为行切法，图 3-64b 所示为环切法，行切法在相邻进给路线转接处会留下刀痕，使表面不光整；环切法刀位点的计算不方便。图 3-64c 所示为先采用行切法加工，最后环切一周光整加工轮廓内表面，加工质量最好。铣"中"字就采用了这种进给路线。

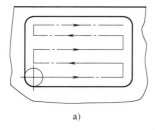
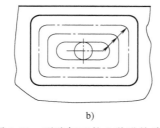
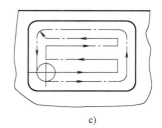

a)　　　　　　　　　　　b)　　　　　　　　　　　c)

图 3-64　型腔加工的 3 种进给路线

5. 型腔加工的 Z 向进给方式

　　加工型腔时，如果是与底面相通的型腔，则可先通过钻孔加工方式先加工出工艺孔，然后在工艺孔所在位置进行 Z 向进给。而加工不通的型腔时，加工过程中的主要问题是如何进行 Z 向切深进给。通常，选择的刀具种类不同，其进给方式也各不相同。在数控加工中，常用的型腔加工 Z 向进给方式主要有以下几种。

（1）垂直切深进给　采用垂直切深进给时，必须选择切削刃过中心的键槽铣刀或钻铣刀进行加工，而不能采用立铣刀进行加工（立铣刀的中心处没有切削刃）。另外，由于采用这种进给方式切削时，刀具中心的切削线速度为零，在加工过程中容易产生振动，从而损坏刀具。因此，即使选用键槽铣刀进行加工，也应选择较低的切削进给速度（通常为 XY 平面内切削进给速度的一半）。

（2）通过工艺孔进给　在型腔加工过程中，有时需用立铣刀来加工内型腔，以保证刀具的强度。由于立铣刀无法进行 Z 向垂直进给，可选用直径稍小的钻头在指定的进给位置先加工出工艺孔，再以立铣刀进行 Z 向垂直切深进给。

（3）三轴联动斜线进给　采用立铣刀加工型腔时，也可直接用立铣刀采用三轴联动斜线方式进给，从而避免刀具中心部分参加切削。但这种进给方式无法实现 Z 向进给与轮廓加工的平滑过渡，容易产生加工痕迹。这种进给方式的编程应用见程序 O3202。

（4）三轴联动螺旋线进给　采用三轴联动的另一种进给方式是螺旋线进给方式。这种进给方式容易实现 Z 向进给与轮廓加工的自然平滑过渡，不会产生加工过程中的刀具接痕。因此，在手工编程和自动编程的型腔铣削中广泛使用这种进给方式。这种进给方式的刀具轨迹如图 3-65 所示，其编程格式如下：

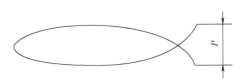

图 3-65　螺旋线进给方式的刀具轨迹

G02/G03 X ___ Y ___ Z ___ R ___;　　　（非整圆加工的螺旋线指令）

G02/G03 X ___ Y ___ Z ___ I ___ J ___ K ___;（整圆加工的螺旋线指令）

6. 顺铣和逆铣的选择

（1）顺铣和逆铣的定义　铣削加工有顺铣和逆铣两种方式，逆铣是指在铣刀与工件相切点上，刀具旋转的切线方向与工件的进给方向相反；顺铣是指在铣刀与工件相切点上，刀具旋转的切线方向与工件的进给方向一致，如图 3-66 所示。

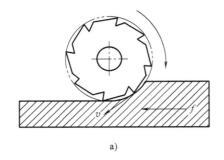
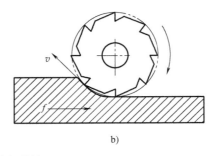

图 3-66　顺铣与逆铣

a）顺铣　b）逆铣

（2）顺铣和逆铣对切削力的影响　铣削加工过程中，刀具对工件的作用力如图 3-67 所示。逆铣时作用于工件上的垂直切削分力始终向上，有将工件抬起的趋势，易引起振动，影响工件的夹紧，这种情况在铣削薄壁和刚性差的工件时表现得尤为突出。顺铣时作用于工件上的垂直切削分力始终向下，这对工件的夹紧有利。

铣床工作台的移动是由丝杠螺母传动的，丝杠螺母间有螺纹间隙。顺铣时工件受到的纵

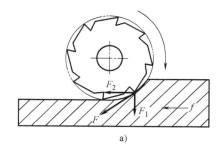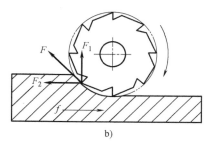

图 3-67　刀具对工件的作用力
a）顺铣　b）逆铣

向分力与进给运动方向相同，而一般主运动的速度大于进给速度，因此纵向分力有使接触的螺纹传动面分离的趋势，当铣刀由于切到材料上的硬点或因切削厚度变化等原因引起纵向分力增大，超过工作台进给摩擦阻力时，原是螺纹副推动的运动形式变成了由铣刀带动工作台窜动的运动形式，引起进给量突然增加。这种窜动现象不仅会引起"扎刀"，损坏加工表面，严重时还会使刀齿折断，或使工件夹具移位，甚至损坏机床。逆铣时工件受到的纵向分力与进给运动方向相反，丝杠与螺母的传动工作面始终接触，由螺纹副推动工作台运动，使工作台运动比较平稳。

（3）顺铣和逆铣对刀具弹性变形的影响　如图 3-67 所示，采用立铣刀顺铣切削工件轮廓时，工件对刀具的反作用力指向刀具方向，刀具的弹性变形使刀具产生"让刀"（即少切）现象。采用立铣刀逆铣切削工件轮廓时，工件对刀具的反作力指向轮廓内部，刀具的弹性变形使刀具产生"啃刀"（即过切）现象。刀具直径越小、刀杆伸得越长时，"让刀"和"啃刀"现象越明显。针对这种现象，粗加工采用顺铣时，可少留精加工余量。粗加工采用逆铣时，应多留精加工余量，以防"过切"产生工件报废。

（4）顺铣和逆铣对刀具磨损的影响　顺铣的垂直铣削分力将工件压向工作台，刀齿与已加工面滑行、摩擦力小，对减小刀齿磨损、减少加工硬化现象和减小表面粗糙度的值均有利。另外，顺铣时刀齿的切削厚度是从最大到零，使刀齿切入工件时的冲击力较大，尤其工件待加工表面是毛坯或者有硬皮时，会使刀具体产生较大的振动。但顺铣时刀齿在工件上走过的路程比逆铣的短，平均切削厚度大。因此，在相同的切削条件下，采用逆铣时刀具易磨损，消耗的切削功率要多些。

逆铣时，每个刀齿的切削厚度由零增至最大。但切削刃并非绝对锋利，铣刀刃口处总有圆弧存在，刀齿不能立刻切入工件，而是在已加工表面上挤压滑行，使该表面的硬化现象严重，影响了表面质量，也使刀齿的磨损加剧。

（5）顺铣和逆铣的选择　采用顺铣时，首先要求机床具有间隙消除机构，能可靠地消除工作台进给丝杠与螺母间的间隙，以防止铣削过程中产生的振动。如果工作台由液压驱动则最为理想。其次，要求工件毛坯表面没有硬皮，工艺系统要有足够的刚性。如果以上条件能够满足，应尽量采用顺铣，特别是对难加工材料的铣削，采用顺铣可以减小切削变形，降低切削力和切削功率。

数控铣床（加工中心）具有消隙机构，传动机构的反向间隙较小，但如果让数控铣床

（加工中心）长期在顺铣状态下重切削，也会造成传动机构精度的明显下降，因此，采用顺铣加工一定要注意被加工对象和工艺参数的选择。

零件粗加工时，通常采用逆铣的切削加工方式，因为逆铣时刀具从已加工表面切入，不会崩刃，且机床的传动间隙不会引起振动和爬行。精加工时，为防止"过切"现象，通常采用顺铣的加工方式。

（6）面铣刀铣削方式的选择 一般来说，面铣刀的直径应比切宽大 20%～50%。为了获得最佳的切削效果，推荐采用图 3-68a 所示的不对称铣削位置。另外，为提高刀具寿命，推荐采用顺铣，如图 3-69a 所示。

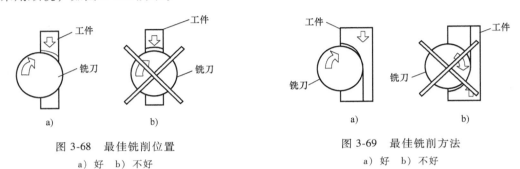

图 3-68 最佳铣削位置
a）好 b）不好

图 3-69 最佳铣削方法
a）好 b）不好

7. 分层铣削

粗加工时，如果总的背吃刀量或侧吃刀量较大，为了延长刀具寿命、保证工件表面的加工质量，往往采用分层铣削。加工薄壁工件时，虽然总的背吃刀量或侧吃刀量并不大，但为了减小工件的变形，也可采用分层铣削。

分层铣削轮廓后，层与层之间会留下接刀痕，为了提高轮廓的加工质量，分层加工时，宜留精加工余量，分层加工完成后，再沿轮廓精加工（背吃刀量尽量为整个加工深度）。

分层铣削的背吃刀量，一般根据工件材料、刀具尺寸与刀具材料而确定。用立铣刀铣削盘类零件的周边轮廓，加工高度（Z 方向的背吃刀量）最好不要超过刀具的半径。

十、印章体（正面）的仿真加工全过程

（1）程序准备 先按 O3201、O3203、O3204、O3205 的顺序将这四个程序合并为一个程序（不对四个程序进行任何修改），再将合并后的程序保存为 O3201.txt 文件；同样，按 O3202、O3206、O3207、O3208、O3209、O3210、O3211 的顺序将这七个程序合并为一个程序，并将合并后的程序保存为 O3202.txt 文件。

（2）打开上海宇龙数控仿真软件

（3）选择机床 在菜单栏单击"机床"→"选择机床…"，弹出"选择机床"对话框，在"控制系统"中选择"华中数控"，在"机床类型"中选择"铣床"，在"机床规格"下拉列表中选择"标准铣床"，在大列表框中选择"标准"，单击"确定"按钮。

在标准工具栏单击"选项"按钮，弹出"视图选项"对话框，取消其中的"显示机床罩子"单选项，单击"确定"按钮，弹出图 3-70 所示的操作界面。

（4）机床、回零

1）单击"紧急停止"按钮，将其松开。

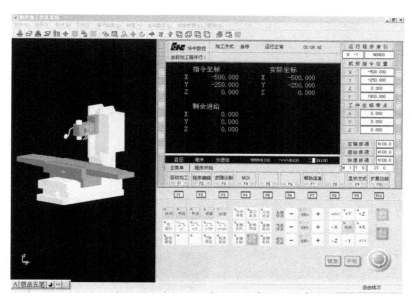

图 3-70 华中世纪星标准数控铣床操作界面

2）依次单击 `+z`、`+Y`、`+X` 按钮，完成机床回零操作。

（5）导入程序 O3201 单击 `自动加工 F1` 对应的软键 `F1`，单击 `程序选择 F1` 对应的软键 `F1`，单击 `磁盘程序 F1` 对应的软键 `F1`，弹出图 3-71 所示的对话框，单击 `键盘` 按钮，弹出 MDI 键盘，单击键盘上的 `Tab` 键，单击键盘上的方位键 `▼`，单击键盘上的 `Enter` 键，将文件类型设置为 ".txt"，单击键盘上的 `Tab` 键 4 次，操作键盘上的方位键 `▼` 或 `▲` 找到文件 O3201.txt 所在的磁盘，单击键盘上的 `Enter` 键，单击键盘上的 `Tab` 键，操作键盘上的方位键 `▼`、`▲`、`▶`、`◄` 找到文件 O3201.txt 所在的文件夹，单击键盘上的 `Enter` 键。直到找到文件 O3201.txt 后单击键盘上的 `Enter` 键，完成程序的导入。

单击 `显示方式 F9` 对应的软键 `F9`，单击 `显示模式 F6` 对应的软键 `F6`，单击 `正文 F3` 对应的软键 `F3`，程序显示在 CRT 上。

（6）检查程序 O3201 的运行轨迹 单击 `键盘` 按钮，隐藏 MDI 键盘，单击操作面板上的 `自动` 按钮，切换到自动状态，单击 `程序校验 F3` 对应的软键 `F3`，转入程序校验状态，单击 `循环启动` 按钮，即可观察数控程序的运行轨迹，如图 3-72 所示。单击 `程序校验 F3` 对应的软键 `F3`，退出程序校验状态。

说明：在实际操作数控机床时，通常先按下机床操作面板上的"锁住 Z 轴"等按钮使机床 Z 轴锁住，再采用空运行模式运行加工程序，同时绘制出刀具轨迹。采用这种方式绘制刀具轨迹后，在加工前需重新执行回参考点操作。

（7）安装工件 参考推板上表面的加工步骤完成工件安装（毛坯尺寸为 100mm×86mm×35mm）。

（8）安装 φ20mm 的立铣刀 将刀具名称为 DZ2000-20 的立铣刀安装到主轴上。

图 3-71　"选择 G 代码程序"对话框

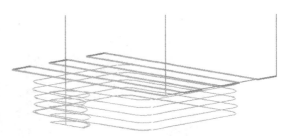

图 3-72　程序 O3201 的运行轨迹

（9）X 方向对刀

1）起动主轴正转：单击操作面板上的"手动"按钮手动，单击操作面板上的"主轴正转"按钮主轴正转，主轴正转。

2）移动刀具至加工位置：通过操作面板上的 -X 、-Y 、-Z 等机床移动按钮将刀具大致移动到图 3-73 所示的位置。

3）在菜单栏单击"塞尺检查"→"1mm"，将塞尺添加到刀具与工件之间。

4）单击操作面板上的 增量 按钮，切换到增量状态；通过调节操作面板上的倍率按钮 x1000 、x100 、x10 、x1 和 +X 按钮移动工作台，直到弹出"塞尺检测的结果：合适"的"提示信息"对话框。也可以单击 手轮 按钮，显示图 3-74 所示的手轮操作面板，通过操作手轮，直到弹出"塞尺检测的结果：合适"的"提示信息"对话框。记下此时"机床指令位置"显示的 X 值 X_1（如 $X_1 = -561.000$ mm），如图 3-75 所示。

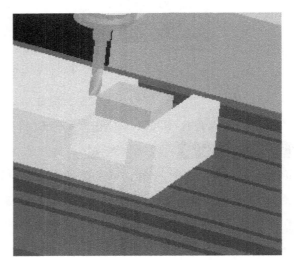

图 3-73　刀具位于工件左侧附近

5）单击操作面板上的"手动"按钮手动，转入手动操作方式，通过操作面板上的方向移动按钮将刀具移动到工件右侧靠近工件的位置，如图 3-76 所示。

图 3-74　手轮操作面板

机 床 指 令 位 置	
X	-561.000
Y	-424.900
Z	-311.466
F	4200.000

图 3-75　机床指令位置

6）参照上面的操作，移动刀具靠近工件，直到弹出"塞尺检测的结果：合适"的"提示信息"对话框。记下此时"机床指令位置"显示的 X 值 X_2（如 $X_2 = -439.00mm$）。

7）计算 X 轴的工件坐标原点 $X = (X_1 + X_2)/2$（如 $X = -500.000mm$）。

（10）Y 方向对刀　参照 X 方向对刀步骤，可得到工件坐标系原点的 Y 坐标（如 $Y = -415.000mm$）。

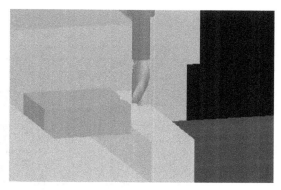

图 3-76　刀具位于工件右侧附近

（11）$\phi20mm$ 立铣刀 Z 方向对刀　由于本次装夹需要用到 $\phi20mm$ 和 $\phi8mm$ 两把立铣刀完成加工，两把刀的 Z 向对刀基准面为工件的顶面，而这两把刀的长度不等。$\phi20mm$ 的立铣刀 Z 方向对刀时，可用工件的顶面（毛坯面）作为对刀基准，完成顶面的加工后，该对刀基准就不存在了。为此，可选择夹具平口钳的上表面作为两把刀的对刀基准面。

1）以工件的上表面（毛坯面）作为对刀基准，用 1mm 的塞尺对刀，直到弹出"塞尺检测的结果：合适"的"提示信息"对话框。记下"机床指令位置"显示的 Z 值 Z_1（如 $Z_1 = -297.00mm$），则 Z 轴的编程坐标系原点坐标为 $Z_{20} = Z_{1-1}$（如 $Z_{20} = -298.000mm$）。

2）平口钳上表面作为对刀基准面，用 1mm 的塞尺对刀，直到弹出"塞尺检测的结果：合适"的"提示信息"对话框。记下"机床指令位置"显示的 Z 值 Z_2（如 $Z_2 = -322.000mm$）。

3）计算以上两个对刀基准面之间的距离 Z_t，$Z_t = Z_1 - Z_2$（如 $Z_t = -297.000 + 322.000 = 25.000mm$）。

（12）通过 G54 指令设置工件坐标系原点　单击 返回 F10 对应的软键 F10，单击 MDI F4 对应的软键 F4，单击 坐标系 F3 对应的软键 F3，进入图 3-77 所示的"自动坐标系 G54"界面，单击 键盘 按钮，弹出 MDI 键盘，输入 X-500.0Y-415.0Z-298.0，单击键盘上的 Enter 键，完成 G54 坐标系的设置。

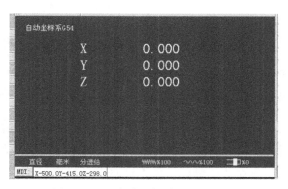

图 3-77　"自动坐标系 G54"界面

（13）设置刀尖圆弧半径补偿值　单击 返回 F10 对应的软键 F10，单击 刀具表 F2 对应的软键 F2，进入刀具补偿设置界面，操作 MDI 键盘上的光标移动键，将光标移动到刀号#0001 半径所在的位置后，单击键盘上的 Enter 键，通过 MDI 键盘输入 10.5，单击键盘上的 Enter 键，完成 D01 的刀补参数设置。用同样的方法完成 D02 的刀补参数设置，刀补值为 10.0mm，如图 3-78 所示。

（14）程序 O3201 自动加工

刀具表:

刀号	组号	长度	半径	寿命	位置
#0000	-1	0.000	0.000	0	-1
#0001	-1	0.000	10.500	0	-1
#0002	-1	0.000	10.000	0	-1
#0003	-1	0.000	4.250	0	-1
#0004	-1	0.000	4.000	0	-1
#0005	-1	0.000	0.000	0	-1
#0006	-1	0.000	0.000	0	-1
#0007	-1	0.000	0.000	0	-1
#0008	-1	0.000	0.000	0	-1
#0009	-1	0.000	0.000	0	-1
#0010	-1	0.000	0.000	0	-1
#0011	-1	0.000	0.000	0	-1
#0012	-1	0.000	0.000	0	-1

图 3-78　刀具补偿设置界面

1）单击 返回 F10 对应的软键 F10，CRT 显示程序，单击 键盘 按钮，隐藏 MDI 键盘。

2）收回塞尺，并将刀具抬起。

3）单击操作面板上的 自动 按钮，切换到自动状态。单击 循环启动 按钮，即开始自动加工。

（15）安装 ϕ8mm 立铣刀

1）从主轴上拆除 ϕ20mm 立铣刀。

2）安装刀具名称为 DZ2000-8 的立铣刀。

（16）ϕ8mm 立铣刀 Z 向对刀　主轴正转，以平口钳上表面作为对刀基准面，使用 1mm 的塞尺进行对刀。直到弹出“塞尺检测的结果：合适”的“提示信息”对话框。记下“机床指令位置”显示的 Z 值 Z_3（如 $Z_3=-367.000$mm），考虑两个对刀基准面之间的距离及塞尺的厚度计算出 Z 轴工件坐标系原点 Z_8，$Z_8=Z_3+Z_t-1.0$（如 $Z_8=$（$-367.000+25.000-1.000$）mm$=-343.000$mm）。

（17）修改 G54 中 Z 坐标参数值　单击 返回 F10 对应的软键 F10，单击 MDI F4 对应的软键 F4，单击 坐标系 F3 对应的软键 F3，进入图 3-77 所示的“自动坐标系 G54”界面，单击 键盘 按钮，弹出 MDI 键盘，输入 Z-343.0，单击键盘上的 Enter 键，完成 G54 坐标系的设置。

（18）输入刀尖圆弧半径补偿值　单击 返回 F10 对应的软键 F10，单击 刀具表 F2 对应的软键 F2，进入刀具补偿设置界面，操作 MDI 键盘上的光标移动键，将光标移动到刀号#0003 半径所在的位置后，单击键盘上的 Enter 键，通过 MDI 键盘输入 4.25，单击键盘上的 Enter 键，完成 D03 的刀补参数设置。用同样的方法完成 D04 的刀补参数设置，刀补值为 4.0mm，如图 3-78 所示。

（19）导入程序 O3202　参考程序 O3201 的导入过程导入程序 O3202。

（20）检查程序 O3202 的运行轨迹　参考检查程序 O3201 运行轨迹的过程检查程序 O3202 的运行轨迹，如图 3-79 所示。

（21）程序 O3202 自动加工　参考程序 O3201 的自动加工操作过程完成程序 O3202 的自动加工。加工结果如图 3-80 所示。

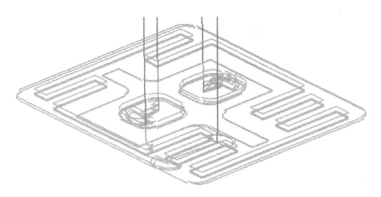

图 3-79　程序 O3202 的运行轨迹

十一、训练任务

1）图 3-81 所示零件的毛坯尺寸为 86mm×
60mm×20mm，已完成外表面的加工，材料为
45 钢，试编制槽的数控加工程序。

2）图 3-82 所示零件的毛坯尺寸为100mm×
80mm×22mm，已完成外表面的加工，材料为
45 钢，试编制内外轮廓的数控加工程序。

3）分析图 3-83 所示零件的加工工艺，制
订必要的工艺文件，编制数控加工程序并完成
加工，材料为 45 钢。

图 3-80　加工印章体（正面）

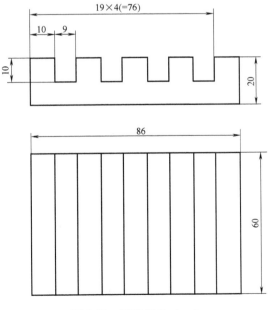

图 3-81　训练任务（一）

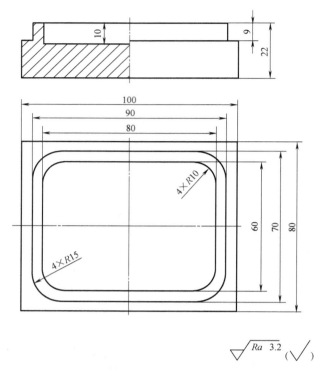

图 3-82 训练任务（二）

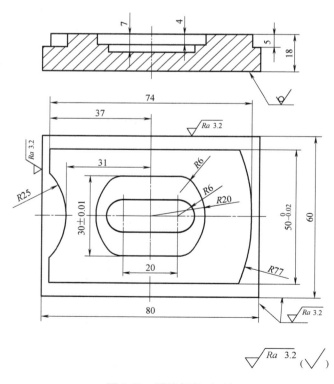

图 3-83 训练任务（三）

第四章

加工中心编程与加工

第一节　推板孔系的数控编程与加工

一、教学目标

（1）能力目标

1）能读懂用加工中心加工推板孔系的数控程序。

2）能操作虚拟加工中心完成推板孔系的加工。

3）能确定加工中心的加工对象。

4）能用 M06、G28、G43、G44、G49 等指令编制数控加工程序。

（2）知识目标

1）掌握加工中心的功能特点及加工对象。

2）掌握 M06、G28、G29、G43、G44、G49 等指令的用法。

3）理解编制加工中心加工程序的特点和步骤。

4）理解加工中心对刀及参数设置方法，理解加工中心的加工步骤及要领。

二、编制推板孔系的数控加工程序

第三章在数控铣床上完成了推板孔系的加工，本节将在立式加工中心上完成推板孔系的加工。推板的零件图样如图 3-1 所示，加工工序见表 3-2，工件安装和零点的设定见表 3-3。$\phi2mm$ 中心钻、$\phi6.5mm$ 麻花钻和 $\phi11mm$ 铣刀的刀号分别编为 T01、T02、T03。在配有 FU-NAC 0i 数控系统的立式加工中心上加工推板孔系，数控程序见表 4-1。

表 4-1　立式加工中心上加工推板孔系程序

编程过程	程序内容
编写程序名	O4001;
建立工件坐标系,系统状态初始化	G54　G17　G21　G90　G40　G49　G80　G94;
主轴停转,Z 轴返回参考点	G91　G28　Z0　M05;

（续）

编 程 过 程	程 序 内 容
将 T01 号刀更换到主轴上	M06　T01;
指定主轴转向和转速	M03　S1000.0;
刀具长度补偿,至初始点所在平面	G90　G43　G00　Z100.0　H01;
刀位点运动至孔 1 中心位置	X-66.0　Y-36.0;
钻孔 1,刀位点返回 R 点	G99　G81　Z-3.0　R3.0　F200.0;
钻孔 2,刀位点返回 R 点	Y36.0;
钻孔 3,刀位点返回 R 点	X66.0;
钻孔 4,刀位点返回初始点所在的平面	G98　Y-36.0;
取消固定循环,取消刀具长度补偿	G80　G49;
主轴停,Z 轴返回参考点	G91　G28　Z0　M05;
将 T02 号刀更换到主轴上	M06　T02;
指定主轴转向和转速	M03　S750.0;
XY 平面内定位至孔 1 中心点,切削液开	G90　G00　X-66.0　Y-36.0　M08　T03;
刀具长度补偿,至初始点所在平面	G43　G00　Z100.0　H02;
钻孔 1,刀位点返回 R 点	G99　G73　Z-20.8　R3.0　Q3.0　F100.0;
钻孔 2,刀位点返回 R 点	Y36.0;
钻孔 3,刀位点返回 R 点	X66.0;
钻孔 4,刀位点返回初始点所在的平面	G98　Y-36.0;
取消固定循环,取消刀具长度补偿	G80　G49;
主轴停,Z 轴返回参考点	G91　G28　Z0　M05;
将 T03 号刀更换到主轴上	M06　T03;
指定主轴转向和转速	M03　S580.0;
XY 平面内定位至孔 1 中心点	G90　G00　X-66.0　Y-36.0;
刀具长度补偿,至初始点所在平面	G43　G00　Z100.0　H03;
铣孔 1,刀位点返回 R 点	G99　G82　Z-7.4　R3.0　P100　F140.0;
铣孔 2,刀位点返回 R 点	Y36.0;
铣孔 3,刀位点返回 R 点	X66.0;
铣孔 4,刀位点返回初始点所在的平面	G98　Y-36.0;
取消固定循环,取消刀具长度补偿	G80　G49　M09;
Z 轴返回参考点	G91　G28　Z0;
程序结束	M30;

三、推板孔系的仿真加工全过程

（1）程序准备　通过记事本录入程序 O4001 并将其保存为 O4001.txt 文件,以备调用。

（2）打开上海宇龙数控仿真软件

（3）选择机床　在菜单栏单击"机床"→"选择机床…",弹出"选择机床"对话框,在"控制系统"中选择"FANUC",选择"FANUC 0i",在"机床类型"中选择"立式加工中心",在"机床规格"下拉列表中选择"标准立式加工中心",选择"北京第一机床厂XKA714/B",单击"确定"按钮。

在标准工具栏单击"选项"按钮🔍,弹出"视图选项"对话框,取消其中的"显示机床罩子"单选项,单击"确定"按钮,弹出图4-1所示的操作界面。

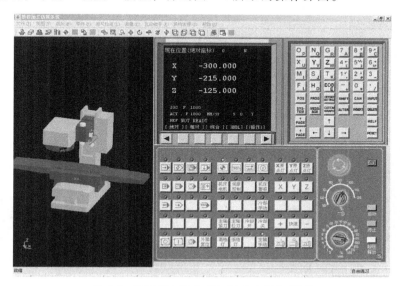

图4-1　XKA714/B立式加工中心操作界面

（4）机床回零

（5）导入程序O4001

（6）检查程序O4001的运行轨迹

（7）安装工件　毛坯尺寸为150mm×90mm×15.8mm,夹具选用平口钳。

（8）安装刀具

1）参考第三章推板孔系的加工步骤向铣刀刀库添加φ11mm立铣刀和φ6.5mm钻头。

2）在菜单栏单击"机床"→"选择刀具",弹出"刀具选择"对话框,在"所需刀具直径"文本框中输入6.5,在"所需刀具类型"下拉列表中选择"钻头",单击"确定"按钮,在"已选择刀具"列表框中选择序号"2",在"可选刀具"列表框中选择刀具名称为"6.5"的钻头,单击"添加到主轴"按钮,将2号刀安装到主轴上。

在"所需刀具直径"文本框中输入2,在"所需刀具类型"下拉列表中选择"钻头",单击"确定"按钮,在"已选择刀具"列表框中选择序号"1",在"可选刀具"列表框中选择刀具名称为"中心钻-φ2"的钻头,将中心钻安装到1号刀位上。

在"所需刀具直径"文本框中输入11,在"所需刀具类型"下拉列表中选择"平底刀",单击"确定"按钮,在"已选择刀具"列表框中选择序号"3",在"可选刀具"列表框中选择刀具名称为"11"的平底刀,将平底刀安装到3号刀位上。单击"确认"按钮,完成刀具的安装,如图4-2所示。

（9）T02号刀（φ6.5mm钻头）X方向对刀

1）将刀具移动到工件左侧附近,如图4-3所示。

2）在菜单栏单击"塞尺检查"→"1mm"，将塞尺添加到刀具与工件之间。

3）单击操作面板上的"手动脉冲"按钮 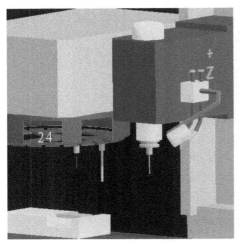，系统处于手轮操作模式，通过手轮操作使刀具靠近工件，直到弹出"塞尺检测的结果：合适"的"提示信息"对话框。

4）X 坐标清零：单击 MDI 键盘上的 **POS** 键，单击"综合"软键，利用 MDI 键盘输入 X，单击 MDI 键盘上的 **CAN** 键，X 相对坐标变为 0。

5）将刀具移动到工件右侧附近。

图 4-2 安装刀具

图 4-3 刀具移动到工件左侧附近

6）单击操作面板上的"手动脉冲"按钮 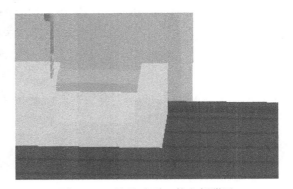，系统处于手轮操作模式，通过手轮操作使刀具靠近工件，直到弹出"塞尺检测的结果：合适"的"提示信息"对话框。记下 CRT 显示的 X 坐标（相对坐标）X_1。

7）收回塞尺。

8）转入手动操作模式，抬刀至工件上表面之上，沿 X 方向移动刀具到工件中间附近，转入手轮操作模式，操作手轮，直到 CRT 上 X 的相对坐标显示为 $X_1/2$。

9）单击 MDI 面板上的 **OFFSET SETTING** 按钮 3 次，CRT 显示工件坐标系参数设定界面，单击 MDI 键盘上的方位键 **↓** 按钮 3 次，将光标移至 G54 坐标参数设定区的 X 坐标，利用 MDI 键盘输入 X0，单击"测量"软键，即完成 T02 号刀 X 方向的对刀。

（10）T02 号刀（$\phi6.5mm$ 钻头）Y 方向对刀 参照 T02 号刀（$\phi6.5mm$ 钻头）X 方向对刀的操作步骤，完成 Y 方向的对刀。

（11）T02 号刀（$\phi6.5mm$ 钻头）Z 方向对刀

1）以工件上表面为对刀基准面，用 1mm 的塞尺对刀，直到弹出"塞尺检测的结果：合适"的"提示信息"对话框。单击 MDI 键盘上的 **POS** 键，记下 CRT 上显示 Z 的机械坐标 $Z2$（对其他刀要用到 $Z2$）。

2）单击 MDI 面板上的 **OFFSET SETTING** 按钮 3 次，CRT 显示工件坐标系参数设定界面，单击 MDI 键盘上的方位键 **↓** 按钮 5 次，将光标移至 G54 坐标参数设定区 Z 坐标所在位置，利用 MDI 键盘输入 Z1.0（塞尺的厚度），单击 CRT 上的"测量"软键，完成 Z 方向的对刀。

（12）将 T03 号刀（ϕ11mm 立铣刀）换到主轴上

1）在菜单栏单击"塞尺检查"→"收回塞尺"。

2）单击操作面板上的 MDI 键 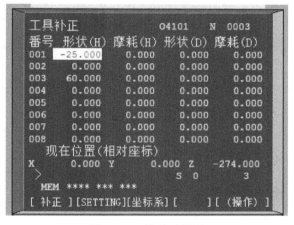，进入手动输入模式；单击 MDI 键盘上的"程序"键 PROG，CRT 进入图 4-4 所示的程序输入界面。利用 MDI 键盘输入（输入一个程序段后按 INSERT 键）：

G91　G28　Z0；

M06　T03；

单击"复位"键 RESET，光标返回程序头。单击操作面板上的"循环启动"按钮，将 T03 号刀（ϕ11mm 立铣刀）换到主轴上。

（13）测出 T03 号刀与 T02 号刀之间的长度差值　以工件上表面为对刀基准面，用 1mm 的塞尺对 ϕ11mm 立铣刀进行 Z 向对刀，直到弹出"塞尺检测的结果：合适"的"提示信息"对话框。单击 MDI 键盘上的 POS 键，记下 CRT 上显示 Z 的机械坐标 Z_3。计算 T03 号刀与 T02 号刀之间的长度差值 Z_{32}，$Z_{32} = Z_3 - Z_2$。

图 4-4　MDI 程序输入界面　　　　　　图 4-5　工具补正界面

（14）设置 T03 号刀刀具长度补偿值　单击 MDI 面板上的 OFFSET SETTING 按钮，CRT 转到工具补正界面，将 T03 号刀的长度补偿值设置为 Z_{32}，如图 4-5 所示。

（15）将 T01 号刀（ϕ2mm 中心钻）换到主轴上

1）在菜单栏单击"塞尺检查"→"收回塞尺"。

2）单击操作面板上的 MDI 键 ，进入手动输入模式；单击 MDI 键盘上的程序键 ，CRT 进入图 4-4 所示的程序输入界面。利用 MDI 键盘输入（输入一个程序段后按 INSERT 键）：

G91　G28　Z0；

M06　T01；

单击复位键 ，光标返回程序头。单击操作面板上的"循环启动"按钮 INSERT，将 T01 号刀换到主轴上。

（16）测出 T01 号刀与 T02 号刀之间的长度差值　以工件上表面为对刀基准面，用 1mm 的塞尺对 $\phi2mm$ 中心钻进行 Z 向对刀，直到弹出"塞尺检测的结果：合适"的"提示信息"对话框。单击 MDI 键盘上的 **POS** 键，记下 CRT 上显示 Z 的机械坐标 Z_1。计算 T01 号刀与 T02 号刀之间的长度差值 Z_{12}，$Z_{12} = Z_1 - Z_2$。

（17）设置 T01 号刀刀具长度补偿值　单击 MDI 面板上的 **OFFSET SETTING** 按钮一次，CRT 转到工具补正界面，将 T03 号刀的长度补偿值设置为 Z_{12}，如图 4-5 所示。

（18）校对设定值（以校对 T01 号刀 Z 向设定值为例）

1）将 T01 号刀移离工件。

2）单击操作面板上的 MDI 键 **[图]**，进入手动输入模式；单击 MDI 键盘上的程序键 **PROG**，CRT 进入图 4-4 所示的程序输入界面。利用 MDI 键盘输入下面的程序段（输完程序段后按 **INSERT** 键）：

G54　G90　G43　G00　Z0　H01；

单击操作面板上的"循环启动"按钮 **[↓]**，观察刀具与工件 Z 向的位置关系。

（19）自动加工

1）在菜单栏单击"塞尺检查"→"收回塞尺"。

2）通过"视图"菜单中的"动态旋转""动态放缩""动态平移"等方式调整加工观察角度。

3）单击操作面板上的"自动运行"按钮 **[→]**，对应的指示灯变亮，进入自动加工模式。

4）单击 MDI 键盘上的程序键 **PROG**，CRT 显示加工程序 O4101。

5）单击操作面板上的"循环启动"按钮 **[↓]**，完成推板孔系的加工。加工结果如图 4-6 所示。

图 4-6　加工推板孔系

（20）保存项目

读者可以通过对比分别用立式加工中心和立式数控铣床加工推板孔系的过程，体会加工中心与数控铣床加工的异同。

四、认识加工中心

1. 加工中心的概念

加工中心（Machining Center，MC）是目前世界上产量最高、应用最广泛的数控机床之一。它主要用于箱体类零件和复杂曲面零件的加工，能把铣削、镗削、钻削、攻螺纹、车螺纹等功能集中在一台设备上。因为它具有多种换刀或选刀功能及自动工作台交换装置（APC），故工件经一次装夹后，可自动地完成或接近完成工件各面的所有加工工序，从而使生产效率和自动化程度大大提高，因此加工中心又称为自动换刀数控机床或多工序数控机床。

加工箱体类零件的加工中心，一般是在镗、铣床的基础上发展起来的，可称为镗铣类加工中心，习惯上称为加工中心。另外，还有一类加工中心，以轴类零件为主要加工对象，是在车床基础上发展起来的，一般具有 C 轴控制，除可进行车削、镗削之外，还可进行端面和周面上任意部位的钻削、铣削和攻螺纹加工，在具有插补功能的条件下，可以实现各种曲面铣削加工，这类加工中心习惯上称为车铣中心或车削中心。

加工中心具有良好的加工一致性和经济效益，它与单机操作相比，能排除在很长的工艺流程中许多人为的干扰因素，具有较高的生产效率和质量稳定性。一个程序在计算机控制下反复使用，保证了加工零件尺寸的一致性和互换性。同时，由于工序集中和具有自动换刀功能，零件在一次装夹后可完成有精度要求的铣、钻、扩、铰、镗、锪、攻螺纹等复合加工。

加工中心的加工范围主要取决于刀库容量。刀库是多工序集中加工的基本条件，刀库中刀具的存储量一般有 10~40 把、60 把、80 把、100 把、120 把等多种规格，有些柔性制造系统配有中央刀库，可以存储上千把刀具。刀库中刀具容量越大，加工范围越广，加工的柔性程度越高，一些常用刀具可长期装在刀库上，需要时随时调整，大大减少了更换刀具的准备时间。具有大容量刀库的加工中心，可实现多品种零件的加工，从而最大限度地发挥加工中心的优势。

加工中心除了具有直线插补和圆弧插补功能外，还具有各种固定加工循环、刀具半径补偿、刀具长度补偿、在线检测、刀具寿命管理、故障自动诊断、加工过程图形显示、人-机对话、离线编程等功能。

2. 加工中心的分类

（1）按功能特征分类　按功能特征分类可分为镗铣、钻削和复合加工中心。

1）镗铣加工中心：镗铣加工中心以镗铣为主，适用于箱体、壳体加工以及各种复杂零件的特殊曲线和曲面轮廓的多工序加工，适用于多品种、小批量的生产方式。

2）钻削加工中心：它以钻削为主，刀库形式以转塔头形式为主，适用于中、小批量零件的钻孔、扩孔、铰孔、攻螺纹及连续轮廓铣削等多工序加工。

3）复合加工中心：复合加工中心主要指五面复合加工，可自动回转主轴头，进行立卧加工。主轴自动回转后，在水平和垂直面实现刀具自动交换。

（2）按工作台结构特征分类　加工中心的工作台有各种结构，按工作台结构特征分类，可分成单、双和多工作台。设置工作台的目的是为了缩短零件的辅助准备时间，提高生产效率和机床自动化程度。最常见的是单工作台和双工作台两种形式。

（3）按主轴结构特征分类　按主轴结构特征分类，可分为单轴、双轴、三轴及可换主轴箱的加工中心。

（4）按自动换刀装置分类　按自动换刀装置分类可分为以下 4 种。

1）转塔头加工中心：有立式和卧式 2 种。主轴数一般为 6~12 个，这种结构换刀时间短、刀具数量少、主轴转塔头定位精度要求较高。

2）刀库+主轴换刀加工中心：这种加工中心的特点是无机械手式主轴换刀，利用工作台运动及刀库转动，并由主轴箱上下运动进行选刀和换刀。

3）刀库+机械手+主轴换刀加工中心：这种加工中心的结构多种多样，由于机械手卡爪可同时分别抓住刀库上所选的刀和主轴上的刀，换刀时间短，并且选刀时间与机加工时间重合，因此得到广泛应用。

4）刀库+机械手+双主轴转塔头加工中心：这种加工中心在主轴上的刀具进行切削时，通过机械手将下一步所用的刀具换在转塔头的非切削主轴上。当主轴上的刀具切削完毕后，转塔头即回转，完成换刀工作，换刀时间短。

（5）按主轴在加工时的空间位置分类

1）立式加工中心：主轴轴线垂直布置，结构多为固定立柱式，适合加工盘类零件。可在水平工作台上安装回转工作台，用于加工螺旋线。

2）卧式加工中心：主轴水平布置，带有分度回转工作台，有3~5个运动坐标，适合箱体类零件的加工。卧式加工中心又分为固定立柱式或固定工作台式。

3）龙门式加工中心：龙门式加工中心的主轴多为垂直布置，带有可更换的主轴头附件，一机多用，适合加工大型或形状复杂的零件。

4）万能加工中心：具有五轴以上的多轴联动功能，工件一次装夹后，可以完成除安装面外的所有面的加工。降低了工件的几何误差，可省去二次装夹，生产效率高，成本低。但此加工中心结构复杂。

另外，按加工中心立柱的数量分类，有单柱式和双柱式（龙门式）。

按加工中心运动坐标数和同时控制的坐标数分类，有三轴二联动、三轴三联动、四轴三联动、五轴四联动、六轴五联动等。三轴、四轴是指加工中心具有的运动坐标数，联动是指控制系统可以同时控制运动的坐标数，从而实现刀具相对工件的位置和速度控制。

按加工精度分类，有普通加工中心和高精度加工中心。普通加工中心的分辨率为 $1\mu m$，最大进给速度为 $15~25m/min$，定位精度为 $10\mu m$ 左右。高精度加工中心的分辨率为 $0.1\mu m$，最大进给速度为 $15~100m/min$，定位精度为 $2\mu m$ 左右。定位精度介于 $2~10\mu m$ 的，以 $\pm5\mu m$ 较多，可称精密级加工中心。

3. 加工中心的加工对象

加工中心适用于加工复杂、工序多、要求较高、需用多种类型的普通机床和众多刀具夹具，且需经多次装夹和调整才能完成加工的零件。其加工的主要对象有箱体类零件、复杂曲面、异形件、盘套板类零件和特殊加工5类。

（1）箱体类零件 箱体类零件一般是指具有一个以上孔系，内部有型腔，在长、宽、高方向有一定比例的零件。这类零件在机床、汽车、飞机制造等行业中使用较多。

箱体类零件一般需要进行多工位孔系及平面加工，公差要求较高，特别是几何公差要求较为严格，通常要经过铣、钻、扩、镗、铰、锪、攻螺纹等工序，需要刀具较多，在普通机床上加工难度大，工装套数多，费用高，加工周期长，需多次装夹、找正，手工测量次数多，加工时必须频繁地更换刀具，工艺难以制订，更重要的是精度难以保证。

加工箱体类零件的加工中心，当加工工位较多，需要工作台多次旋转才能完成加工时，一般选卧式镗铣类加工中心。当加工的工位较少，且跨距不大时，可选立式加工中心，从一端进行加工。

（2）复杂曲面 复杂曲面在机械制造业，特别是航空航天工业中占有特殊重要的地位。复杂曲面采用普通机加工方法是难以完成甚至无法完成的。在我国，传统的方法是采用精密铸造，但其精度难以保证。复杂曲面类零件包括各种叶轮、导风轮、球面、各种曲面成形模具、螺旋桨、水下航行器的推进器，以及一些其他形状的自由曲面等。

（3）异形件 异形件是外形不规则的零件，大都需要点、线、面多工位混合加工。异形件的刚性一般较差，夹压变形难以控制，加工精度也难以保证，甚至某些零件有的加工部位用普通机床无法完成。用加工中心加工时应采用合理的工艺措施，一次或二次装夹，利用加工中心多工位点、线、面混合加工的特点，完成多道工序或全部工序内容。

（4）盘套板类零件　带有键槽或径向孔，或端面有分布孔系，曲面的盘套或轴类零件，如带法兰的轴套，带键槽或方头的轴类零件等，还有具有较多孔加工的板类零件，如各种电动机盖等。端面有分布孔系、曲面的盘类零件宜选择立式加工中心，有径向孔的宜选择卧式加工中心。

（5）特殊加工　在操作人员熟练掌握加工中心的功能之后，配合一定的工装和专用工具，利用加工中心可完成一些特殊的工艺工作，如在金属表面上刻字、刻线、刻图案；在加工中心的主轴上装上高频电火花电源，可对金属表面进行线扫描表面淬火；用加工中心装上高速磨头，可实现小模数渐开线锥齿轮磨削及各种曲线、曲面的磨削等。

4. 加工中心的自动换刀装置

自动换刀装置的用途是按照加工需要，自动地更换装在主轴上的刀具，它是一套独立完整的部件。

（1）自动换刀装置的形式　自动换刀装置的结构取决于机床的类型、工艺范围及刀具的种类、数量等。自动换刀装置主要有回转刀架和带刀库的自动换刀装置两种形式。

回转刀架换刀装置的刀具数量有限，但结构简单，维护方便。

带刀库的自动换刀装置是由刀库和机械手组成的，它是多工序数控机床上应用广泛的换刀装置。其整个换刀过程较复杂，首先把加工过程中需要使用的全部刀具分别安装在标准刀柄上，在机外进行尺寸预调后，按一定的方式放入刀库；换刀时，先在刀库中进行选刀，并由机械手从刀库和主轴上取出刀具，在进行刀具交换后，将新刀具装入主轴，把旧刀具放回刀库。存放刀具的刀库具有较大的容量，它既可以安装在主轴箱的侧面或上方，也可以作为独立部件安装在机床以外。

（2）换刀过程　自动换刀装置的换刀过程由选刀和换刀两部分组成。选刀即刀库按照选刀命令（或信息）自动将要用的刀具移动到换刀位置，完成选刀过程，为接下来的换刀做好准备；换刀即把主轴上用过的刀具取下，将选好的刀具安装在主轴上。

（3）选刀方式　数控机床常用的选刀方式有顺序选刀方式和任选方式两种。

1）顺序选刀方式：将加工所需要的刀具，按照预先确定的加工顺序依次安装在刀座中，换刀时，刀库按顺序转位。这种方式的控制及刀库运动简单，但刀库中刀具排列的顺序不能错。

2）任选方式：对刀具或刀座进行编码，并根据编码选刀。它可分为刀具编码和刀座编码两种方式。

刀具编码方式是利用安装在刀柄上的编码元件（如编码环、编码螺钉等）预先对刀具进行编码，再将刀具放入刀座中；换刀时，通过编码识别装置根据刀具编码选刀。采用这种方式的刀具可以放在刀库的任意刀座中；刀库中的刀具不但可在不同的工序中多次重复使用，而且换下的刀具也不必放回原来的刀座上。

刀座编码方式是预先对刀库中的刀座（用编码钥匙等方法）进行编码，并将与刀座编码相对应的刀具放入指定的刀座中；换刀时，根据刀座编码选刀，如程序中指定为 T3 的刀具必须放在编码为 3 的刀座中。使用过的刀具也必须放回原来的刀座上。

目前应用最多的是计算机记忆式选刀，这种方式的特点是刀具号和存刀位置或刀座号对应着记忆在计算机的存储器或可编程控制器内。不论刀具存放在哪个地址，都始终记忆着它的踪迹。在刀库上装有位置检测装置，这样刀具可以任意取出，任意送回。刀具本身不必设置编码元件，结构大为简化，控制也十分简单，计算机控制的机床几乎全都采用这种选刀方式。在刀库上设有机械原点，每次选刀运动正反向都不会超过180°的范围。

当选刀动作完成后，换刀装置即处于等待状态，一旦执行到自动换刀的指令，即开始换刀动作。

五、加工中心的 T 功能

加工中心的自动换刀功能是通过自动换刀装置和数控系统的有关控制指令来完成的。

加工中心的换刀系统主要由刀具交换装置、刀库及驱动机构等部件组成。当数控系统发出选刀、换刀指令后，由刀具交换装置完成整个换刀动作。

（1）选刀指令 T

编程格式：

T××；

T 后面接的两位数字为刀具或刀座编号，如 T03 表示选择编号为 03 的刀具。

（2）换刀指令 M06

编程格式：

M06；

当执行 M06 时，换刀装置将选择的刀具换到机床主轴上。

（3）换刀程序　加工中心常用的刀库有盘式和链式两种，换刀方式分为无机械手换刀和有机械手换刀两种。

1）无机械手换刀：无机械手换刀是刀库靠向主轴，先卸下主轴上的刀具，刀库再旋转至欲换的刀具位置，上升装上主轴。此种刀具库以圆盘形较多，且是固定刀号式（即1号刀必须插回1号刀套内），换刀指令的编程格式如下：

M06　T03；

执行该程序段时，主轴上的刀具先装回刀库，再旋转至3号刀，将3号刀装上主轴。

2）有机械手换刀：有机械手换刀大都配合链式刀库且是无固定刀号式，即1号刀不一定插回1号刀套内，其刀库上的刀号与设定的刀号由控制器的 PLC 管理。此种换刀方式的 T 指令后面所接的数字代表欲调用刀具的号码。当 T 指令被执行时，被调用的刀具会转至准备换刀位置（称为选刀），但无换刀动作，因此 T 指令可在换刀指令 M06 之前即设定，以节省换刀时等待刀具的时间。故有机械手换刀的编程格式常书写如下：

T01；　　　　　　（1号刀转至换刀位置）

　　⋮

M06　T02；　　　（将1号刀换到主轴上，2号刀转至换刀位置）

　　⋮

M06；　　　　　　（将2号刀换到主轴上）

执行刀具交换时，并非刀具在任何位置均可交换，各制造厂商依其设计不同，均在一安全位置实施刀具交换动作，以避免与工作台、工件发生碰撞。Z 轴的机床原点位置是离工件最远的安全位置，故一般以 Z 轴先返回机床原点后，才能执行换刀指令。但有些制造厂商，除了 Z 轴先返回机床原点外，还必须用 G30 指令返回第二参考点。故加工中心的实际换刀程序通常书写如下：

1）只需 Z 轴回机床原点（无机械手换刀）：

G91	G28	Z0；	（Z 轴回机床原点）
M05；			（主轴停）
M06	T02；		（将 T02 号刀换到主轴上）

⋮

G91	G28	Z0；	（Z 轴回机床原点）
M05；			（主轴停）
M06	T03；		（将 3 号刀换到主轴上）

⋮

2）Z 轴先返回机床原点，且必须 Y 轴返回第二参考点（有机械手换刀）

T01；			（1 号刀运动至换刀位置）
G91	G28	Z0；	（Z 轴返回机床原点）
G30	Y0；		（Y 轴返回第二参考点）
M05；			（主轴停转）
M06	T02；		（将 1 号刀换到主轴上，2 号刀运动至换刀位置）

⋮

G91	G28	Z0；	（Z 轴返回机床原点）
G30	Y0；		（Y 轴返回第二参考点）
M05；			（主轴停）
M06；			（将 2 号刀换到主轴上）

⋮

六、自动返回参考点指令 G28 和从参考点返回指令 G29

（1）自动返回参考点指令 G28

指令功能：使刀具经指定的中间点快速返回参考点。

编程格式：

G28 X＿＿ Y＿＿ Z＿＿；

其中 X、Y、Z 为返回参考点时所经过的中间点坐标。指令执行后，所有受控轴都将快速定位到中间点，然后再从中间点到参考点。

对于加工中心，G28 指令一般用于自动换刀，在使用该指令时应首先取消刀具的刀尖圆弧半径补偿和刀具长度补偿功能。如果需要坐标轴从目前位置直接返回参考点，一般用增量坐标方式指令，其编程格式为：

G91   G28   Z0；

（2）从参考点返回指令 G29

指令功能：使刀具从参考点经过指定的中间点快速移动到目标点。

编程格式：

　　G29　X ___　Y ___　Z ___；

其中 X、Y、Z 后面的数字指刀具的目标点坐标。这里经过的其中间点就是 G28 指令所指定的中间点，G29 指令一般紧跟在 G28 指令后使用，用于刀具自动换刀后返回所需加工的位置。所以，用 G29 指令之前，必须先用 G28 指令，否则 G29 指令将因没有中间点位置，而发生错误。

如图 4-7 所示，刀位点轨迹从 A 点经 B 点返回到机床参考点换刀，又从参考点经 B 点到达加工点 C，程序如下。

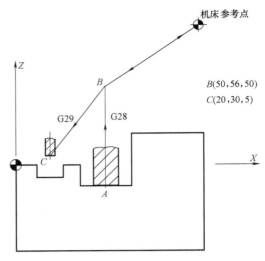

图 4-7　G28、G29 指令编程示例

G90　G28　Z50.0；	（由 A 点经中间点 B 回到 Z 轴机床参考点）
M06　T03；	（换 3 号刀）
G29　X20.0　Y30.0　Z5.0；	（3 号刀由机床参考点经中间点 B 快速定位至 C 点）

七、刀具长度补偿指令 G43/G44/G49

加工中心具有自动换刀功能，可以将不同刀具完成的加工工序编写成一个程序（数控铣床只能是一把刀对应一个程序），从而节省加工时间。由于同一个程序描述的是同一个刀位点的运动轨迹，如果每一把刀的长度不相同，则在同一坐标系内，不同刀具的刀位点在 Z 方向的位置也就不相同。因此，在实际加工中必须采用刀具长度补偿指令，使得数控机床能够根据实际使用的刀具尺寸，自动调整移动的差值，从而使每把刀具的刀位点在 Z 方向重合。刀具长度补偿只能加在一个坐标轴上，当使用不同规格的刀具或刀具磨损后，可通过刀具长度补偿指令补偿刀具尺寸的变化，而不必重新调整刀具或重新对刀。

（1）刀具长度补偿的方法　建立刀具长度补偿的编程格式为：

$$\begin{Bmatrix} G00 \\ G01 \end{Bmatrix} \begin{Bmatrix} G43 \\ G44 \end{Bmatrix} Z \underline{\quad} \quad H \underline{\quad} ;$$

取消刀具长度补偿的编程格式为：

　　G49　Z ___；

其中 G43 指令为刀具长度正补偿；G44 指令为刀具长度负补偿。Z 指令刀位点要到达目标点的 Z 坐标。H 指令指定刀具长度补偿号，如 H03，表示刀具长度补偿号为 3。

所谓正补偿，就是使刀具向 Z 轴正方向移动一个补偿值；所谓负补偿，就是使刀具向 Z 轴负方向移动一个补偿值。

执行 G43 或 G44 指令时，控制器会到 H 指令所指定的刀具长度补偿号内读取刀具长度补偿值，以作为刀具长度补偿的依据，刀具长度补偿值由 CRT/MDI 操作面板在对应的偏置寄存器中设定（图 4-5），可设定值范围为 $0 \sim \pm 999.999\text{mm}$。

使用 G43、G44 指令时，无论用绝对坐标还是用增量坐标编程，程序中指定的 Z 轴移动的终点坐标值（Z ＿），都要与 H 指令所指定的偏置寄存器中的偏移量进行运算，G43 指令时相加，G44 指令时相减，然后把运算结果作为刀具的实际移动量。G43、G44 指令均为模态指令。

执行 G43 指令时

$$Z_{实际值} = Z_{指令值} + (H××)$$

执行 G44 指令时

$$Z_{实际值} = Z_{指令值} - (H××)$$

式中，H×× 是指编号为 ×× 的寄存器中的刀具长度补偿值。

使用刀具长度补偿功能应注意以下几点。

1）机床通电后，为取消刀具长度补偿状态。

2）使用 G43 或 G44 指令时，只能有 Z 轴（垂直于加工平面的轴）的移动量，若有其他轴向的移动，则会发出报警。

3）G43、G44 指令为续效指令，若欲取消刀具长度补偿，除用 G49 指令外，也可以用 H00 指令的办法，这是因为 H00 指令的偏置量固定为 0。

4）在实际使用时，一般仅使用 G43 指令，而 G44 指令使用较少，因为正或负方向的移动，可以通过改变补偿值的正负号来实现。

（2）刀具长度补偿值的确定　由于刀具长度补偿往往用于在换刀时保证不同刀具在工件坐标系中具有相同的 Z 向基准，因此，刀具长度补偿值的确定往往与机床的对刀方法有关。下面就分析常用的三种确定方法。

1）如图 4-8 所示，以事先由机外对刀法测量出的每把刀具的实际长度（如图 4-8 中的 H01 和 H02）作为刀具长度补偿值（该值为正），输入到对应的刀具补偿参数中。工件坐标系（G54）中 Z 值的偏置值设定为工件原点相对机床原点的 Z 向坐标值（该值为负）。

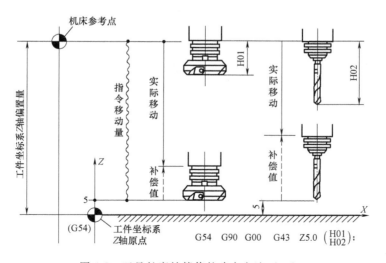

图 4-8　刀具长度补偿值的确定方法（一）

2）如图 4-9 所示，将工件坐标系 G54 中 Z 向偏置值设定为 0，即 Z 向的工件原点与机床原点重合。通过机内对刀测量出每把刀具 Z 轴返回机床参考点时，刀位点相对工件基准面的距离（如图 4-9 中的 H01 和 H02，均为负值）作为刀具长度补偿值。

机内对刀：首先使刀具 Z 向返回机床参考点，然后以手动方式将刀具移至工件基准面，利用数控系统的位置反馈，可以获得刀具刀位点从机床参考点至工件基准面的距离。

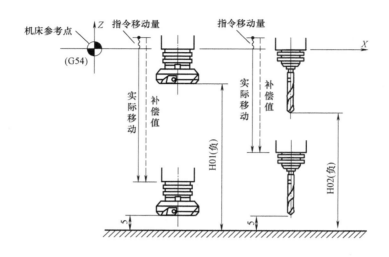

图 4-9　刀具长度补偿值的确定方法（二）

3）采用基准刀法，如图 4-10 所示。

选择一把刀作为基准刀，其刀具长度补偿值设置为 0。

工件坐标系 G54 中 Z 向偏置值：设定为基准刀刀位点从机床参考点至工件原点之间的距离（如图 4-10 中的 A 值）。即以基准刀刀尖中心与工件上表面重合作为依据建立工件坐标系 Z 基准。

其他刀具的长度补偿值：即该刀具与基准刀的长度差值，可通过机内或机外对刀两种方式获得。

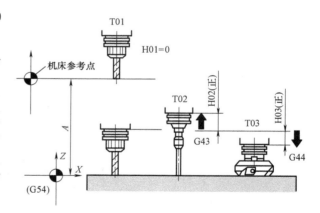

图 4-10　刀具长度补偿值的确定方法（三）

用 G43 指令进行刀具长度补偿时，其他刀若长于基准刀，刀具长度补偿值取正，反之取负。

推板孔系的加工就是用此法确定刀具长度补偿值的。

八、训练任务

编制图 4-11 所示零件孔系在加工中心上加工的数控程序，材料为 45 钢，零件外表面已加工。

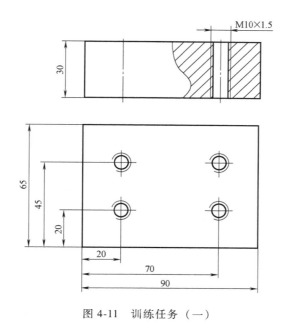

图 4-11　训练任务（一）

第二节　印章体（背面）的数控编程与加工

一、教学目标

（1）能力目标

1）能读懂印章体（背面）铣削部分的数控加工程序。

2）能操作虚拟加工中心完成印章体（背面）铣削部分的加工。

3）能用简化编程指令 G51、G50、G68、G69、G33 等编制数控加工程序。

（2）知识目标

1）掌握 G51、G50、G68、G69、G33 等指令的用法。

2）掌握编制加工中心加工程序的特点和步骤。

3）掌握加工中心对刀及参数设置方法，掌握加工中心的加工步骤及要领。

二、编制印章体（背面）的数控加工程序

印章体（背面）在配有 FANUC 0i 系统的立式加工中心上完成加工，其加工顺序与切削参数见表 3-12。图 4-12 所示为工件坐标系及进给路线图。凸台 88mm×77mm 是凸台 80mm×70mm 以工件原点为缩放中心放大 1.1 倍得到的，故凸台 88mm×77mm 可用比例缩放功能进行编程。六个形状相同的凹槽以工件原点为中心均匀分布，可用坐标系旋转指令编程。各凸台采用切向进给和退刀。图中各点在工件坐标系中的坐标（可通过绘图软件作图测量得到）

为 *A*（63，0）、*B*（53，0）、*C*（40，-8）、*D*（31.859，-3）、*E*（27.568，-3）、*F*（21.864，-7.138）、*G*（17.114，-15.366）、*H*（16.382，-22.375）、*K*（19.169，-27.201）。为了得到比较光滑的零件轮廓，同时使编程简单，考虑粗加工和精加工均采用顺铣。加工程序见表 4-2～表 4-7。

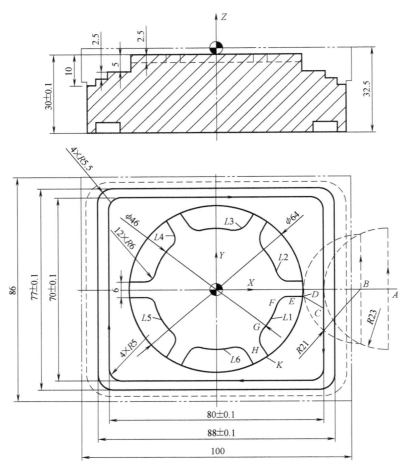

图 4-12 印章体（背面）工件坐标系及进给路线图（双点画线表示毛坯轮廓）

表 4-2 印章体（背面）的数控加工主程序

编程过程	程序内容
编写主程序名	O4002;
G54 建立工件坐标系、数控系统初始化	G54　G17　G21　G90　G40　G49　G80　G94;
编写粗铣顶面程序，以 N12 标记	N12;
Z 轴返回参考点、主轴停转：为换刀做准备	G91　G28　Z0　M05;
主轴更换为 T04 号刀	M06　T04;
指定 XY 平面内的下刀位置	G90　G00　X-105.0　Y3.0;
指定粗铣主轴转向和转速：应在切削加工前指定	M03　S220;
刀具长度补偿：应在切削加工前指定	G43　G00　Z5.0　H04　M08;

（续）

编 程 过 程	程 序 内 容
Z 向工进至第一层吃刀量位置	G01　Z-2.0　F360.0;
粗铣	X105.0;
编写精铣顶面程序,以 N13 标记	N13;
指定精铣转速:应在切削加工前指定	M03　S320;
Z 向工进至吃刀量位置,指定精铣进给量	G01　Z-2.5　F330.0;
精铣顶面	X-105.0;
抬刀:保证返回参考点安全	G00　Z50.0;
取消刀具长度补偿:刀具完成加工后应取消刀具长度补偿	G49;
编写分层粗铣 80mm×70mm 凸台程序,以 N14 标记	N14;
Z 轴返回参考点、主轴停转:为换刀做准备	G91　G28　Z0　M05;
换 T01 号刀	M06　T01;
→A(图 4-12):指定 XY 平面内的下刀位置	G90　G00　X63.0　Y0;
指定粗铣转向和转速	M03　S1130;
刀具长度补偿,至安全高度	G43　G00　Z5.0　H01;
工进至上表面:子程序 Z 向进给的需要	G01　Z-2.5　F230.0;
定义粗铣刀尖圆弧半径补偿号 D01	D01;
调用子程序 O4003 共 2 次,铣 80mm×70mm 凸台轮廓	M98　P24003;
编写粗铣 88mm×77mm 凸台程序,以 N15 标记	N15;
指定 Z 向吃刀量	G91　G01　Z-2.5;
指定缩放中心、缩放倍数 1.1	G90　G51　X0　Y0　P1.1;
调用子程序 O4004,粗铣 88mm×77mm 凸台轮廓	M98　P4004;
取消缩放功能	G50;
编写粗铣 φ64mm 凸台程序,以 N16 标记	N16;
抬刀:保证安全	G90　G00　Z50.0;
定位至 B 点:指定 XY 平面内的下刀位置	X53.0　Y0;
G00 下刀:节省时间	Z0;
指定 Z 向吃刀量	G01　Z-7.0　F230.0;
调用子程序 O4005,粗铣 φ64mm 凸台	M98　P4005;
抬刀:保证返回参考点安全	G00　Z200.0;
取消刀具长度补偿:刀具完成加工后应取消刀具长度补偿	G49;
编写精铣 80mm×70mm 凸台程序,以 N17 标记	N17;
Z 轴返回参考点	G91　G28　Z0　M05;
换 T02 号刀	M06　T02;
刀具长度补偿,至安全高度	G90　G43　G00　Z100.0　H02;
指定精铣主轴转速	M03　S1430;
→A	G90　G00　X63.0　Y0;

（续）

编 程 过 程	程 序 内 容
下刀至切削深度	G01 Z-10.5 F450.0;
定义精铣刀尖圆弧半径补偿号	D02;
调用子程序 O4004,精铣 80mm×70mm 凸台轮廓	M98 P4004;
编写精铣 88mm×77mm 凸台程序,以 N18 标记	N18;
指定缩放中心,缩放倍数 1.1	G90 G51 X0 Y0 P1.1;
下刀至切削深度	G01 Z-12.5;
调用子程序 O4004,精铣 88mm×77mm 凸台轮廓	M98 P4004;
取消缩放功能	G50;
抬刀	G90 G00 Z50.0;
编写精铣 φ64mm 凸台程序,以 N19 标记	N19;
定位至 B 点	G00 X53.0 Y0;
下刀至切削深度	G01 Z-7.5;
调用子程序 O4005,精铣 φ64mm 凸台轮廓	M98 P4005;
抬刀	G00 Z100.0;
Z 轴返回参考点	G91 G28 Z0 M05;
取消刀具长度补偿	G49;
编写铣 6 个开放凹槽程序,以 N20 标记	N20;
换 T03 号刀	M06 T03;
刀具长度补偿,至安全高度	G90 G43 G00 Z100.0 H03;
调用子程序 O4006,加工凹槽 L1	M98 P4006;
坐标系旋转 60°	G90 G68 X0 Y0 R60.0;
调用子程序 O4006,加工凹槽 L2	M98 P4006;
坐标系旋转 120°	G90 G68 X0 Y0 R120.0;
调用子程序 O4006,加工凹槽 L3	M98 P4006;
坐标系旋转 180°	G90 G68 X0 Y0 R180.0;
调用子程序 O4006,加工凹槽 L4	M98 P4006;
坐标系旋转 240°	G90 G68 X0 Y0 R240.0;
调用子程序 O4006,加工凹槽 L5	M98 P4006;
坐标系旋转 300°	G90 G68 X0 Y0 R300.0;
调用子程序 O4006,加工凹槽 L6	M98 P4006;
抬刀	G90 G00 Z100.0;
取消坐标旋转功能	G69;
取消刀具长度补偿	G49;
Z 轴返回参考点	G91 G28 Z0;
程序结束	M30;

表 4-3 分层铣 80mm×70mm 凸台子程序

编 程 过 程	程 序 内 容
编写子程序名	O4003;
用增量坐标指定每层 Z 向吃刀量;用增量坐标可保证每调用子程序一次,Z 向下降一个吃刀量的距离	G91 G01 Z-3.5;
调用子程序 O4004,粗铣 80mm×70mm 凸台轮廓	M98 P4004;
结束子程序	M99;

表 4-4 铣 80mm×70mm 凸台轮廓子程序

编 程 过 程	程 序 内 容
编写子程序名	O4004;
建立刀尖圆弧半径补偿	G90 G41 G00 X63.0 Y23.0;
	G03 X40.0 Y0 R23.0;
	G91 G01 Y-30.0;
	G02 X-5.0 Y-5.0 R5.0;
	G01 X-70.0;
	G02 X-5.0 Y5.0 R5.0;
编写刀位点运动轨迹	G01 Y60.0;
	G02 X5.0 Y5.0 R5.0;
	G01 X70.0;
	G02 X5.0 Y-5.0 R5.0;
	G01 Y-30.0;
	G03 X23.0 Y-23.0 R23.0;
取消刀尖圆弧半径补偿	G40 G01 Y23.0;
子程序结束	M99;

表 4-5 铣 φ64mm 凸台轮廓子程序

编 程 过 程	程 序 内 容
编写子程序名	O4005;
建立粗加工刀尖圆弧半径补偿	G90 G41 G00 X53.0 Y21.0;
切向进给	G03 X32.0 Y0 R21.0;
加工 φ64mm 轮廓	G02 X32.0 Y0 I-32.0 J0;
切向退刀	G03 X53.0 Y-21.0 R21.0;
→B,取消刀尖圆弧半径补偿	G40 G01 Y0;
结束子程序	M99;

表 4-6 铣凹槽 L1 子程序

编 程 过 程	程 序 内 容
编写子程序名	O4006;
XY 平面内快速定位至 C 点	G90 G00 X40.0 Y-8.0;

（续）

编 程 过 程	程序内容
指定主轴转向和转速	M03　S1900.0;
快速下刀	Z0;
Z 向下刀至吃刀量位置	G01　Z-4.5　F760.0;
指定粗铣刀尖圆弧半径补偿号	D03;
调用子程序 O4007,粗铣铣凹槽 L1	M98　P4007;
指定精铣主轴转速	M03　S2500.0;
Z 向下刀至吃刀量位置	G01　Z-5.0　F700.0;
指定精铣刀尖圆弧半径补偿号	D04;
调用子程序 O4007,精铣凹槽 L1	M98　P4007;
子程序结束	M99;

表 4-7　铣凹槽 L1 轮廓子程序

编 程 过 程	程序内容
编写子程序名	O4007;
C→D,建立刀尖圆弧半径补偿	G90　G41　G01　X31.859　Y-3.0;
D→E	G01　X27.568　Y-3.0;
E→F	G03　X21.864　Y-7.138　R6.0;
F→G	G02　X17.114　Y-15.366　R23.0;
G→H	G03　X16.382　Y-22.375　R6.0;
H→K	G01　X19.169　Y-27.201;
K→C,取消刀尖圆弧半径补偿	G40　G01　X40.0　Y-8.0;
结束子程序	M99;

三、比例缩放指令 G51/G50

（1）指令功能　比例缩放是指编程的加工轨迹被按一定的比例放大或缩小。比例缩放指令包括缩放开始指令 G51 和缩放取消指令 G50。比例缩放功能可实现各轴等比例缩放和各轴不等比例缩放。

（2）编程格式

1）各轴等比例缩放:

G51　X ___　Y ___　Z ___　P ___;　　（建立比例缩放）

　　⋮　　　　　　　　　　　　　　（缩放有效,移动指令按比例缩放）

G50;　　　　　　　　　　　　　　（取消比例缩放）

其中 X、Y、Z 为缩放中心的绝对坐标,P 为缩放比例,有的数控系统可以用小数表示,如程序 O4002 中的程序段:

G90　G51　X0　Y0　P1.1;

—— 198 ——

有的数控系统不允许用小数表示，$P=1$ 时缩放 0.001 倍，$P=2000$ 时缩放 2 倍。

G51 指令既可指定平面缩放，也可指定空间缩放；在用 G51 指令建立缩放功能后，运动指令的坐标以（X，Y，Z）为缩放中心，按 "P" 规定的缩放比例进行缩放。

在有刀具补偿的情况下，先进行缩放，然后才进行刀尖圆弧半径补偿和刀具长度补偿。

G51、G50 指令为模态指令. 可相互注销，G50 为默认值。

2）各轴不等比例缩放：

G51　X ___　Y ___　Z ___　I ___　J ___　K ___；　（建立比例缩放）

⋮　　　　　　　　　　　　　　　　　　　　（缩放有效，移动指令按比例缩放）

G50；　　　　　　　　　　　　　　　　　　（取消比例缩放）

其中 X、Y、Z 为缩放中心的绝对坐标，I、J、K 为缩放比例。

各轴不等比例缩放功能必须通过系统参数设置才能生效，其与各轴等比例缩放共用一个参数，一般默认为等比例缩放功能有效。

小数点编程不能用于指定比例 I、J、K。

各轴不等比例缩放中有关 Z 轴移动缩放无效，刀具半径补偿值不缩放。

圆弧插补时的各轴不等比例缩放的缩放轨迹与圆弧插补编程方式有关，当圆弧插补采用圆弧半径 R 编程时，其 X、Y 同时乘以缩放比例，半径 R 按 I、J 中较大值缩放；当圆弧插补采用圆心坐标 I、J、K 编程时，缩放后的终点不在圆弧上，会多走出一段直线。由此可见，各轴不等比例缩放时，如果缩放图形中有圆弧，缩放后的图形会发生变形，使用时要慎重。

四、坐标系旋转指令 G68/G69

（1）指令功能　坐标系旋转指令可使编程图形按指定旋转中心旋转一定的角度。如果工件有多个相同的加工图形，则可将一个图形的加工编写为子程序，然后在主程序中用旋转指令调用，这样可使编程过程简化，并且可以提高编程效率，节省系统存储空间。

（2）编程格式

G68　X ___　Y ___　R ___；

⋮

G69；

其中 G68 指令为建立坐标系旋转，G69 为取消坐标系旋转。

X、Y、为旋转中心的坐标，一般为绝对坐标，可以是 X、Y、Z 中的任意两个，由当前平面选择指令确定：

G17　G68　X ___　Y ___　R ___；

G18　G68　X ___　Z ___　R ___；

G19　G68　Y ___　Z ___　R ___；

当 X、Y 省略时，G68 指令认为当前的位置即为旋转中心。

地址 R（有的数控系统用 P）后面的数字为坐标系旋转的角度，正值表示逆时针方向旋转，负值表示顺时针方向旋转，旋转角度范围为 $-360.000° \sim 360.000°$。当 R 省略时，按系统参数确定旋转角度。

当程序用绝对坐标时，G68 程序段后的第一个程序段必须使用绝对坐标指令才能确定旋转中心。如果这一程序段为增量坐标，系统将以当前位置为旋转中心，按 G68 给定的角度旋转坐标系。

在有刀具补偿的情况下使用 G68 指令，是先执行旋转功能再执行刀具补偿功能（刀具半径补偿、刀具长度补偿）；在有比例缩放功能的情况下使用 G68 指令，是先缩放后旋转。

G68、G69 指令均为模态指令，可相互注销；G69 是默认值。

五、等导程螺纹切削指令 G33

内螺纹的加工根据孔径的大小采用不同的加工方法，一般情况下，M6～M20 之间的内螺纹采用攻螺纹的方法加工。因为加工中心上攻小直径螺纹时丝锥容易折断，M6 以下的螺纹可在加工中心上完成底孔加工再通过其他手段攻螺纹。M20 以上的内螺纹，可采用铣削（或镗削）加工。另外，还可铣外螺纹。

小直径的内螺纹大都用丝锥配合攻螺纹指令 G74、G84 固定循环指令加工。大直径的螺纹因刀具成本高，通常使用可调式的镗刀配合 G33 指令加工，这样可节省成本。

编程格式：

G33　Z ___　F ___；

其中 Z 为螺纹切削的终点坐标（绝对坐标）或切削螺纹的长度（增量值），F 为螺纹的导程。

一般在切削螺纹时，从粗加工到精加工，是沿同一轨迹多次重复切削。由于在机床主轴上安装有位置编码器，可以保证每次切削螺纹时初始点和运动轨迹都是相同的，同时还要求从粗加工到精加工时主轴转速必须是恒定的。如果主轴转速发生变化，必然会影响螺纹切削精度。G33 指令对主轴转速有以下限制，即

$$1 \leqslant n \leqslant v_{\mathrm{fmax}}/P_{\mathrm{h}}$$

式中　n——主轴转速，单位为 r/min；

v_{fmax}——最大进给速度，单位为 mm/min；

P_{h}——螺纹导程，单位为 mm。

另外，螺纹切削时，各倍率开关（F、S）要放在 100% 位置。

在加工中心上完成图 3-48 所示印章体螺纹 M30×2 的加工。工艺条件如下：

螺纹底孔已加工完成，刀具为可调式螺纹镗刀，机床为立式加工中心，FANUC 0i 系统。螺距为 2mm 的螺钉，牙高为 1.299mm，分五次切削，单边背吃刀量依次为 0.45mm、0.3mm、0.3mm、0.2mm、0.05mm。

工件坐标系如图 4-13 所示。

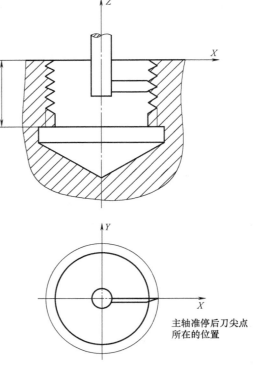

主轴准停后刀尖点所在的位置

图 4-13　G33 指令应用示例

加工程序如下。

O4008；	（程序号）
G90 G17 G40 G49 G80；	（G 指令初始设定）
G54 G00 X0 Y0；	（建立工件坐标系，刀具快速定位）
M03 S400.0；	（主轴正转）
G43 Z12.0 H01；	（建立刀具长度补偿，刀具定位至工件上方12mm处）
G33 Z-19.5 F2.0；	（第一次切削螺纹）
M19；	（主轴准停）
G00 X-4.0；	（主轴中心偏移，避免提升刀具时碰撞工件）
Z12.0；	（提升刀具）
X0 M00；	（刀具移至孔中心后，程序停止：调整刀具）
M03；	（主轴正转）
G04 X2.0；	（暂停2s，使主轴转速稳定）
G33 Z-19.5 F2.0；	（第二次切削螺纹）
⋮	
M19；	（主轴准停）
G00 X-4.0；	（主轴中心偏移，避免提升刀具时碰撞工件）
Z12.0；	（提升刀具）
G91 G28 Z0；	（Z 轴返回参考点）
M30；	（程序结束）

六、印章体（背面）的加工全过程

（1）程序准备 通过记事本分别录入 O4002～O4007 共 6 个程序并保存，以备调用。

（2）打开上海宇龙数控仿真软件

（3）选择机床 在菜单栏单击"机床"→"选择机床…"，弹出"选择机床"对话框，在"控制系统"中选择"FANUC"，选择"FANUC 0i"，在"机床类型"中选择"立式加工中心"，在"机床规格"下拉列表中选择"标准立式加工中心"，选择"北京第一机床厂 XKA714/B"，单击"确定"按钮。

在标准工具栏单击"选项"按钮，弹出"视图选项"对话框，取消其中的"显示机床罩子"单选项，单击"确定"按钮，弹出图4-1所示的操作界面。

（4）机床回零

（5）分别导入程序 O4002～O4007

（6）检查程序 O4002 的运行轨迹 程序 O4002 的运行轨迹如图4-14所示。

说明：在实际操作数控机床时，通常先按下机床操作面板上的"锁住 Z 轴"等按钮使机床 Z 锁住，再采用空运行模式运行加工程序，同时绘制出刀具轨迹。采用这种方式绘制刀具轨迹后，在加工前需重新执行回参考点操作。

（7）安装工件 毛坯尺寸为 100mm×86mm×32.5mm，夹具选用平口钳。

（8）安装刀具

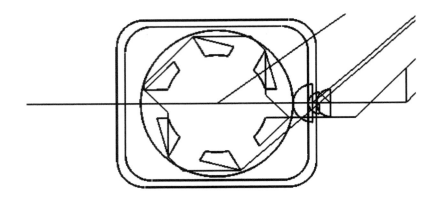

图 4-14　程序 O4002 的运行轨迹

1）向铣刀刀库添加 φ100mm 立铣刀（用立铣刀代替面铣刀），如图 4-15 所示。

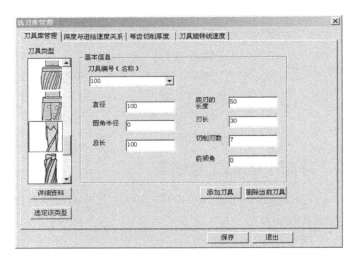

图 4-15　向铣刀刀库添加 φ100mm 立铣刀

2）将 φ20mm 立铣刀（2 刃）安装在 1 号刀位上，并将 1 号刀添加到主轴上。

3）将 φ20mm 立铣刀（4 刃）安装在 2 号刀位上。

4）将 φ10mm 立铣刀（4 刃）安装在 3 号刀位上。

5）将 φ100mm 立铣刀（7 刃）安装在 4 号刀位上，如图 4-16 所示。

（9）对刀　以工件顶面为对刀基准面，以 1 号刀为基准刀，参考加工推板孔系的对刀方法和步骤，完成对刀及参数设置，如图 4-17、图 4-18 所示。

图 4-16　安装刀具

图 4-17　1 号刀的对刀参数

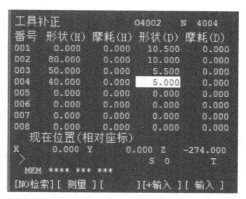

图 4-18　刀具长度和刀尖圆弧半径补偿参数

（10）校对设定值

（11）自动加工　加工结果如图 4-19 所示。

（12）保存项目

七、训练任务

1）分析图 4-20 所示零件的加工工艺，制订简单的工艺文件（确定机床、毛坯尺寸、装夹方法、工件原点、刀具等），编写数控加工程序并完成加工，材料为 45 钢。

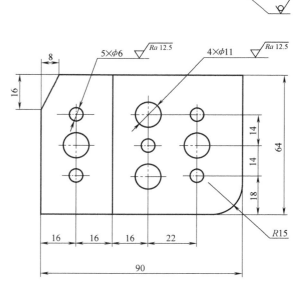

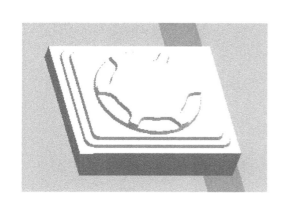

图 4-19　加工印章体（背面）

图 4-20　训练任务（一）

2）分析图 4-21 所示零件的加工工艺，制订详细的工艺文件，编写数控加工程序并完成加工，材料为 45 钢，已完成毛坯外形加工。

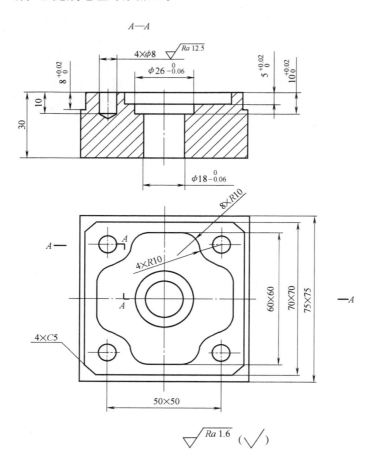

图 4-21　训练任务（二）

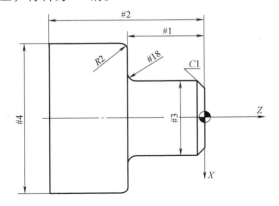

第五章 变量编程
CHAPTER 5

教学目标

（1）能力目标

1）能读懂本章提供的宏程序。

2）能用变量编写难度不大且适合变量编程的零件的数控加工程序。

（2）知识目标

1）理解变量编程的目的、意义。

2）掌握变量的概念、变量的种类和使用方法。

3）掌握宏程序调用、变量的运算和控制指令的用法。

4）理解并掌握变量编程的基本规则和方法。

第一节　编制定位销的数控加工程序

（1）加工任务　在配有 FANUC 0i 数控系统的数控车床上完成图 5-1 所示定位销的加工，材料为 45 钢。

（单位: mm）

零件编号	#1	#2	#3	#4	#18
1	20	40	22	38	2
2	21	42	24	40	3
3	22	44	25	41	2
4	26	46	28	42	4

$\sqrt{Ra\ 3.2}$ $\left(\sqrt{} \right)$

图 5-1　定位销

（2）工艺分析

1）由图样可以看出，该图样包含了四个具有相似特征的轴类零件，零件设计人员已经采用了参数化的方式表达设计意图。图上一共有七个尺寸，其中两个尺寸是固定的，五个尺寸是可变的。两个圆角之间有一个台阶面。

2）毛坯选 $\phi45mm$ 棒料。

3）用自定心卡盘装夹工件，工件伸出卡盘的长度大于55mm，建立图5-1所示的工件坐标系。

4）选用一把外圆车刀（T01）加工零件的端面及各回转面，选用一把刀宽3mm的切断刀（T02）切断工件。

（3）编写加工程序　如果用前面学过的编程知识和指令编程完成图5-1中四个零件的加工，需要编写四个程序。由于这四个零件具有相似的结构特征，可以考虑另外一种编程方式——变量编程：将尺寸参数设置为变量，编写一个通用的程序，加工不同零件时，只需对尺寸参数重新赋值即可，从而简化编程过程。下面以图5-1中编号为1的零件为例编程，程序见表5-1、表5-2。

表5-1　程序O5100

编 程 过 程	程 序 内 容
编写主程序名	O5100;
设置程序初始状态	G21　G97　G99　G40;
调用1号刀具并建立补偿	T0101;
设定主轴最高转速	G50　S4000.0;
指定恒线速度，主轴正转	G96　S100.0　M03;
快速定位至换刀点	G00　X100.0　Z100.0;
快速定位至G71循环起点	X48.0　Z3.0;
调用宏程序O5101,并给自变量赋值	G65　P5101　A20.0　B40.0　C22.0　I38.0　R2.0;
快速移动到换刀位置	G00　X100.0　Z100.0;
取消1号刀的刀补值	T0100;
调用2号刀具并建立补偿	T0202;
指定切断工件转速	G97　S700.0;
Z向到达切断位置	G00　Z−[#2+4.0];
X向接近工件	X48.0;
切断工件	G01　X−1.0　F0.1;
X向退刀	G00　X50.0;
快速移动到换刀位置	X100.0　Z100.0;
取消2号刀的刀补值	T0200;
程序结束	M30;

表 5-2 程序 O5101

编 程 过 程	程 序 内 容
编写宏程序名	O5101；
定义轴向粗车固定循环	G71 U2.5 R1.0；
	G71 P11 Q21 U0.6 W0.3 F0.3；
计算出倒角 X 轴向直径	N11 G00 X[#3-2*1.0]；
建立刀尖圆弧半径补偿	G42 G01 Z0；
倒角，指定精车切削用量	X#3 Z-1.0 F0.1 S120.0；
车削 φ#3 外圆	G01 Z-[#1-#18]；
倒圆角 R#18	G02 X[#3+2*#18] W-#18 R#18；
车轴肩	G01 X[#4-4.0]；
倒圆角 R2	G03 X#4 W-2.0 R2.0；
车削 φ#4 外圆	G01 Z-[#2+3.0]；
退刀	X46.0；
取消刀尖圆弧半径补偿	N21 G40 X48.0；
精车循环	G70 P11 Q21；
宏程序结束	M99；

在主程序中，G65 指令调用 O5101 宏程序，"A20.0"表示轴的长度为 20mm 并赋值给变量#1，"R2.0"表示圆角半径为 2mm 并赋值给变量#18。车削轴端外圆是通过宏程序中下面程序段实现的，即

G01 Z- [#1-#18]；

如果用一般程序加工轴的长度为 20mm 的外圆，可输入下面的程序段：

G01 Z-18.0；

然而，这只能加工这一种长度的工件。宏程序允许用户加工任意长度的工件：通过改变 G65 指令中地址 A 后的数值实现。

"B40.0"表示零件总长度为 40mm 并赋值给变量#2。

"C22.0"表示小圆柱直径为 22mm 并赋值给变量#3。

"I38.0"表示大圆柱直径为 38mm 并赋值给变量#4。

如果要加工零件 2、3、4，只需将主程序 O5100 中的 G65 指令分别做如下修改即可。

G65 P5101 A21.0 B42.0 C24.0 I40.0 R3.0；

G65 P5101 A22.0 B44.0 C25.0 I41.0 R2.0；

G65 P5101 A26.0 B46.0 C28.0 I42.0 R4.0；

从以上实例可以看出，宏程序中可以用变量代替具体数值，因而在加工同一类型的工件时，只需对变量赋不同的值，而不必对每一个零件都编写一个程序，从而节省编程时间。

第二节 变量编程基础（一）

在程序中使用变量，通过对变量进行赋值及处理的方法达到程序功能，这种有变量的程

序称为宏程序。

宏程序与普通程序的区别在于：在宏程序体中能使用变量，可以给变量赋值，变量间可以运算，程序运行可以跳转；而在普通程序中只能指定常量，常量之间不能运算，程序只能顺序执行，不能跳转，因此功能是固定的，不能变化。

有了宏程序功能，机床用户可以改进数控机床的功能。

一、变量

普通程序中的指令由地址及其后面的数字组成，如 G03、Y50.0 等。在宏程序中，地址后除了可以直接跟数字以外，还可使用各种变量，变量的值可以通过程序改变或通过 MDI 操作面板输入。在执行宏程序时，变量随着设定值的变化而变化。变量的使用是宏程序最主要的特征，它可以使宏程序具有柔性和通用性。宏程序中使用多种类型的变量，可以通过变量号码的不同进行识别。

变量是不断变化的数据的存储单元，它可以储存某些给定的数值，当给变量赋值时就相当于把数值存入变量中，方便以后使用。

储存到变量中的数值称为定义值或定义变量，给变量储存数值的过程称为赋值。

普通 CNC 编程都是跟一个确定的数值，在程序中直观、简单、易懂；宏程序编程不直接用定值，而是用一个变量符号代替数值，当需要这个数值时就直接把这个变量写在程序里面，起到一个等价交换的作用。

（1）变量的表示　变量用符号#和后面的变量号指定，格式为：

$\#i$（$i = 0$、1、2、3、4、5 …）

变量号也可以用表达式指定，此时，表达式必须封闭在括号中。

如 # [#1-#2+10.0]。

（2）变量的类型　变量共有 4 种类型，变量的类型及其功能见表 5-3。

表 5-3　变量的类型及其功能

变量类型	变量号	功　　能
空变量	#0	该变量总是空,没有值能赋给该变量
局部变量	#1 ~ #33	局部变量是指只能在一个宏程序中起作用的变量,用来表示运算结果等的变量。当机床断电后,局部变量的值被清除;当宏程序被调用时,可对局部变量赋值
公共变量	#100 ~ #199 #500 ~ #999	公共变量是指在不同宏程序中公用的变量。#100 ~ #199 在关掉电源后,变量值全部被清除,#500 ~ #999 即使在关掉电源后,变量值仍被保存
系统变量	#1000 ~ #5335	系统变量是固定用途的变量,它的值决定系统的状态,用于表示接口的输入/输出、刀具补偿、各轴当前位置等,有些系统变量只能被读取

（3）变量值的范围　局部变量和公共变量可以有 0 值或下面范围中的值，即 $-10^{47} \sim -10^{-29}$ 或 $10^{-29} \sim 10^{47}$。

（4）变量的引用　跟在地址后的数字可以被变量替换。

如在程序 O5101 中：

X#3，当#3 = 22.0 时，X22.0 被指令。

Z-#1，当#1 = 20.0 时，Z-20.0 被指令。

X [#3 - 2 * 1.0]，当#3 = 22.0 时，X20.0 被指令。

（5）自变量赋值　在程序中对局部变量进行赋值时，可以通过自变量地址对局部变量进行传递，自变量赋值有两种类型。

1）自变量赋值 I：使用除了 G、L、O、N 和 P 以外的字母作为地址，每个字母只指定一次，对应关系见表5-4。

表5-4　自变量赋值的对应关系 I

引导变量字	内存变量地址	引导变量字	内存变量地址	引导变量字	内存变量地址	引导变量字	内存变量地址
A	#1	H	#11	R	#18	X	#24
B	#2	I	#4	S	#19	Y	#25
C	#3	J	#5	T	#20	Z	#26
D	#7	K	#6	U	#21		
E	#8	M	#13	V	#22		
F	#9	Q	#17	W	#23		

2）自变量赋值 II：作为地址，A、B、C 每个字母只能使用 1 次，I、J、K 每个字母可使用 10 次。自变量赋值的对应关系见表5-5。

表5-5　自变量赋值的对应关系 II

引导变量字	内存变量地址	引导变量字	内存变量地址	引导变量字	内存变量地址	引导变量字	内存变量地址
A	#1	I 3	#10	I 6	#19	I 9	#28
B	#2	J 3	#11	J 6	#20	J 9	#29
C	#3	K 3	#12	K 6	#21	K 9	#30
I 1	#4	I 4	#13	I 7	#22	I 10	#31
J 1	#5	J 4	#14	J 7	#23	J 10	#32
K 1	#6	K 4	#15	K 7	#24	K 10	#33
I 2	#7	I 5	#16	I 8	#25		
J 2	#8	J 5	#17	J 8	#26		
K 2	#9	K 5	#18	K 8	#27		

上表中 I、J、K 后面的数字只表示顺序，并不写在实际命令中。CNC 内部自动识别自变量赋值 I 和自变量赋值 II，如果自变量指定 I 和自变量指定 II 混合指定的话，后指定的自变量类型有效，如下例所示。

例：

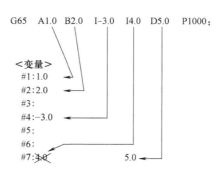

本例中，I4.0 和 D5.0 自变量都赋值给变量#7，此时后者 D5.0 有效。

二、宏程序的调用

（1）宏程序的调用格式　在主程序中可以用 G65 指令调用宏程序。

编程格式：

G65　P＿＿　L＿＿＜自变量赋值＞。

其中 G65 为宏程序调用指令；P 为指定宏程序号；L 为指定重复调用宏程序运行的次数，重复次数为 1 时，可省略不写；＜自变量赋值＞由地址及数值构成，为宏程序中使用的局部变量赋值。

一个宏程序可被另一个宏程序调用，最多可调用 4 重。主程序调用宏程序，其执行方式如下。

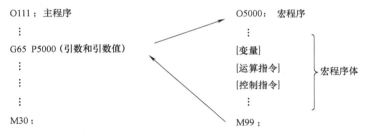

（2）宏程序的编写格式　宏程序的编写格式与子程序相同。

第三节　椭圆凸台的数控编程与加工

（1）加工任务　在数控铣床上完成图 5-2 所示椭圆凸台的加工，材料为 45 钢，已完成长方体六个表面的加工。

（2）工艺分析

1）选择配有 FANUC 0i 数控系统的立式数控铣床。

2）用平口钳装夹工件，工件高出平口钳钳口不小于 7mm。

3）选择 ϕ20mm 的立铣刀。

4）工件坐标系如图 5-2 所示。

5）采用直线逼近方法在椭圆上以角度分段，把角度作为自变量，以 1° 为一个步长。为了保证椭圆曲面的精度，以角度为循环条件的判断，使每循环一次的角度变化为均值。

（3）编写加工程序　变量编程不仅可以

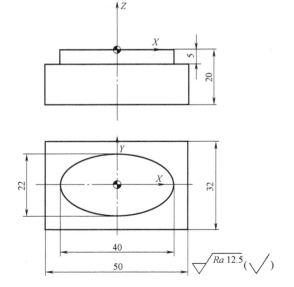

图 5-2　椭圆凸台零件图

采用"主程序+宏程序"的编程模式，还可以在一个程序中完成变量的赋值及变量编程。程序O5200即采用了后一种编程模式，见表5-6。

表5-6　程序O5200

编 程 过 程	程 序 内 容
编写程序名	O5200；
角度步长（1°）	N2　#100＝1；
初始角度（0°）	N4　#101＝0；
终止角度（361°）	N6　#102＝361；
半长轴	N8　#103＝20.0；
半短轴	N10　#104＝11.0；
深度	N12　#105＝－5.0；
建立工件坐标系,刀位点运行到（40,0,100）	N14　G54　G90　G00　X［#103＋20.0］　Y0　Z100.0；
指定主轴转速	N16　S1000.0　M03；
刀具下到Z－5mm	N18　G01　Z［#105］　F500.0；
刀具半径补偿	N20　G42　Y－20.0　D01　F1500.0；
切向进给	N22　G02　X#103　R20.0；
赋初始值	N24　#114＝#101；
计算X坐标值	N26　#112＝#103＊COS［#114］；
计算Y坐标值	N28　#113＝#104＊SIN［#114］；
刀具移动至第一点	N30　G01　X［#112］　Y［#113］；
增加一个角度步长	N32　#114＝#114＋#100；
条件判断:#114是否小于361,满足则返回N26所在程序段	N34　IF［#114　LT#102］　GOTO 26；
切向退刀	N36　G02　X［#103＋20.0］　Y20.0　R20.0；
取消刀具半径补偿	N38　G40　G01　Y0；
快速抬刀	N40　G90　G00　Z100.0　M05；
程序结束	N42　M30；

下面用"主程序+宏程序"的编程模式编写椭圆凸台的加工程序。主程序中的引导变量字与宏程序中的内存变量地址的对应关系见表5-7。

表5-7　引导变量字与内存变量地址的对应关系

引导变量字	内存变量地址	变量内容
A	#1	长半轴
B	#2	短半轴
C	#3	角度步长
I	#4	起始角度
J	#5	终止角度
K	#6	Z向进给深度

主程序：

O5201；

N10　G90　G54　G00　X0　Y0　Z100.0　S1000　M03；

N20　G65　P5202　A20.0　B11.0　C1.0　I0　J361.0　K-5.0；

N30　G90　G00　Z100.0　M05；

N40　M30；

宏程序：

O5202；

N2　G90　G00　X［#1+20.0］　Y0　Z100.0；

N4　G01　Z［#6］　F500.0；

N6　G42　Y-20.0　D01　F1500；

N8　G02　X#1　R20.0；

N10　#7=#4；

N12　#8=#1＊COS［#7］；

N14　#9=#2＊SIN［#7］；

N16　G01　X#8　Y#9；

N18　#7=#7+#3；

N20　IF［#7　LT#5］　GOTO 12；

N22　G02　X［#1+20.0］　Y20.0　R20.0；

N24　G40　G01　Y0；

N26　G01　G40　X［#5+20.0］　Y0；

N28　G90　G00　Z100.0；

N30　M99；

（4）加工椭圆形凸台　在配有 FANUC 0i 数控系统的立式数控铣床上用程序 O5200 加工椭圆形凸台，加工结果如图 5-3 所示。

图 5-3　椭圆凸台

第四节　变量编程基础（二）

一、算术运算和逻辑运算

在利用变量进行编程时，变量之间可以进行算术运算和逻辑运算。

（1）算术运算　以 FANUC 0i、GSK980TDA 数控系统为例，其算术运算的功能和格式见表 5-8，不同的数控系统请参阅相应的编程手册。

运算的优先顺序如下：

表 5-8　算术运算的功能和格式

功　　能	表达式格式	备　　注
赋值	#i＝#j	
加法	#i＝#j+#k	
减法	#i＝#j-#k	
乘法	#i＝#j＊#k	
除法	#i＝#j/#k	
正弦	#i＝SIN［#j］	
余弦	#i＝COS［#j］	角度的单位以度指定，如 90°30′
正切	#i＝TAN［#j］	用 90.5°表示
反正切	#i＝ATAN［#j/#k］	
平方根	#i＝SQRT［#j］	
绝对值	#i＝ABS［#j］	
取整	#i＝ROUND［#j］	

1）函数。

2）乘除。

3）加减。

可以用 ［　］ 来改变顺序。

（2）逻辑运算　以 FANUC 0i、GSK980TDA 数控系统为例，其逻辑运算的运算符和含义见表 5-9。

表 5-9　逻辑运算的运算符和含义

运算符	含　　义	运算符	含　　义
EQ	等于（＝）	GE	大于或等于（≥）
NE	不等于（≠）	LT	小于（<）
GT	大于（>）	LE	小于或等于（≤）

二、转移和循环指令

（1）无条件转移指令（GOTO 语句）

编程格式：

GOTO n;

n 为程序段的顺序号，n 的取值范围为 1~9999，可用变量表示，如

GOTO 10;

GOTO #10;

通过 GOTO n，可无条件地改变程序的执行顺序，即将程序从 GOTO 所在的程序段转移到标有顺序号 n 的程序段。

（2）条件转移指令（IF 语句）

编程格式：

IF　［条件表达式］　　GOTO　n；

当条件满足时，程序就跳转到同一程序中顺序号为 n 的程序段开始执行；当条件不满足时，执行下一个程序段。

例：

求 1～10 的总和。

O5501；

#1＝0；　　　　　　　　　　（和初始化为 0）

#2＝1；　　　　　　　　　　（被加数初值为 1）

N1　IF［#2　GT 10］　　GOTO 2；（当被加数大于 10 时转移到 N2）

#1＝#1+#2；　　　　　　　 （计算两数的和）

#2＝#2+1；　　　　　　　　（被加数加 1）

GOTO 1；　　　　　　　　　（无条件跳转到程序段 N1）

N2　M30；　　　　　　　　 （程序结束）

（3）循环指令（WHILE 语句）

编程格式：

WHILE　　［条件表达式］　　DO　m；（m＝1、2、3）

⋮

END　m；

当条件满足时，执行从 DO　m 到 END m 之间的程序段；当条件不满足时，则执行 END m 之后的程序段。DO 和 END 后的数字用于表明循环执行范围的识别号，可使用数字 1、2、3，如果用其他数字，系统会发出报警。使用时应注意以下几点。

1）可以多次使用； ⋮ WHILE［条件表达式］DO　1； ⋮ END　1； ⋮ WHILE［条件表达式］DO　1；	2）可以跳到循环外边； ⋮ WHILE［条件表达式］DO　1； ⋮ IF［条件表达式］GOTO　100； ⋮ END　1；
3）可以嵌套 3 层； ⋮ WHILE［条件表达式］DO　1； ⋮ WHILE［条件表达式］DO　2； ⋮ WHILE［条件表达式］DO　3； ⋮ END　3；	4）DO 的范围不能交叉。下面的格式错误； ⋮ WHILE［条件表达式］DO　1； ⋮ WHILE［条件表达式］DO　2； ⋮ END　1；

5）转移不能进入循环区。下面的格式错误：

$\vdots$

IF［条件表达式］GOTO 1；

$\vdots$

WHILE［条件表达式］DO 1；

$\vdots$

程序 O5501 用 WHILE 语句编写如下：

O5502；

#1＝0；

#2＝1；

WHILE ［#2 LE 10］DO 1；

#1＝#1＋#2；

#2＝#2＋1；

END 1；

M30；

第五节 编制由抛物线-椭圆面构成的轴的车削加工程序

（1）加工任务 编制图 5-4 所示零件的数控加工程序，材料为 45 钢，表面粗糙度 Ra 值为 3.2μm。

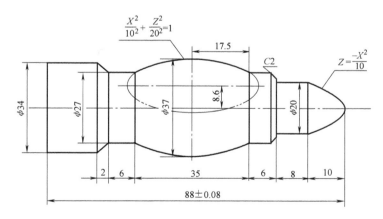

图 5-4 由抛物线-椭圆面构成的轴

（2）工艺条件和加工路线

1）毛坯尺寸：ϕ40mm 棒料。

2）机床：FANUC 系统前置刀架数控车床。

3）装夹方式：普通自定心卡盘，棒料伸长约 103mm。

4）刀具：选择刀具 T01 机夹 35°菱形刀，刀尖圆弧半径为 $R0.4$ mm，刀尖方位 T3，置 T01 刀位。

5）加工路线：粗、精车外轮廓（留 0.8mm 精车余量）从右端抛物线开始至左端 $\phi34$mm 外圆结束。

（3）加工工序及切削用量　加工工序及切削用量见表 5-10。

表 5-10　加工工序及切削用量

工步号	工步内容	刀具号	刀具名称	切削用量		
				转速 /(r/min)	进给量 /(mm/r)	背吃刀量 /(mm)
1	车右端面	T04	45°端面车刀	800	手控	手控
2	粗、精车外圆	T01	35°菱形车刀	800/1800	0.5/0.1	1.5/0.4

（4）编程原点　编程原点位于右端抛物线面与轴线的交点。

（5）数控程序　数控程序见表 5-11。

表 5-11　程序 O5600

编程过程	程序内容
编写程序名	O5600;
设置初始状态	N10 G21 G97 G99 G40;
主轴正转,调 1 号刀,导入 1 号刀补	N20 G99 S800.0 M03 T0101;
刀具运动到车削循环起点	N30 G00 X40.0 Z2.0;
设定 X、Z 轴总退刀量及切削次数	N40 G73 U18.0 W2.0 R12;
设定复合循环切削参数	N50 G73 P60 Q300 U0.8 W0.4 F0.5;
加入右刀补、定义精车转速	N60 G00 G42 X0 S1800.0;
Z 轴进给切削起点	N70 G01 Z0 F0.1;
设置 X 起始变量	N80 #101=0;
判断 X 轴向半径是否到尺寸	N90 IF[#101 LT 10.0] GOTO 130;
抛物线插补	N100 G01 X[2*#101] Z[-#101*#101/10.0];
Z 轴步进	N110 #101=#101+0.3;
条件返回 N90 行	N120 GOTO 90;
进给到 $\phi20$mm 外圆切削起点	N130 G01 X20.0;
精车 $\phi20$mm 外圆	N140 Z-18.0;
精车 $\phi20$mm 右侧台阶面	N150 X23.0;
精车倒角	N160 X27.0 W-2.0;
精车 $\phi27$mm 外圆	N170 W-4.0;
赋值半长轴	N180 #110=20.0;
赋值半短轴	N190 #111=10.0;
Z 轴起始尺寸	N200 #112=17.5;
判定 Z 轴是否到终点,若成立跳转至 N270 行	N210 IF[#112 LE [-17.5]] GOTO 270;

（续）

编 程 过 程	程 序 内 容
函数表达式赋值	N220　#114=SQRT[#110*#110-#112*#112];
X 轴变量	N230　#115=#114*#111/20.0;
椭圆插补	N240　G01　X[17.2+2*#115]　Z[#112-41.5];
Z 轴的步距为 0.3mm	N250　#112=#112-0.3;
跳转 N210 程序段	N260　GOTO　210;
进给到 ϕ27mm 外圆切削起点	N270　G01　X27.0;
精车 ϕ27mm 外圆	N280　W-6.0;
精车倒角	N290　X34.0　W-2.0;
精车 ϕ34mm 外圆	N300　Z-88.0;
设定精车复合循环	N310　G70　P60　Q300;
X 轴远离工件,取消刀补	N320　G00　G40　X100.0;
刀具 Z 向远离工件	N330　Z100.0;
程序结束	N340　M30;

第六节　凸半球体的数控编程与加工

（1）加工任务　在配有 FANUC 0i 系统的数控铣床上加工图 5-5 所示的凸半球体,已完成长方体 50mm×50mm×40mm 六个表面的加工。

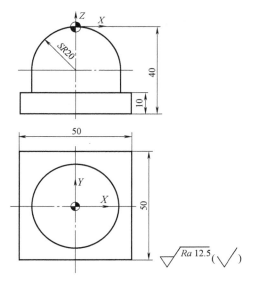

图 5-5　凸半球体零件图

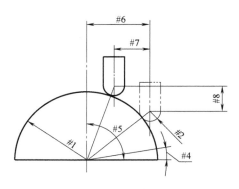

图 5-6　凸半球体加工路径变量

（2）工艺分析

1）建立图 5-5 所示的工件坐标系。

2）用平口钳装夹工件。先用 ϕ20mm 立铣刀加工 ϕ40mm×30mm 圆柱体，再用 R6mm 球刀加工凸半球件。凸半球体加工路径变量如图 5-6 所示。

3）采用球刀从下往上进行加工。先在半球底部铣整圆，之后 Z 轴抬高并改变上升后整圆的半径。凸半球体加工主要控制的是每次 Z 轴的升高尺寸，可以通过控制半球的角度来控制 Z 轴尺寸的变化。角度从 0° 增加到 90°，即完成一个凸半球体的加工。角度步长取 1°。

（3）编写加工程序

1）加工 ϕ40mm×30mm 圆柱体的程序用通用指令编程，省略。

2）凸半球体的加工程序见表 5-12。

表 5-12　程序 O5700

编程过程	程序内容
编写程序号	O5700;
球半径	#1 = 20.0;
刀具半径	#2 = 6.0;
刀具中心的进给轨迹	#12 = #1+#2;
角度步长（1°）	#3 = 1;
起始角度	#4 = 0;
初始状态设置，建立工件坐标系	G90　G40　G49　G97　G98　G54;
指定安全高度	G00　Z100.0;
主轴正转，转速为 1500r/min	S1500.0　M03;
刀具在 X、Y 方向定位	X#12　Y−12.0;
Z 轴快速下刀	Z5.0;
Z 轴下到 Z 向加工开始位置	G01　Z−#12　F80.0;
切向进给	Y0;
判断角度如果没有达到 90°，执行循环 1	WHILE　[#4　LE　90]　DO　1;
当前角度的 X 向尺寸，即该角度时圆的半径	#6 = #12 * COS[#4];
用该角度时的半径进行加工圆	G90　G17　G03　I−#6　F200.0;
计算增加角度后的 X 向增量	#7 = #12 * [COS[#4+1]−COS[#4]];
计算增加角度后的 Z 向增量	#8 = #12 * [SIN[#4+1]−SIN[#4]];
用相对坐标移动刀具至增加后的坐标值	G91　G18　G02　X#7　Z#8　R#12;
计算角度	#4 = #4+#3;
循环结束	END　1;
Z 轴抬刀	G90　G00　Z50.0;
程序结束	M30;

（4）加工凸半球体　在配有 FANUC 0i 数控系统的立式数控铣床上用程序 O5600 加工凸半球体，加工结果如图 5-7 所示。

图 5-7 凸半球体

第七节 训练任务

1）图 5-8 所示的工件需要加工出 5 个等距的沉槽，沉槽表面粗糙度 Ra 值为 6.3μm，每个槽之间的间距均为 10mm，材料为 45 钢，分别用子程序和宏程序编制沉槽的数控加工程序。

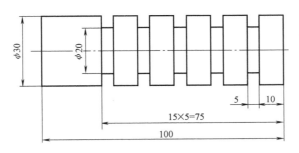

图 5-8 训练任务（一）

2）编制图 5-9 所示零件的数控加工程序，材料为 45 钢，表面粗糙度 Ra 值为 3.2μm。

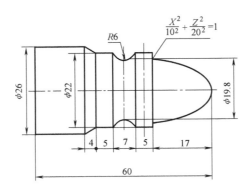

图 5-9 训练任务（二）

3）加工图 5-10 所示的工件，材料为 45 钢，试编写其数控加工程序（已完成 80mm×80mm×30mm 六个表面的加工）。

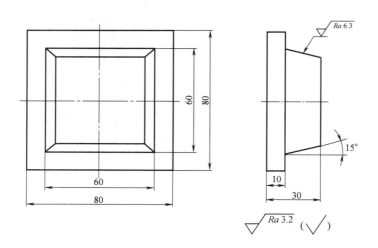

图 5-10　训练任务（三）

附录 A　GSK980T 数控指令格式

表 A-1　G 指令表

指令	组别	功　能	编 程 格 式
G00		快速定位	G00 X(U)__ Z__(W)__;
G01	01	直线插补	G01 X(U)__ Z(W)__ F__;
G02		圆弧插补(顺时针方向 CW)	G02 X__ Z__ R__ F__;或 G02 X__ Z__ I__ K__ F__;
G03		圆弧插补(逆时针方向 CCW)	G03 X__ Z__ R__ F__;或 G03 X__ Z__ I__ K__ F__;
G04	00	暂停	G04 P__;(单位为 0.001s) G04 X__;(单位为 s) G04 U__;(单位为 s)
G28		自动返回参考点	G28 X(U)__ Z(W)__;
G32	01	切螺纹	G32X(U)__ Z(W)__ F__;(米制螺纹) G32X(U)__ Z(W)__ I__;(寸制螺纹)
G50	00	坐标系设定	G50 X(x)　Z(z);
G70		精加工循环	G70 P(ns)Q(nf);
G71		外圆粗车循环	G71U(Δd)R(e)F(f); G71 P(ns)Q(nf)U(Δu)W(Δw)S(s)T(t);
G72		端面粗车循环	G72 W(Δd)R(e)F(f); G72 P(ns)Q(nf)U(Δu)W(Δw)S(s)T(t);
G73	00	封闭切削循环	G73 U(Δi)W(Δk)R(d)F(f); G73 P(ns)Q(nf)U(Δu)W(Δw)S(s)T(t);
G74		端面深孔加工循环	G74 R(e); G74 X(U)Z(W)P(Δi)Q(Δk)R(Δd)F(f);
G75		外圆、内圆切槽循环	G75 R(e); G75 X(U)Z(W)P(Δi)Q(Δk)R(Δd)F(f);
G76		复合型螺纹切削循环	G76 P(m)I(a)Q(Δd_{min})R(d); G76 X(U)Z(W)R(i)P(k)Q(Δd)F(L);

（续）

指令	组别	功　能	编　程　格　式
G90	01	轴向切削循环	G90 X(U)＿ Z(W)＿ R＿ F＿ ；
G92		螺纹切削循环	G92 X(U)＿ Z(W)＿ F＿ ；（米制螺纹）； G92 X(U)＿ Z(W)＿ I＿ ；（寸制螺纹）
G94		端面切削循环	G94 X(U)＿ Z(W)＿ F＿ ；
G98	03	每分钟进给量	G98；
G99		每转进给量	G99；

表 A-2　M 指令表

指令	功　能	编程格式	指令	功　能	编程格式
M00	程序暂停		M09	切削液关	
M03	主轴正转		M30	程序结束	
M04	主轴反转		M98	子程序调用	M98 P××××n；
M05	主轴停止		M99	子程序结束	M99；
M08	切削液开				

附录 B　FANUC 数控指令格式

表 B-1　上海宇龙数控仿真系统支持的 G 指令（表中"√"表示指令有效）

	0-T	0-M		0-T	0-M		0-T	0-M
G00	√	√	G44		√	G75	√	
G01	√	√	G49		√	G76	√	√
G02	√	√	G50	√	√	G80		√
G03	√	√	G51		√	G81		√
G04	√	√	G52		√	G82		√
G15		√	G53	√	√	G83		√
G16		√	G54	√	√	G84		√
G17		√	G55	√	√	G85		√
G18		√	G56	√	√	G86		√
G19		√	G57	√	√	G88		√
G20	√	√	G58	√	√	G89		√
G21	√	√	G59	√	√	G90	√	√
G30	√	√	G68		√	G91		√
G31	√	√	G69		√	G92	√	√
G34	√		G70	√		G94	√	√
G40	√	√	G71	√		G98	√	√
G41	√	√	G72	√		G99	√	
G42	√	√	G73	√	√			
G43		√	G74	√	√			

表 B-2　数控铣床和加工中心 G 指令表

指令	组别	功　能	编程格式
G00	01	快速进给、定位	G00 X __ Y __ Z __;
G01		直线插补	G01 X __ Y __ Z __;
G02		圆弧插补 CW（顺时针方向）	XY 平面内的圆弧： $G17 \begin{Bmatrix} G02 \\ G03 \end{Bmatrix} X - Y - \begin{Bmatrix} R - \\ I - J - \end{Bmatrix} ;$ XZ 平面的圆弧： $G18 \begin{Bmatrix} G02 \\ G03 \end{Bmatrix} X - Z - \begin{Bmatrix} R - \\ I - K - \end{Bmatrix} ;$
G03		圆弧插补 CCW（逆时针方向）	YZ 平面的圆弧： $G19 \begin{Bmatrix} G02 \\ G03 \end{Bmatrix} Y - Z - \begin{Bmatrix} R - \\ J - K - \end{Bmatrix} ;$
G04	00	暂停	G04 [P|X] 单位为 s，增量状态单位为 ms，无参数状态表示停止
G15	17	取消极坐标指令	G15 取消极坐标方式
G16		极坐标指令	Gxx Gyy G16 开始极坐标指令 G00 IP __; 极坐标指令 Gxx; 极坐标指令的平面选择（G17、G18、G19） Gyy; G90 指定工件坐标系的零点为极坐标的原点，G91 指定当前位置作为极坐标的原点 IP: 指定极坐标系选择平面的轴地址及其值 第 1 轴：极坐标半径 第 2 轴：极角
G17	02	XY 平面	G17 选择 XY 平面
G18		XZ 平面	G18 选择 XZ 平面
G19		YZ 平面	G19 选择 YZ 平面
G20	06	英寸输入	
G21		毫米输入	
G30	00	返回参考点	G30 X __ Y __ Z __;
G31		由参考点返回	G31 X __ Y __ Z __;
G40	07	刀具半径补偿取消	G40;
G41		刀具半径左补偿	$\begin{Bmatrix} G41 \\ G42 \end{Bmatrix} Dnn;$
G42		刀具半径右补偿	
G43	08	刀具长度补偿+	$\begin{Bmatrix} G43 \\ G44 \end{Bmatrix} Hnn;$
G44		刀具长度补偿−	
G49		刀具长度补偿取消	G49;
G50	11	取消缩放	G50; 缩放取消
G51		比例缩放	G51 X __ Y __ Z __ P __; 缩放开始 X __ Y __ Z __: 比例缩放中心坐标的绝对值指令 P __: 缩放比例 G51 X __ Y __ Z __ I __ J __ K __; 缩放开始 X __ Y __ Z __: 比例缩放中心坐标的绝对值指令 I __ J __ K __: X、Y、Z 各轴对应的缩放比例

（续）

指令	组别	功　能	编　程　格　式
G52	00	设定局部坐标系	G52 IP __;:设定局部坐标系 G52 IP0;:取消局部坐标系 IP:局部坐标系原点
G53		机床坐标系选择	G53 X __ Y __ Z __;
G54		选择工件坐标系 1	
G55		选择工件坐标系 2	
G56	14	选择工件坐标系 3	G××;
G57		选择工件坐标系 4	
G58		选择工件坐标系 5	
G59		选择工件坐标系 6	
G68	16	坐标系旋转	（G17/G18/G19）G68 X __ Y __ R __;:坐标系开始旋转 G17/G18/G19:平面选择,在其上包含旋转的形状 X __ Y __:与指令坐标平面相应的 X、Y、Z 中的两个轴的绝对指令,在 G68 指令后面指定旋转中心 R __:角度位移,正值表示逆时针方向旋转。根据指令是 G90 或 G91 确定绝对值或增量值 最小输入增量单位:0.001° 有效数据范围:-360.000～360.000
G69		取消坐标轴旋转	G69:坐标轴旋转取消指令
G73		深孔钻削固定循环	G73 X __ Y __ Z __ R __ Q __ F __;
G74	09	左旋螺纹攻螺纹固定循环	G74 X __ Y __ Z __ R __ P __ F __;
G76		精镗固定循环	G76 X __ Y __ Z __ R __ Q __ F __;
G90	03	绝对坐标方式指定	G××;
G91		增量坐标方式指定	
G92	00	工件坐标系的变更	G92 X __ Y __ Z __;
G98	10	返回固定循环初始点	G××;
G99		返回固定循环 R 点	
G80		固定循环取消	
G81		钻削固定循环、钻中心孔	G81 X __ Y __ Z __ R __ F __;
G82		钻削固定循环、锪孔	G82 X __ Y __ Z __ R __ P __ F __;
G83		深孔钻削固定循环	G83 X __ Y __ Z __ R __ Q __ F __;
G84	09	攻螺纹固定循环	G84 X __ Y __ Z __ R __ F __;
G85		镗削固定循环	G85 X __ Y __ Z __ R __ F __;
G86		退刀型镗削固定循环	G86 X __ Y __ Z __ R __ P __ F __;
G88		镗削固定循环	G88 X __ Y __ Z __ R __ P __ F __;
G89		镗削固定循环	G89 X __ Y __ Z __ R __ P __ F __;

表 B-3　数控车床 G 指令表

指令	组别	功　能	编　程　格　式
G00	01	快速进给、定位	G00 X __ Z __;
G01		直线插补	G01 X __ Z __;
G02		圆弧插补 CW(顺时针方向)	$\left.\begin{matrix}G02\\G03\end{matrix}\right\}X\underline{\ \ }Y\underline{\ \ }\left\{\begin{matrix}R\underline{\ \ }\\I\underline{\ \ }J\underline{\ \ }\end{matrix}\right\};$
G03		圆弧插补 CCW(逆时针方向)	
G04	00	暂停	G04 X/U/P __; X、U 单位为 s;P 单位为 ms(整数)
G20	06	英寸输入	
G21		毫米输入	
G30	0	返回参考点	G30 X __ Z __;
G31		由参考点返回	G31 X __ Z __
G34	01	螺纹切削(由参数指定绝对和增量)	G34 X(U)__ Z(W)__ F(E)__ F 指定单位为 0.01mm/r 的螺距,E 指定单位为 0.0001mm/r 的螺距
G40	07	刀具补偿取消	G40;
G41		刀尖圆弧半径左补偿	$\left.\begin{matrix}G41\\G42\end{matrix}\right\}Dnn;$
G42		刀尖尖圆弧半径右补偿	
G50	00		设定工件坐标系:G50 X __ Z __; 偏移工件坐标系:G50 U __ W __;
G53		机床坐标系选择	G53 X __ Z __;
G54	12	选择工件坐标系 1	G××;
G55		选择工件坐标系 2	
G56		选择工件坐标系 3	
G57		选择工件坐标系 4	
G58		选择工件坐标系 5	
G59		选择工件坐标系 6	
G70	00	精车循环	G70 P(ns) Q(nf);
G71		外圆粗车循环	G71 U(Δd) R(e); G71 P(ns) Q(nf) U(Δu) W(Δw) F(f);
G72		端面粗车循环	G72 W(Δd)R(e); G72 P(ns)Q(nf)U(Δu)W(Δw)F(f)S(s)T(t); Δd:切深量 e:退刀量 ns:精加工形状的程序段组的第一个程序段的顺序号 nf:精加工形状的程序段组的最后程序段的顺序号 Δu:X 方向精加工余量的距离及方向 Δw:Z 方向精加工余量的距离及方向
G73		封闭切削循环	G73 U(i) W(Δk) R(d); G73 P(ns) Q(nf) U(Δu) W(Δw) F(f);

（续）

指令	组别	功　能	编　程　格　式
G74	00	端面切断循环	G74 R(e)； G74 X(U)＿ Z(W)＿ P(Δi)Q(Δk)R(Δd)F(f)； e：返回量 Δi：X 方向的移动量 Δk：Z 方向的切深量 Δd：孔底的退刀量 f：进给速度
G75		内径/外径切断循环	G75 R(e)； G75 X(U)＿ Z(W)＿ P(Δi)Q(Δk)R(Δd)F(f)；
G76		复合型螺纹切削循环	G76 P(m)（r）（a）Q(Δd_{min})R(d)； G76 X(U)＿ Z(W)＿ R(i) P(k)Q(Δd)F(l)； m：最终精加工重复次数为 1~99 r：螺纹的精加工量（倒角量） a：刀尖的角度（螺牙的角度）可选择 80、60、55、32、31、0 六个种类 m,r,a：同用地址 P 一次指定 Δd_{min}：最小切削深度 i：螺纹部分的半径差 k：螺牙的高度 Δd：第一次的切削深度 l：螺纹导程
G90	01	直线车削循环	G90 X(U)＿ Z(W)＿ F ＿； G90 X(U)＿ Z(W)＿ R ＿ F ＿；
G92		螺纹车削循环	G92 X(U)＿ Z(W)＿ F ＿； G92 X(U)＿ Z(W)＿ R ＿ F ＿；
G94		端面切削循环	G94 X(U)＿ Z(W)＿ F ＿； G94 X(U)＿ Z(W)＿ R ＿ F ＿；
G98	05	每分钟进给量	
G99		每转进给量	

表 B-4　M 指令表

指令	功　能	编　程　格　式
M00	停止程序运行	
M01	选择性停止	
M02	结束程序运行	
M03	主轴正向转动开始	
M04	主轴反向转动开始	
M05	主轴停止转动	
M06	换刀指令	M06 T ＿；

（续）

指令	功　能	编　程　格　式
M08	切削液开	
M09	切削液关	
M30	结束程序运行且返回程序开头	
M98	子程序调用	M98 P*xxnnnn* 调用程序号为 O*nnnn* 的程序××次
M99	子程序结束	子程序格式： O*nnnn*； ⋮ ⋮ ⋮ M99；

附录 C　华中数控指令格式

表 C-1　上海宇龙数控仿真系统支持的华中数控铣床及加工中心 G 指令表

	HMDI-21M		HMDI-21M		HMDI-21M		HMDI-21M
G00	√	G01	√	G02	√	G03	√
G04	√	G07	φ	G09	φ	G17	√
G18	√	G19	√	G20	√	G21	√
G22	φ	G24	√	G25	√	G28	√
G29	√	G40	√	G41	√	G42	√
G43	√	G44	√	G49	√	G50	√
G51	√	G52	√	G53	φ	G54	√
G55	√	G56	√	G57	√	G58	√
G59	√	G60	φ	G61	φ	G64	φ
G65	√	G68	√	G69	√	G73	√
G74	√	G76	φ	G80	√	G81	√
G82	√	G83	√	G84	√	G85	√
G86	√	G87	φ	G88	√	G89	√
G90	√	G91	√	G92	√	G94	φ
G95	φ	G98	√	G99	√		

注：1. √ 表示上海宇龙数控仿真系统已经提供。

2. φ 表示华中数控系统有此功能，上海宇龙数控仿真系统尚未提供。

表 C-2　铣床和加工中心的 G 指令表

指令	组别	功　能	编程格式
G00		快速定位	G00 X__ Y__ Z__ A__; X、Y、Z、A:在 G90 指令时为终点在工件坐标系中的坐标;在 G91 指令时为终点相对于起点的位移量
√G01		直线插补	G01 X__ Y__ Z__ A__ F__; X、Y、Z、A:线性进给终点 F:合成进给速度
G02	01	顺圆插补	XY 平面内的圆弧: $G17\begin{Bmatrix}G02\\G03\end{Bmatrix}X\_\_Y\_\_\begin{Bmatrix}R\_\_\\I\_\_K\_\_\end{Bmatrix}$; XZ 平面的圆弧: $G18\begin{Bmatrix}G02\\G03\end{Bmatrix}X\_\_Z\_\_\begin{Bmatrix}R\_\_\\I\_\_K\_\_\end{Bmatrix}$; YZ 平面的圆弧: $G19\begin{Bmatrix}G02\\G03\end{Bmatrix}Y\_\_Z\_\_\begin{Bmatrix}R\_\_\\J\_\_K\_\_\end{Bmatrix}$;
G03		逆圆插补	X、Y、Z:圆弧终点 I、J、K:圆心相对于圆弧起点的偏移量 R:圆弧半径,当圆弧圆心角小于 180° 时 R 为正值,否则 R 为负值 F:被编程的两个轴的合成进给速度
G02/G03		螺旋线进给	G17 G02(G03)X__ Y__ R(I__ J__)Z__ F__; G18 G02(G03)X__ Z__ R(I__ K__)Y__ F__; G19 G02(G03)Y__ Z__ R(J__ K__)X__ F__; X、Y、Z:由 G17/G18/G19 平面选定的两个坐标为螺旋线投影圆弧的终点,第三个坐标是与选定平面相垂直的轴终点,其余参数的意义同圆弧进给
G04	00	暂停	G04［P|X］单位 s,增量状态单位为 ms
G07	16	虚轴指定	G07 X__ Y__ Z__ A__ X、Y、Z、A:被指定轴后跟数字 0,则该轴为虚轴;后跟数字 1,则该轴为实轴
G09	00	准停校验	一个包括 G09 指令的程序段在继续执行下个程序段前,准确停止在本程序段的终点。用于加工尖锐的棱角
√G17		XY 平面	G17 选择 XY 平面;
G18	02	XZ 平面	G18 选择 XZ 平面;
G19		YZ 平面	G19 选择 YZ 平面
G20		英寸输入	
√G21	06	毫米输入	
G22		脉冲当量	
G24	03	镜像开	G24 X__ Y__ Z__ A__; X、Y、Z、A:镜像位置
G25		镜像关	指令格式和参数含义同上

（续）

指令	组别	功　能	编　程　格　式
G28	00	自动返回参考点	G28 X＿ Y＿ Z＿ A＿ ; X、Y、Z、A:回参考点时经过的中间点坐标
G29		从参考点返回	G29 X＿ Y＿ Z＿ A＿ ; X、Y、Z、A:返回的定位终点坐标
G40	09	刀具半径补偿取消	G17(G18/G19) G40(G41/G42) G00(G01) X＿ Y＿ Z＿ D＿ ; X、Y、Z:G01/G02 指令的参数,即刀补建立或取消的终点 D:G41/G42 指令的参数,即刀补号码(D00～D99)代表刀补表中对应的半径补偿值
G41		刀具半径左补偿	
G42		刀具半径右补偿	
G43	10	刀具长度正向补偿	G17(G18/G19) G43(G44/G49) G00(G01) X＿ Y＿ Z＿ H＿ ; X、Y、Z:G01/G02 指令的参数,即刀补建立或取消的终点 H:G43/G44 指令的参数,即刀补号码(H00～H99)代表刀补表中对应的长度补偿值
G44		刀具长度负向补偿	
G49		刀具长度补偿取消	
G50	04	缩放关	G51 X＿ Y＿ Z＿ P＿ ; M98 P＿ ; G50 ; X、Y、Z:缩放中心的坐标 P:缩放倍数
G51		缩放开	
G52	00	局部坐标系设定	G52 X＿ Y＿ Z＿ A＿ ; X、Y、Z、A:局部坐标系原点在当前工件坐标系中的坐标
G53		机床坐标系编程	机床坐标系编程
√ G54	12	选择工件坐标系 1	G××;
G55		选择工件坐标系 2	
G56		选择工件坐标系 3	
G57		选择工件坐标系 4	
G58		选择工件坐标系 5	
G59		选择工件坐标系 6	
G60	00	单方向定位	G60 X＿ Y＿ Z＿ A＿ ; X、Y、Z、A:单向定位终点
G61	12	精确停止校验方式	在 G61 指令后的各程序段编程轴都要准确停止在程序段的终点,然后再继续执行下一程序段
G64		连续方式	在 G64 指令后的各程序段编程轴刚开始减速时(未达到所编程的终点)就开始执行下一程序段。但在 G00/G60/G09 指令程序中,以及不含运动指令的程序段中,进给速度仍减速到 0 才执行定位校验
G65	00	子程序调用	指令格式及参数意义与 G98 相同
G68	05	旋转变换	G17 G68 X＿ Y＿ P＿ ; G18 G68 X＿ Z＿ P＿ ; G19 G68 Y＿ Z＿ P＿ ; M98 P＿ ; G69 ; X、Y、Z:旋转中心的坐标 P:旋转角度
G69		旋转取消	

（续）

指令	组别	功 能	编 程 格 式
G73	06	高速深孔加工循环	G98(G99)G73X＿Y＿Z＿R＿Q＿P＿K＿F＿L＿; G98(G99)G74X＿Y＿Z＿R＿P＿F＿L＿; G98(G99)G76X＿Y＿Z＿R＿P＿I＿J＿F＿L＿; G80; G98(G99)G81X＿Y＿Z＿R＿F＿L＿; G98(G99)G82X＿Y＿Z＿R＿P＿F＿L＿; G98(G99)G83X＿Y＿Z＿R＿Q＿P＿K＿F＿L＿; G98(G99)G84X＿Y＿Z＿R＿P＿F＿L＿; G85指令同上,但在孔底时主轴不反转; G86指令同G81,但在孔时主轴停止,然后快速退回; G98(G99)G87X＿Y＿Z＿R＿P＿I＿J＿F＿L＿; G98(G99)G88X＿Y＿Z＿R＿P＿F＿L＿; G89指令与G86相同,但在孔底有暂停 X、Y:加工起点到孔位的距离 R:初始点到R的距离 Z:R点到孔底的距离 Q:每次进给深度(G73/G83) I、J:刀具在轴反向位移增量(G76/G87) P:刀具在孔底的暂停时间 F:切削进给速度 L:固定循环次数
G74		反攻螺纹循环	
G76	06	精镗循环	
G80		固定循环取消	
G81		钻孔循环	
G82		带停顿的单孔循环	
G83		深孔加工循环	
G84		攻螺纹循环	
G85		镗孔循环	
G86		镗孔循环	
G87		反镗循环	
G88		镗孔循环	
G89		镗孔循环	
√G90	13	绝对值编程	G××;
G91		增量值编程	
G92	00	工件坐标系设定	G92 X＿Y＿Z＿A＿; X、Y、Z、A:设定的工件坐标系原点到刀具起点的有向距离
G94	14	每分钟进给量	
G95		每转进给量	
√G98	15	固定循环返回初始点	G98:返回初始平面 G99:返回R点平面
G99		固定循环返回到R点	

注:√表示机床默认状态。

表 C-3　数控车床的 G 指令表

G指令	组别	功 能	编 程 格 式
G00		快速定位	G00X(U)＿Z(W)＿; X、Z:为直径编程时,快速定位终点在工件坐标系中的坐标 U、W:为增量坐标编程时,快速定位终点相对于起点的位移量
√G01	01	直线插补	G01 X(U)＿Z(W)＿F＿; X、Z:绝对坐标编程时,终点在工件坐标系中的坐标 U、W:增量坐标编程时,终点相对于起点的位移量 F:合成进给速度
G01		倒角加工	G01 X(U)＿Z(W)＿C＿; G01 X(U)＿Z(W)＿R＿; X、Z:绝对坐标编程时,为未倒角前两相邻程序段轨迹的交点G的坐标 U、W:增量坐标编程时,为G点相对于起始直线轨迹的始点A的移动距离 C:倒角终点C,相对于相邻两直线的交点G的距离 R:倒角圆弧的半径

（续）

G 指令	组别	功 能	编 程 格 式
G02	01	顺圆插补	$G02X(U)\_Z(W)\_\left\{\begin{matrix}I\_K\_\\R\_\end{matrix}\right\}F\_;$ $X、Z$:绝对坐标编程时,圆弧终点在工件坐标系中的坐标 $U、W$:增量坐标编程时,圆弧终点相对于圆弧起点的位移量 $I、K$:圆心相对于圆弧起点的增加量,在绝对、增量坐标编程时都以增量方式指定;在直径,半径编程时 I 都是半径值 R:圆弧半径 F:被编程的两个轴的合成进给速度
G03		逆圆插补	同上
G02(G03)		倒角加工	$G02(G03)X(U)\_Z(W)\_R\_RL=\_;$ $G02(G03)X(U)\_Z(W)\_R\_RC=\_;$ $X、Z$:绝对坐标编程时,为未倒角前圆弧终点 G 的坐标 $U、W$:增量坐标编程时,为 G 点相对于圆弧始点 A 的移动距离 R:圆弧半径 $RL=$:倒角终点 C,相对于未倒角前圆弧终点 G 的距离 $RC=$:倒角圆弧的半径
G04	00	暂停	$G04P\_;$ P:暂停时间,单位为 s
G20 √G21	08	英寸输入 毫米输入	$G20X\_Z\_;$ 同上
G28 G29	00	自动返回参考点 由参考点返回	$G28\ X\_Z\_;$ $G29\ X\_Z\_;$
G32	01	螺纹切削	$G32X(U)\_Z(W)\_R\_E\_P\_F\_;$ $X、Z$:绝对坐标编程时,有效螺纹终点在工件坐标系中的坐标 $U、W$:增将坐标编程时,有效螺纹终点相对于螺纹切削起点的位移量 F:螺纹导程,即主轴每转一圈,刀具相对于工件的进给量 $R、E$:螺纹切削的退尾量,R 表示 Z 向退尾量,E 表示 X 向退尾量 P:主轴基准脉冲距离螺纹切削起点的主轴转角
√G36 G37	17	直径编程 半径编程	
√G40 G41 G42	09	取消刀尖圆弧半径补偿 左刀补 右刀补	$G40\ G00(G01)X\_Z\_;$ $G41\ G00(G01)X\_Z\_;$ $G42\ G00(G01)X\_Z\_;$ $X、Z$ 为建立刀补或取消刀补的终点,G41/G42 的参数由 T 指令指定
√G54 G55 G56 G57 G58 G59	11	坐标系选择	

G 指令	组别	功 能	编程格式
G71	06	内（外）径粗车复合循环（无凹槽加工时） 内（外）径粗车复合循环（有凹槽加工时）	$G71U(\Delta d)R(r)P(ns)Q(nf)X(\Delta x)Z(\Delta z)F(f)S(s)T(t)$; $G71U(\Delta d)R(r)P(ns)Q(nf)E(e)F(f)S(s)T(t)$; Δd:切削深度（每次切削量），指定时不加符号 r:每次退刀量 ns:精加工路径第一程序段的顺序号 nf:精加工路径最后程序段的顺序号 Δx:X方向精加工余量 Δz:Z方向精加工余量 f、s、t:粗加工时 G71 中编程的 F、S、T 有效，而精加工时处于 ns 到 nf 程序段之间的 F、S、T 有效 e:精加工余量，其为 X 方向的等高距离；外径切削时为正，内径切削时为负
G72		端面粗车复合循环	$G72W(\Delta d)R(r)P(ns)Q(nf)X(\Delta x)Z(\Delta z)F(f)S(s)T(t)$; 参数含义同上
G73		闭环车削复合循环	$G73U(\Delta I)W(\Delta K)R(r)P(ns)Q(nf)X(\Delta x)Z(\Delta z)F(f)S(s)T(t)$; ΔI:X方向的粗加工总余量 ΔK:Z方向的粗加工总余量 r:粗切削次数 ns:精加工路径第一程序段的顺序号 nf:精加工路径最后程序段的顺序号 Δx:X方向精加工余量 Δz:Z方向精加工余量 f、s、t:粗加工时 G73 中编程的 F、S、T 有效，而精加工时处于 ns 到 nf 程序段之间的 F、S、T 有效
G76	06	螺纹切削复合循环	$G76C(c)R(r)E(e)A(a)X(x)Z(z)I(i)K(k)U(d)V(\Delta d_{min})Q(\Delta d)P(p)F(L)$; c:精整次数（1~99）为模态值 r:螺纹 Z 向退尾长度（00~99）为模态值 e:螺纹 X 向退尾长度（00~99）为模态值 a:刀尖角度（两位数字）为模态值；在 80、60、55、30、29、0 六个角度中选一个 x、z:绝对坐标编程时为有效螺纹终点的坐标，增量坐标编程时为有效螺纹终点相对于循环起点的有向距离 i:螺纹两端的半径差 k:螺纹高度 Δd_{min}:最小切削深度 d:精加工余量（半径值） Δd:第一次切削深度（半径值） p:主轴基准脉冲处距离切削初始点的主轴转角 L:螺纹导程
G80		圆柱面内（外）径切削循环 圆锥面内（外）径切削循环	$G80X\_\_Z\_\_F\_$; $G80X\_\_Z\_\_I\_\_F\_$; I:切削起点 B 与切削终点 C 的半径差;
G81		端面车削固定循环	$G81X\_\_Z\_\_F\_$;

（续）

G 指令	组别	功 能	编 程 格 式
G82		直螺纹切削循环 锥螺纹切削循环	G82X __ Z __ R __ E __ C __ P __ F __ ; G82X __ Z __ I __ R __ E __ C __ P __ F __; R、E：螺纹切削的退尾量，R、E均为向量，R为Z向回退量；E为X向回退量，R、E可以省略，表示不用回退功能 C：螺纹线数，为0或1时切削单线螺纹 P：单线螺纹切削时，为主轴基准脉冲处距切削初始点的主轴转角（默认值为0）；多线螺纹切削时，为相邻螺纹头的切削初始点之间对应的主轴转角 F：螺纹导程 I：螺纹起点B与螺纹终点C的半径差
√G90 G91	13	绝对坐标编程 相对坐标编程	
G92	00	工件坐标系设定	G92X __ Z __;
√G94 G95	14	每分钟进给量 每转进给量	G94[F __]; G95[F __]; F：进给速度；
G96 G97	16	恒线速度切削	G96S __; G97S __; S：G96指令后面的S值为切削的恒定线速度，单位为 m/min G97指令后面的S值取消恒线速度后，指定的主轴转速，单位为 r/min；如默认，则为执行 G96 指令前的主轴转速

注：1. 本系统中车床采用直径编程。
    2. √表示机床默认状态。

表 C-4　M 指令

指令	功 能	编程格式
√M00	程序停止	
√M02	程序结束	
√M03	主轴正转	
√M04	主轴反转	
√M05	主轴停止	
√M06	换刀指令（铣）	M06 T __;
M07	切削液开（铣）	
M08	切削液开（车）	
M09	切削液关	
√M30	结束程序运行且返回程序开头	
√M98	子程序调用	M98 $Pnnnn$L××; 调用程序号为 O$nnnn$ 的程序××次。
√M99	子程序结束	子程序格式： O$nnnn$; ⋮ M99;

注：√表示上海宇龙数控仿真系统已经支持。

附录 D　切削用量推荐值

表 D-1　硬质合金车刀粗车外圆、端面的进给量

工件材料	车刀刀杆尺寸 $B \times H$ mm×mm	工件直径 d /mm	背吃刀量 a_p/mm				
			≤3	(3，5]	(5，8]	(8，12]	>12
			进给量 f/(mm/r)				
碳素结构钢、合金结构钢及耐热钢	16×25	20	0.3～0.4	—	—	—	—
		40	0.4～0.5	0.3～0.4	—	—	—
		60	0.5～0.7	0.4～0.6	0.3～0.5	—	—
		100	0.6～0.9	0.5～0.7	0.5～0.6	0.4～0.5	—
		400	0.8～1.2	0.7～1.0	0.6～0.8	0.5～0.6	—
	20×30 25×25	20	0.3～0.4	—	—	—	—
		40	0.4～0.5	0.3～0.4	—	—	—
		60	0.5～0.7	0.5～0.7	0.4～0.6	—	—
		100	0.8～1.0	0.7～0.9	0.5～0.7	0.4～0.7	—
		400	1.2～1.4	1.0～1.2	0.8～1.0	0.6～0.9	0.4～0.6
铸铁及铜合金	16×25	40	0.4～0.5	—	—	—	—
		60	0.5～0.8	0.5～0.8	0.4～0.6	—	—
		100	0.8～1.2	0.7～1.0	0.6～0.8	0.5～0.7	—
		400	1.0～1.4	1.0～1.2	0.8～1.0	0.6～0.8	—
	20×30 25×25	40	0.4～0.5	—	—	—	—
		60	0.5～0.9	0.5～0.8	0.4～0.7	—	—
		100	0.9～1.3	0.8～1.2	0.7～1.0	0.5～0.8	—
		400	1.2～1.8	1.2～1.6	1.0～1.3	0.9～1.1	0.7～0.9

注：1. 加工断续表面及有冲击的工件时，表内进给量应乘系数 $k = 0.75 \sim 0.85$。

2. 在无外皮加工时，表内进给量应乘系数 $k = 1.1$。

3. 加工耐热钢及其合金时，进给量不大于 1mm/r。

4. 加工淬硬钢时，进给量应减小。当钢的硬度为 44～56HRC 时，乘系数 $k = 0.8$；当钢的硬度为 57～62HRC 时，乘系数 $k = 0.5$。

表 D-2　按表面粗糙度选择的半精车、精车的进给量

工件材料	表面粗糙度 Ra/μm	切削速度范围 v_c/m/min	刀尖圆弧半径 r_g/mm		
			0.5	1.0	2.0
			进给量 f/(mm/r)		
铸铁、青铜、铝合金	5～10	不限	0.25～0.40	0.40～0.50	0.50～0.60
	2.5～5		0.15～0.25	0.25～0.40	0.40～0.60
	1.25～2.5		0.10～0.15	0.15～0.20	0.20～0.35
碳素钢及合金钢	5～10	<50	0.30～0.50	0.45～0.60	0.55～0.70
		>50	0.40～0.55	0.55～0.65	0.65～0.70
	2.5～5	<50	0.18～0.25	0.25～0.30	0.30～0.40
		>50	0.25～0.30	0.30～0.35	0.30～0.50
	1.25～2.5	<50	0.10	0.11～0.15	0.15～0.22
		50～100	0.11～0.16	0.16～0.25	0.25～0.35
		>100	0.16～0.20	0.20～0.25	0.25～0.35

注：$r_g = 0.5$mm 用于 12mm×12mm 以下的刀杆，$r_g = 1.0$mm 用于 30mm×30mm 以下的刀杆，$r_g = 2.0$mm 用于 30mm×45mm 及以上的刀杆。

表 D-3　硬质合金外圆车刀的切削速度

工件材料	热处理状态	a_p/mm		
		[0.3 , 2]	(2 , 6)	(6 , 10)
		$f/(mm/r)$		
		[0.08 , 0.3]	(0.3 , 0.6)	(0.6 , 1)
		$v_c/(m/min)$		
低碳钢、易切钢	热轧	140~180	100~120	70~90
中碳钢	热轧	130~160	90~110	60~80
	调质	100~130	70~90	50~70
合金结构钢	热轧	100~130	70~90	50~70
	调质	80~110	50~70	40~60
工具钢	退火	90~120	60~80	50~70
灰铸铁	<190HBW	90~120	60~80	50~70
	190~225HBW	80~110	50~70	40~60
高锰钢(W_{Mn} 13%)			10~20	
铜及铜合金		200~250	120~180	90~120
铝及铝合金		300~600	200~400	150~200
铸铝合金(W_{Si} 13%)		100~180	80~150	60~100

注：切削钢及灰铸铁时刀具寿命约为 60min。

表 D-4　高速工具钢钻头钻铝件的切削用量

钻头直径 /mm	$v_c/(m/min)$	$f/(mm/r)$		
		纯铝	铝合金（长切削）	铝合金（短切削）
3~8	20~50	0.03~0.2	0.05~0.25	0.03~0.1
8~25		0.06~0.5	0.1~0.6	0.05~0.15
25~50		0.15~0.8	0.2~1	0.08~0.36

表 D-5　高速工具钢钻头钻铸件的切削用量

工件硬度	160~200HBW		200~240HBW		300~400HBW	
钻头直径 /mm	$v_c/(m/min)$	$f/(mm/r)$	$v_c/(m/min)$	$f/(mm/r)$	$v_c/(m/min)$	$f/(mm/r)$
1~6	16~24	0.07~0.12	10~18	0.05~0.1	5~12	0.03~0.08
6~12		0.12~0.2		0.1~0.18		0.08~0.15
12~22		0.2~0.4		0.18~0.25		0.15~0.2
22~50		0.4~0.8		0.25~0.4		0.2~0.3

注：用硬质合金钻头钻削铸件时，取 $v_c = 20~30m/min$。

表 D-6　高速工具钢钻头钻钢件的切削用量

工件材料	35、45		15Cr、20Cr		合金钢	
钻头直径/mm	v_c/(m/min)	f/(mm/r)	v_c/(m/min)	f/(mm/r)	v_c/(m/min)	f/(mm/r)
1~6		0.05~0.1		0.05~0.1		0.03~0.08
6~12	8~25	0.1~0.2	12~20	0.1~0.2	8~15	0.08~0.15
12~22		0.2~0.3		0.2~0.3		0.15~0.25
22~50		0.3~0.45		0.3~0.45		0.08~0.35

表 D-7　高速工具钢扩孔钻扩孔的切削用量

工件材料	铸铁		钢、铸钢		铝、钢	
钻头直径/mm	扩通孔 v_c=10~18m/min	锪沉孔 v_c=10~12m/min	扩通孔 v_c=10~20m/min	锪沉孔 v_c=8~14m/min	扩通孔 v_c=30~40m/min	锪沉孔 v_c=20~30m/min
	f/(mm/r)		f/(mm/r)		f/(mm/r)	
10~15	0.15~0.2	0.15~0.2	0.12~0.2	0.08~0.1	0.15~0.2	0.15~0.2
15~25	0.2~0.25	0.15~0.3	0.2~0.3	0.1~0.15	0.2~0.25	0.15~0.2
25~40	0.25~0.3	0.15~0.3	0.3~0.4	0.15~0.2	0.25~0.3	0.15~0.2
40~60	0.3~0.4	0.15~0.3	0.4~0.5	0.15~0.2	0.3~0.4	0.15~0.2
60~100	0.4~0.6	0.15~0.3	0.5~0.6	0.15~0.2	0.4~0.6	0.15~0.2

注：采用硬质合金扩孔钻加工铸件时，取 v_c=30~40m/min；加工钢时，取 v_c=35~60m/min。

表 D-8　高速工具钢铰刀铰孔的切削用量

工件材料	铸铁		钢及合金钢		铝、铜及其合金	
钻头直径(mm)	v_c/(m/min)	f/(mm/r)	v_c/(m/min)	f/(mm/r)	v_c/(m/min)	f/(mm/r)
6~10		0.35~0.5		0.3~0.4		0.3~0.5
10~15		0.5~1		0.4~0.5		0.5~1
15~25	2~6	0.8~1.5	1.2~5	0.4~0.6	8~12	0.8~1.5
25~40		0.8~1.5		0.4~0.6		0.8~1.5
40~60		1.2~1.8		0.5~0.6		1.5~2

注：用硬质合金铰刀铰铸件时，取 v_c=8~10m/min；铰铝时，取 v_c=12~20m/min。

表 D-9　攻螺纹的切削速度

工件材料	铸铁	钢及合金钢	铝、铜及其合金
切削速度 v_c/(m/min)	2.5~5	1.5~5	5~15

表 D-10　镗孔的切削用量

工件材料		铸铁		钢及合金钢		铝、铜及其合金	
刀具材料		v_c/(m/min)	f/(mm/r)	v_c/(m/min)	f/(mm/r)	v_c/(m/min)	f/(mm/r)
粗镗	高速工具钢	20~25		15~30		100~150	0.3~0.5
	硬质合金	35~50	0.4~1.5	50~70	0.35~0.7	100~250	

（续）

工件材料		铸铁		钢及合金钢		铝、铜及其合金	
刀具材料		v_c/(m/min)	f/(mm/r)	v_c/(m/min)	f/(mm/r)	v_c/(m/min)	f/(mm/r)
半精镗	高速工具钢	20~35		15~50		100~200	0.2~0.5
	硬质合金	50~70	0.15~0.45	95~135	0.15~0.45		
精镗	高速工具钢						
	硬质合金	70~90	0.05~0.12	100~135	0.12~0.15	150~400	0.06~0.1

注：采用高精度镗头镗孔时，由于加工余量较小（直径余量<0.2mm），切削速度可提高一些；铸铁取 v_c=100~150m/min；钢件取 v_c=150~250m/min；铝合金取 v_c=200~400m/min；每转进给量 f≈0.03~0.1mm/r。

表 D-11 机夹车槽刀切削用量

工件材料	v_c/(m/min)	f/(mm/r)
钢	80~110	0.1~0.2
铸铁	70~100	0.15~0.25

表 D-12 机夹切断刀切削用量

工件材料	硬度 HBW	v_c/(m/min)	f/(mm/r)
碳素钢	<200	76~110	0.12~0.25
	200~250	70~90	0.08~0.20
合金结构钢	<250	70~90	0.08~0.20
	250~325	55~80	0.08~0.20
	>325	46~60	0.05~0.15
不锈钢	—	55~80	0.05~0.20
铸钢	<300	46~65	0.10~0.25
灰铸铁	—	70~100	0.10~0.30

表 D-13 PCBN 切削常用铸铁的切削用量

背吃刀量/mm	工件材料	v_c/(m/min)	f/(mm/r)
半精加工 a_p>0.64	珠光体灰铸铁（硬度<240HBW）	450~1060	0.25~0.5
	珠光体灰铸铁（硬度>240HBW）	305~610	0.25~0.5
	珠光体软铸铁	550~1200	0.15~0.3
	白口铸铁	60~120	0.25~0.75
精加工 a_p<0.64	珠光体灰铸铁（硬度<240HBW）	450~1060	0.25~0.50
	珠光体灰铸铁（硬度>240HBW）	305~610	0.25~0.5
	珠光体软铸铁	600~1500	0.1~0.15
	白口铸铁	90~180	0.25~0.75

表 D-14　PCBN 切削常用淬硬钢的切削用量

切削用量/mm	工件材料	v_c/m/min	f/(mm/r)
半精加工 $a_p > 0.64$	淬硬高碳钢	90～140	0.10～0.30
	淬硬合金钢	90～120	0.10～0.30
	淬硬工具钢	60～90	0.10～0.20
精加工 $a_p < 0.64$	淬硬高碳钢	120～180	0.10～0.20
	淬硬合金钢	120～150	0.10～0.20
	淬硬工具钢	75～110	0.10～0.20

表 D-15　各种常用工件材料的铣削速度推荐值

工件材料	硬度 HBW	铣削速度 v_c/(m/min)	
		硬度合金刀具	高速钢刀具
低、中碳钢	<220	80～150	21～40
	225～290	60～115	15～36
	300～425	40～75	9～20
高碳钢	<220	60～130	18～36
	225～325	53～105	14～24
	325～375	36～48	9～12
	375～425	35～45	6～10
合金钢	<220	55～120	15～35
	225～325	40～80	10～24
	325～425	30～60	5～9
工具钢	200～250	45～83	12～23
灰铸铁	100～140	110～115	24～36
	150～225	60～110	15～21
	230～290	45～90	9～18
	300～320	21～30	5～10
可锻铸铁	110～160	100～200	42～50
	160～200	83～120	24～36
	200～240	72～110	15～24
	240～280	40～60	9～21
铝镁合金	95～100	360～600	180～300

注：1. 粗铣时，切削负荷大，v_c 应取小值；精铣时为了减小表面粗糙度的值，v_c 应取大值。

　　2. 采用机夹式或可转位硬质合金铣刀，v_c 可取较大值。

　　3. 经实际铣削后，若发现铣刀寿命太短，则应适当减小 v_c。

　　4. 铣刀的结构及几何角度改进后，v_c 可以超过表列值。

表 D-16　铣刀每齿进给量 f_Z 推荐值　　　　　　（单位：mm/齿）

工件材料	工件材料硬度 HBW	硬度合金		高速工具钢	
		面铣刀	立铣刀	面铣刀	立铣刀
低碳钢	150～200	0.2～0.35	0.07～0.12	0.15～0.3	0.03～0.18
中、高碳钢	220～300	0.12～0.25	0.07～0.1	0.1～0.2	0.03～0.15
灰铸铁	180～220	0.2～0.4	0.1～0.16	0.15～0.3	0.05～0.15

（续）

工件材料	工件材料 硬度 HBW	硬度合金		高速工具钢	
		面铣刀	立铣刀	面铣刀	立铣刀
可锻铸铁	240~280	0.1~0.3	0.06~0.09	0.1~0.2	0.02~0.08
合金钢	220~280	0.1~0.3	0.05~0.08	0.12~0.2	0.03~0.08
工具钢	36HRC	0.12~0.25	0.04~0.08	0.07~0.12	0.03~0.08
铝镁合金	95~100	0.15~0.38	0.08~0.14	0.2~0.3	0.05~0.15

表 D-17 高速工具钢铣刀加工参数推荐值

刀具类型	最大加工 深度/mm	普通长度/mm （刃长/刀长）	普通加长/mm （刃长/刀长）	主轴转速 /(r/min)	进给速度 /(mm/min)	吃刀量 /mm
D32	120	60/125	106/186	800~1500	1000~2000	0.1~1
D25	120	60/125	90/166	800~1500	500~1000	0.1~1
D20	120	50/110	75/141	1000~1500	500~1000	0.1~1
D16	120	40/95	65/123	1000~1500	500~1000	0.1~0.8
D12	80	30/80	53/110	1000~1500	500~1000	0.1~0.8
D10	80	23/75	45/95	800~1200	500~1000	0.2~0.5
D8	50	20/65	28/82	800~1200	500~1000	0.2~0.5
D6	50	15/60	—	800~1200	500~1000	0.2~0.4
R8	80	32/92	35/140	800~1000	500~1000	0.2~0.4
R6	80	26/83	26/120	800~1000	500~1000	0.2~0.4
R5	60	20/72	20/110	800~1500	500~1000	0.2~0.4
R3	30	13/57	15/90	1000~1500	500~1000	0.2~0.4

表 D-18 镶嵌式硬质合金铣刀（飞刀）加工参数推荐值

刀具类型	最大加工 深度/mm	普通长度 /mm	普通加长 /mm	主轴转速 /(r/min)	进给速度 /(mm/min)	吃刀量 /mm
D36R6	300	150	320	700~1000	2500~4000	0.2~1
D50R5	280	135	300	800~1500	2500~3500	0.1~1
D35R5	150	110	180	1000~1800	2200~3000	0.1~1
D30R5	150	100	165	1500~2200	2000~3000	0.1~0.8
D25R5	130	90	150	1500~2500	2000~3000	0.1~0.8
D20R0.4	110	85	135	1500~2500	2000~3000	0.2~0.5
D17R0.8	105	75	120	1800~2500	1800~2500	0.2~0.5
D13R0.8	90	60	115	1800~2500	1800~2500	0.2~0.4
D12R0.4	90	60	110	1800~2500	1500~2200	0.2~0.4
D16R8	100	80	120	2000~2500	2000~3000	0.1~0.4
D12R6	85	60	105	2000~2800	1800~2500	0.1~0.4
D10R5	78	55	95	2000~3200	1500~2500	0.1~0.4

表 D-19　整体式硬质合金铣刀加工参数推荐值

刀具类型	最大加工深度/mm	普通长度/mm（刃长/刀长）	普通加长/mm（刃长/刀长）	主轴转速/(r/min)	进给速度/(mm/min)	吃刀量/mm
D12	55	25/75	26/100	1800~2200	1500~2500	0.1~0.5
D10	50	22/70	25/100	2000~2500	1500~2500	0.1~0.5
D8	45	19/60	20/100	2200~3000	1000~2200	0.1~0.5
D6	30	13/50	15/100	2500~3000	700~1800	0.1~0.4
D4	30	11/50	—	2800~4000	700~1800	0.1~0.35
D2	25	8/50	—	4500~6000	700~1500	0.1~0.3
D1	15	1/50	—	5000~10000	500~1000	0.1~0.2
R6	75	22/75	22/100	1800~2200	1800~2500	0.1~0.5
R5	75	18/70	18/100	2000~3000	1500~2500	0.1~0.5
R4	75	14/60	14/100	2200~3000	1200~2200	0.1~0.35
R3	60	12/50	12/100	2500~3500	700~1500	0.1~0.3
R2	50	8/50	—	3500~4500	700~1200	0.1~0.25
R1	25	5/50	—	3500~4000	300~1200	0.05~0.25
R0.5	15	2.5/50	—	>5000	300~1000	0.05~0.2

附录 E　常用的机械加工余量参考值

（1）平面加工余量表　表 E-1 是厚度在 4mm 以上平面的磨削余量（单面）。

表 E-1　平面磨削余量表　　　　　　　　　　　　（单位：mm）

平面长度	平面宽度 200 以下	平面宽度 200 以上
小于 100	0.3	
100~250	0.45	
251~500	0.5	0.6
500~800	0.6	0.65

注：1. 二次平面磨削余量乘系数 1.5。
　　2. 三次平面磨削余量乘系数 2。
　　3. 厚度在 4mm 以下平面的单面余量不小于 0.5~0.8mm。
　　4. 橡胶模平板的单面余量不小于 0.7mm。

（2）圆形型材毛坯加工余量表

1）工件的最大外径无公差要求，表面粗糙度 Ra 的值在 3.2μm 以上，如不磨外圆的凹模，带台肩的凸模、凹模、凸凹模以及推杆、推销、限制器、托杆、各种螺钉、螺栓、螺塞、螺母外径必须滚花的。加工余量见表 E-2。

表 E-2　圆形型材毛坯加工余量表（一）　　　　　（单位：mm）

工件直径 D	工件长度 L					车刃的割刀量和车削两端面的余量（每件）
	<70	71~120	121~200	201~300	301~450	
	直径上加工余量					
≤32	1	2	2	3	4	5~10
33~60	2	3	3	4	5	4~6
61~100	3	4	4	4	5	4~6
101~200	4	5	5	5	6	4~6

注：加工单个工件时，应在 L 上加夹头量 10~15mm。

2）工件的最大外径有公差配合要求，表面粗糙度 Ra 的值在 $3.2\mu m$ 以上，如外圆需要磨削加工的凹模、挡料销、台肩需要磨削加工的凸模或凸凹模等。加工余量见表 E-3。

表 E-3　圆形型材毛坯加工余量表（二）　　　　　（单位：mm）

工件直径 D	工件长度 L					车刃的割刀量和车削两端面的余量（每件）
	<50	50~80	81~150	151~250	251~420	
	直径上加工余量					
≤15	3	3	4	4	5	5~10
16~32	3	4	4	5	6	5~10
33~60	4	4	5	6	6	5~8
61~100	5	5	5	6	7	5~8
101~200	6	6	6	7	7	5~8

注：加工单个工件时，应在 L 上加夹头量 10~15mm。

（3）圆形锻件毛坯加工余量表　圆形锻件类（不需要锻件图），不淬火钢表面粗糙度 Ra 的值在 $3.2\mu m$ 以上，无公差配合要求，如固定板、退料板等。加工余量见表 E-4。

表 E-4　圆形锻件毛坯加工余量表　　　　　（单位：mm）

工件直径 D	工件长度 L				
	≤10	11~20	21~45	46~100	101~250
	直径上加工余量/长度方向上加工余量				
≤200	5/5	5/5	5/5	5/6	5/7
201~300	5/6	5/6	5/6	5/7	6/8
301~400	5/7	5/7	5/7	6/8	8/9
401~500	7/8	5/8	6/8	7/9	9/10
501~600	7/8	6/8	6/8	7/10	10/11

注：表中的加工余量为最小余量，其最大余量不得超过规定标准。

（4）矩形锻件毛坯加工余量表　矩形锻件毛坯的加工余量见表 E-5。

表 E-5　矩形锻件毛坯加工余量表　　　　　（单位：mm）

工件长或宽尺寸	工件高度 H					
	≤100	101~250	251~320	321~450	451~600	601~800
	高度上加工余量 2e					
	5	6	6	7	8	10
	工件截面上加工余量（2a=2b）					
≤10	4	4	5	5	6	6
11~25	4	4	5	5	6	6
26~50	4	5	5	6	7	7

（续）

工件长或宽尺寸	工件高度 H					
	≤100	101~250	251~320	321~450	451~600	601~800
	高度上加工余量 2e					
	5	6	6	7	8	10
	工件截面上加工余量（2a=2b）					
51~100	5	5	6	7	7	7
101~200	5	5	7	7	8	8
201~300	6	7	7	8	8	9
301~450	7	7	8	8	9	9
451~600	8	8	9	9	10	10

注：表中的加工余量为最小余量，其最大余量不得超过规定标准。

（5）平面、端面磨削余量表

1）平面每面磨削余量表见表 E-6。

表 E-6　平面每面磨削余量　　（单位：mm）

宽度	厚度	工件长度 L			
		<100	101~250	251~400	401~630
<200	<18	0.3	0.4		
	19~30	0.3	0.4	0.45	
	31~50	0.4	0.4	0.45	0.5
	>50	0.4	0.4	0.45	0.5
>200	<18	0.3	0.4		
	19~30	0.35	0.4	0.45	
	31~50	0.4	0.4	0.45	0.55
	>50	0.4	0.45	0.45	0.60

2）端面每面磨削余量见表 E-7。

表 E-7　端面每面磨削余量　　（单位：mm）

工件直径 D	工件长度 L					
	<18	19~50	51~120	121~260	261~500	>500
<18	0.2	0.3	0.3	0.35	0.35	0.5
19~50	0.3	0.3	0.35	0.35	0.40	0.5
51~120	0.3	0.35	0.35	0.40	0.40	0.55
121~260	0.3	0.35	0.40	0.40	0.45	0.55
261~500	0.35	0.40	0.45	0.45	0.50	0.60
>500	0.4	0.40	0.50	0.50	0.60	0.70

注：1. 表 E-7 适用于淬火零件，不淬火零件的数值应当减小 20%~40%。

　　2. 粗加工表面粗糙度 Ra 的值不应小于 3.2μm，如需要磨两次的零件，其磨量应当增加 10%~20%。

（6）环形工件磨削余量表

表 E-8　环形工件磨削余量表　　　　　　　　（单位：mm）

工件直径 D	35、45、50		T8、T10A		Cr12MoV	
	外圆余量	内孔余量	外圆余量	内孔余量	外圆余量	内孔余量
6~10	0.25~0.50	0.30~0.35	0.35~0.60	0.25~0.30	0.30~0.45	0.20~0.30
11~20	0.30~0.55	0.40~0.45	0.40~0.65	0.35~0.40	0.35~0.50	0.30~0.35
21~30	0.30~0.55	0.50~0.60	0.45~0.70	0.35~0.45	0.40~0.50	0.30~0.40
31~50	0.30~0.55	0.60~0.70	0.55~0.75	0.45~0.60	0.50~0.60	0.40~0.50
51~80	0.35~0.60	0.80~0.90	0.65~0.85	0.50~0.65	0.60~0.70	0.45~0.55
81~120	0.35~0.80	1.00~1.20	0.70~0.90	0.55~0.75	0.65~0.80	0.50~0.65
121~180	0.50~0.90	1.20~1.40	0.75~0.95	0.60~0.80	0.70~0.85	0.55~0.70
181~260	0.60~1.00	1.40~1.60	0.80~1.00	0.65~0.85	0.75~0.90	0.60~0.75

注：1. ϕ50mm 以下，壁厚 10mm 以上的工件，或长度为 100~300mm 的工件，用上限数值。

　　2. ϕ50mm~ϕ100mm，壁厚 20mm 以下的工件，或长度为 200~500mm 的工件，用上限数值。

　　3. ϕ100mm 以上者，壁厚 30mm 以下的工件，或长度为 300~600mm 的工件，用上限数值。

　　4. 长度超过以上界限者，上限数值乘以系数 1.3，加工时表面粗糙度 Ra 的值不小于 1.6μm，端面留磨削余量 0.5mm。

（7）ϕ6mm 以下小孔研磨余量表

表 E-9　ϕ6mm 以下小孔研磨余量表　　　　　　（单位：mm）

工件材料	直径上留研磨余量
45	0.05~0.06
T10A	0.015~0.025
Cr12MoV	0.01~0.02

注：1. 表 E-9 只适用于淬火件。

　　2. 应按孔的下极限尺寸来留研磨余量，淬火前小孔需钻、铰至表面粗糙度 Ra 的值在 1.6μm 以下。

　　3. 当长度小于 15mm 时，表内数值应加大 20%~30%。

（8）导柱衬套磨削余量表

表 E-10　导柱衬套磨削余量表　　　　　　（单位：mm）

衬套内径与导柱外径	衬套		导柱
	外圆余量	内圆余量	外圆余量
25~32	0.7~0.8	0.4~0.5	0.5~0.65
40~50	0.8~0.9	0.5~0.65	0.6~0.75
60~80	0.8~0.9	0.6~0.75	0.7~0.90
100~120	0.9~1.0	0.7~0.85	0.9~1.05

（9）镗孔加工余量表

表 E-11　镗孔加工余量表　　　　　　（单位：mm）

加工孔的直径	材料								细镗前加工精度为 4 级
	轻合金		巴氏合金		青铜及铸铁		钢件		
	加工性质								
	粗	精	粗	精	粗	精	粗	精	
	直径余量								
≤30	0.2	0.1	0.3	0.1	0.2	0.1	0.2	0.1	0.045
31~50	0.3	0.1	0.4	0.1	0.3	0.1	0.2	0.1	0.05

（续）

加工孔的直径	材料								细镗前加工精度为 4 级
	轻合金		巴氏合金		青铜及铸铁		钢件		
	加工性质								
	粗	精	粗	精	粗	精	粗	精	
	直径余量								
51~80	0.4	0.1	0.5	0.1	0.3	0.1	0.2	0.1	0.06
81~120	0.4	0.1	0.5	0.1	0.3	0.1	0.3	0.1	0.07
121~180	0.5	0.1	0.6	0.2	0.4	0.1	0.3	0.1	0.08
181~260	0.5	0.1	0.6	0.2	0.4	0.1	0.3	0.1	0.09
261~300	0.5	0.1	0.6	0.2	0.4	0.1	0.3	0.1	0.1

注：当一次镗削时，加工余量应该是粗加工余量加精加工余量。

（10）平面铣削加工余量表

表 E-12　平面铣削加工余量表　　　　（单位：mm）

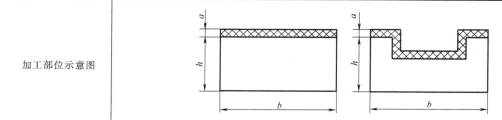

被加工零件厚度 h	宽度 $b \leqslant 250$			宽度 $b > 250$		
	长度 L					
	≤100	>100~250	>250~500	≤100	>100~250	>250~500
	最小加工余量 a					
>6~10	0.85	0.90	1.10	1.10	1.30	1.30
>10~30	0.9	1.10	1.30	1.20	1.50	1.60
>30~50	1.20	1.30	1.50	1.50	1.85	1.75
>50	1.40	1.60	1.80	1.70	2.00	2.50

（11）铣平面、沟槽的工序余量表

表 E-13　铣平面、沟槽的工序余量　　　（单位：mm）

加工部位示意图

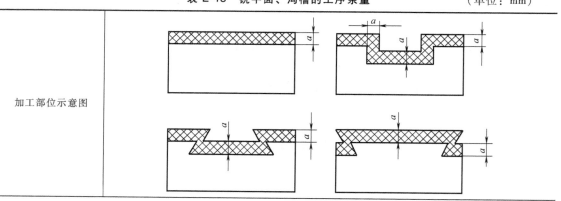

（续）

加工性质	加工面长度	加工面宽度					
		≤100		>100~300		>300~1000	
		余量	偏差	余量	偏差	余量	偏差
		a	(−)	a	(−)	a	(−)
粗加工后精铣	≤300	1.0	0.3	1.5	0.5	2	0.7
	>300~1000	1.5	0.5	2	0.7	2.5	1.0
	>1000~2000	2	0.7	2.5	1.2	3	1.2
精铣后磨削（零件在安装时未经找正）	≤300	0.3	0.1	0.4	0.12	—	—
	>300~1000	0.4	0.12	0.5	0.15	0.6	0.15
	>1000~2000	0.5	0.15	0.6	0.15	0.7	0.15
精铣后磨削（零件安装在夹具内或用百分表找正）	≤300	0.2	0.1	0.25	0.12	0.4	0.15
	>300~1000	0.25	0.12	0.3	0.15	0.4	0.15
	>1000~2000	0.3	0.15	0.4	0.15	0.4	0.15

加工性质	槽子长度	加工面宽度					
		>3~10		>10~50		>50~120	
		余量	偏差	余量	偏差	余量	偏差
		a	(−)	a	(−)	a	(−)
粗铣后精铣	<80	2	0.7	3	1.2	4	1.5
精铣后磨削	<80	0.7	0.12	1	0.17	1	0.2

（12）扩孔、铰孔前钻孔直径表

表 E-14　扩孔、铰孔前钻孔直径　　　（单位：mm）

孔公称直径	2.0	2.5	2.8	3.0	3.5	4	5	6	7	8	9	10
扩孔前钻孔												
铰或磨孔前钻孔	1.9	2.4	2.7	2.9	3.4	3.9	4.9	5.8	6.7	7.7	8.7	9.7
孔公称直径	11	12	13	14	15.0	16.0	17.0	18.0	19.0	20.0	21.0	22.0
扩孔前钻孔					14.3	15.3	16.3	16.6	17.6	18.6	19.6	
铰或磨孔前钻孔	10.7	11.7	12.7	13.7	14.7	15.6	16.6	17.6	18.6	19.6	20.6	21.6
孔公称直径	23.0	24.0	25.0	26.0	27.0	28.0	29.0	30.0	32.0	33.0	34.0	35.0
扩孔前钻孔	20.6	21.6	22.6	23.6	24.6	25.6	26.6	27.6	29.0	30.0	31.0	32.0
铰或磨孔前钻孔	22.6	23.6	24.6	25.6	26.6	27.6	28.6	29.6	31.5	32.5	33.5	34.5
孔公称直径	36.0	37.0	38.0	39.0	40.0	42.0	44.0	45.0	46.0	47.0	48.0	50.0
扩孔前钻孔	33.0	34.0	35.0	36.0	37.0	39.0	41.0	42.0	43.0	44.0	45.0	47.0
铰或磨孔前钻孔	35.5	36.5	37.5	38.5	39.5	41.5	43.5	44.5	45.5	46.5	47.5	49.5

（13）钻基本螺纹底孔的钻头直径

表 E-15　钻基本螺纹底孔的钻头直径　　　　　　　　　（单位：mm）

螺纹直径	螺距 P	钻头直径 D		螺纹直径	螺距 P	钻头直径 D	
		铸铁、青铜、黄铜	钢、可锻铸铁、纯铜、层压板			铸铁、青铜、黄铜	钢、可锻铸铁、纯铜、层压板
M2	0.4 0.25	1.6 1.75	1.6 1.75	M12	1.75 1.5 1.25 1	10.1 10.4 10.6 10.9	10.2 10.5 10.7 11
M2.5	0.45 0.35	2.05 2.15	2.05 2.15	M14	2 1.5 1	11.8 12.4 12.9	12 12.5 13
M3	0.5 0.35	2.5 2.65	2.5 2.65	M16	2 1.5 1	13.8 14.4 14.9	14 14.5 15
M4	0.7 0.5	3.3 3.5	3.3 3.5	M18	2.5 2 1.5 1	15.3 15.8 16.4 16.9	15.5 16 16.5 17
M5	0.8 0.5	4.1 4.5	4.2 4.5	M20	2.5 2 1.5 1	17.3 17.8 18.4 18.9	17.5 18 18.5 19
M6	1 0.75	4.9 5.2	5 5.2	M22	2.5 2 1.5 1	19.3 19.8 20.4 20.9	19.5 20 20.5 21
M8	1.25 1 0.75	6.6 6.9 7.1	6.7 7 7.2	M24	3 2 1.5 1	20.7 21.8 22.4 22.9	21 22 22.5 23
M10	1.5 1.25 1 0.75	8.4 8.6 8.9 9.1	8.5 8.7 9 9.2				

（14）板牙套螺纹前工件的直径

表 E-16　板牙套螺纹前工件的直径　　　　　　　　　（单位：mm）

粗牙普通螺纹				寸制螺纹			55°非密封管螺纹		
螺纹直径	螺距 P	螺杆直径		螺纹直径/in	螺杆直径		螺纹直径/in	管子外径	
		最小直径	最大直径		最小直径	最大直径		最小直径	最大直径
M6	1	5.8	5.9	1/4	5.9	6	1/8	9.4	9.5
M8	1.25	7.8	7.9	1/16	7.4	7.6	1/4	12.7	13

（续）

粗牙普通螺纹				寸制螺纹			55°非密封管螺纹		
螺纹直径	螺距 P	螺杆直径		螺纹直径 /in	螺杆直径		螺纹直径 /in	管子外径	
		最小直径	最大直径		最小直径	最大直径		最小直径	最大直径
M10	1.5	9.75	9.85	3/8	9	9.2	3/8	16.2	16.5
M12	1.75	11.75	11.9	1/2	12	12.2	1/2	20.5	20.8
M14	2	13.7	13.85	—	—	—	5/8	22.5	22.8
M16	2	15.7	15.85	5/8	15.2	15.4	3/4	26	26.3
M18	2.5	17.7	17.85	—	—	—	7/8	29.8	30.1
M20	2.5	19.7	19.85	3/4	18.3	18.5	1	32.8	33.1
M22	2.5	21.7	21.85	7/8	21.4	21.6	1 1/8	37.4	37.7
M24	3	23.65	23.8	1	24.5	24.8	1 1/4	41.4	41.7
M27	3	26.65	26.8	1 1/4	30.7	31	1 3/8	43.8	44.1
M30	3.5	29.6	29.8	—	—	—	1 1/2	47.3	47.6
M36	4	35.6	35.8	1 1/2	37	37.3	—	—	—
M42	4.5	41.55	41.75	—	—	—	—	—	—
M48	5	47.5	47.7	—	—	—	—	—	—
M52	5	51.5	51.7	—	—	—	—	—	—
M60	5.5	59.45	59.7	—	—	—	—	—	—
M64	6	63.4	63.7	—	—	—	—	—	—
M68	6	67.4	67.7	—	—	—	—	—	—

参 考 文 献

[1] 顾晔，楼章华. 数控加工编程与操作 [M]. 北京：人民邮电出版社，2009.

[2] 吴新佳. 数控加工工艺与编程 [M]. 2 版. 北京：人民邮电出版社，2012.

[3] 史新逸. 数控编程与加工仿真 [M]. 3 版. 合肥：中国科学技术大学出版社，2018.

[4] 李文君. 前置与后置刀架数控车床数控加工指令的判别 [J]. 煤矿机械，2009，30（9）：117-119.

[5] 肖玉星，苟建峰，廖桂波. 数控铣床（加工中心）常见对刀方法 [J]. 智能制造化，2009（z1）：135-137.

[6] 冯志刚. 数控宏程序编程方法、技巧与实例 [M]. 2 版. 北京：机械工业出版社，2011.

[7] 沈建峰，丁晓平，朱勤惠. 数控铣工实用技巧集锦 [M]. 北京：化学工业出版社，2009.

[8] 郎一民. 数控车削编程技术 [M]. 北京：中国铁道出版社，2010.

[9] 殷小清，黄文汉，吴永锦. 数控编程与加工——基于工作过程 [M]. 北京：中国轻工业出版社，2011.